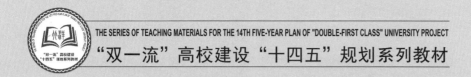

THE SERIES OF TEACHING MATERIALS FOR THE 14TH FIVE-YEAR PLAN OF "DOUBLE-FIRST CLASS" UNIVERSITY PROJECT

"双一流"高校建设"十四五"规划系列教材

SHINEI HUANJING YU JIANKANG

室内环境与健康

孙越霞 侯 静
[瑞典] 宋德扬（Jan Sundell） 著

U0218352

天津大学出版社
TIANJIN UNIVERSITY PRESS

图书在版编目（CIP）数据

室内环境与健康/孙越霞，侯静，（瑞典）宋德扬著.
-- 天津：天津大学出版社，2023.5
"双一流"高校建设"十四五"规划系列教材
ISBN 978-7-5618-7461-5

Ⅰ.①室… Ⅱ.①孙… ②侯… ③宋… Ⅲ.①室内环
境－关系－健康－高等学校－教材 Ⅳ.①X503.1

中国国家版本馆CIP数据核字（2023）第081660号

出版发行	天津大学出版社
地　　址	天津市卫津路92号天津大学内（邮编：300072）
电　　话	发行部：022-27403647
网　　址	www.tjupress.com.cn
印　　刷	廊坊市海涛印刷有限公司
经　　销	全国各地新华书店
开　　本	787mm×1092mm　1/16
印　　张	15.5
字　　数	397千
版　　次	2023年5月第1版
印　　次	2023年5月第1次
定　　价	52.00元

前　　言

室内环境与健康之间的关系很复杂,受到多种因素的作用和影响。我们希望室内环境是怡人且舒适的,人不应该因为室内环境不良而生病或者表现出典型的病症。

本书提出了"室内环境会使人生病吗"这个问题。这个问题的提出是非常必要的,因为我们大量的时间是在室内(家、学校、办公室等)度过的,室内环境的特性对我们的感受和健康有极大的影响。

现代社会,人们常因为室内环境不良而遭受病痛的折磨,越来越多的证据表明人们生病是因为居住或办公建筑环境不良。通风不畅、室内空气污染、潮湿和霉菌是造成大量室内相关病症的危险因素,病态建筑综合征和过敏性疾病的患病率升高均与室内环境相关,儿童孤僻症等现代疾病的发病率上升也将矛头指向了室内环境。

本书作为天津大学"十四五"规划教材,系统地介绍了室内环境的有关概念、工作原理、评价指标、评价方法,学科交叉研究方法和研究理论,并介绍了室内环境与健康关系的研究热点和前沿问题。教材内容融合了基础知识、科研成果和研究案例,并具有学科交叉性,适用于建筑环境与能源应用工程、建筑学、环境科学、环境工程等专业的本科生和研究生,以及相关行业的工程师和科研人员。

本书由天津大学孙越霞、天津商业大学侯静、天津大学特聘教授宋德扬(Jan Sundell)编写,凝练了编写组过去十几年的工作成果,赵雨萱、朱昌琦、张朝琦、万梦方、刘宣鑫等研究生也为编写本书搜集了大量素材和参考资料。本书在编写过程中得到了天津大学 2021 年本科教材建设项目(天大校教〔2021〕32 号 -24)的资助和室内空气环境质量控制天津市重点实验室的支持。

由于时间仓促且所涉及内容广泛,书中难免存在疏漏和不足之处,恳请广大读者批评指正,以期再版时进一步完善。

本书编写组
2022 年冬季

目　　录

第1章　室内健康风险

人体健康受多种因素影响,如遗传、环境、生活方式、年龄等,人体健康状况往往取决于这些因素的相互影响。为了更好地了解疾病对人体健康的影响,需要调查疾病的严重性、普遍性,发病率的上升或下降趋势,疾病对生命质量和寿命的影响。例如,患过敏性疾病的人通常会有反复出现的症状,可能终身服药,无法正常上学或工作,这些后果不同于患心脏病或肺癌。在公共健康报告中,心血管疾病、心理疾病、癌症、运动器官疾病、伤害、过敏症都被视为重要的公共健康问题。

在发达国家,死亡的主要原因是心血管疾病和癌症。这些疾病的发展需要很长时间,年龄越大,死于这些疾病的概率就越高。在发达国家,70%的死亡发生在70岁及以上的人群中。而在发展中国家,很多人死于下呼吸道感染、艾滋病和痢疾等传染性疾病。在低收入国家,近40%的死亡病例为15岁以下的儿童,只有20%的死亡病例为70岁及以上的老人。

当讨论疾病的环境风险因素时,关键问题是环境暴露发生在哪里(图1-1)。对一个70岁的老人而言,超过一半的暴露来自家里尤其是卧室的空气,只有7%左右来自室外空气、食物。对婴儿来说,室内环境暴露的比例更高。

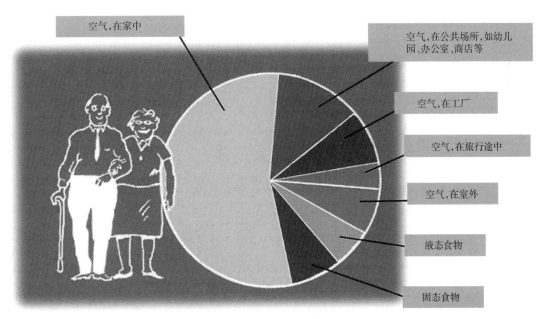

图1-1　人一生中的总暴露量分配

即使是存在于室外空气中的污染物,其暴露也主要发生在室内。因为尽管在室外污染物浓度较高,但在室内暴露时间较长,所以室内空气更加重要。

过去几十年来,经济的快速发展使得室内环境发生了急剧变化,如大量人工复合材料用作建筑装饰装修材料,应用现代建造技术(采暖、制冷)提高生活质量和舒适度。由现代化的生活方式和室内物品导致的室内环境问题应运而生:建筑潮湿;清洁剂、杀虫剂等家用化学品暴露;烹饪、吸烟等时释放燃烧污染物;甲醛、苯及其同系物等有毒物质挥发;细菌、霉菌、病毒等生物污染物滋生。这些均为室内环境中潜在的健康威胁。世界卫生组织(WHO)公布的报告指出,全球近一半的人处于室内空气污染中,室内环境污染已引起 35.7% 的呼吸道疾病,22% 的慢性肺炎和 15% 的气管炎、支气管炎、肺癌。在发展中国家,有 200 万例超额死亡可能由室内空气污染所致。室内环境的重要性得到了越来越多人的认同。下面对与室内环境相关的健康问题进行阐述。

1.1　癌症

癌症至少包含 200 种不同的疾病,是由细胞的遗传调节受损引起的。在中国,每年约有 400 万人被诊断出患有癌症。受癌症影响最大的是老年人,因为大多数癌症的发展需要很长时间。平均预期寿命延长在一定程度上解释了过去 30 年癌症病例增加了一倍这一现象。

癌症是导致人类死亡的主要原因。2020 年中国有 300 万人死于癌症,其中最常见的癌症及其死亡人数如下:

癌症	2020 年死亡人数
肺癌	71 万
肝癌	39 万
胃癌	37 万
食管癌	30 万
结直肠癌	29 万
胰腺癌	12 万

环境因素对癌症的发病有重要的影响,三分之一的癌症可以归因于环境中存在的如下致癌物。

(1)物理致癌物,如紫外线、电离辐射。

(2)化学致癌物,如石棉、烟草的烟雾、黄曲霉毒素(食品污染物)、砷(饮用水污染物)。

(3)生物致癌物,如病毒、细菌、寄生虫。

归因于不良室内环境暴露的主要癌症是原发性支气管肺癌(简称肺癌),肺癌是最常见的恶性肿瘤之一。目前全球肺癌的发病率和死亡率均呈上升态势,尤其在发展中国家。早期有报道显示,1988—2005 年,我国肺癌的发病率呈现逐年上升趋势,年平均增长 1.63%,其中男性为 1.30%,女性为 2.34%。我国肺癌的发病率和死亡率已居所有恶性肿瘤之首,是男性发病率和死亡率的第一位,是女性发病率的第二位、死亡率的第一位。

吸烟是患肺癌的主要危险因素之一,对全球 80% 的男性肺癌患者和至少 50% 的女性肺癌患者产生直接影响。我国男性吸烟者约 3 亿人,占全球吸烟者的 1/3。随着未成年人和年轻女性烟民的不断增加,我国肺癌发病和死亡的问题越来越突出。研究表明,吸烟与肺癌呈剂量 - 反应关系,随着开始吸烟年龄提前、吸烟年限延长、日吸烟量和吸烟深度增大,患肺癌的危险性在升高。在室内工作环境中被动吸烟是男性非吸烟者患肺癌的主要危险因素,在家庭环境中被动吸烟是女性患肺癌的主要危险因素。女性肺癌发病的另一个危险因素是厨房环境污染,主要与做饭时厨房内有较多烟雾等相关。此外,烟煤燃烧时产生的致癌物质进入室内也会导致肺癌高发。

氡的暴露是引发肺癌的另一个主要危险因素。氡及其子体被人体吸入沉积在气管、支气管,在那里不断衰变,产生放射性粒子杀伤细胞,最后可能导致肺癌。因为粒子的射程很短,不会对其他器官和组织造成伤害,所以氡及其子体对健康的影响主要表现为内照射诱发肺癌,因而矿工的肺癌发病率远高于一般人群。随着氡暴露水平提高,患肺癌的危险度有明显的上升趋势,对住宅内氡暴露与肺癌关系的流行病学研究也得到了类似的结论。

1.2　过敏与超敏反应

免疫系统能够使人体抵御病原、细菌的侵犯,是人体的保卫系统。这个系统由免疫器官(骨髓、胸腺、脾脏、淋巴结、扁桃体、小肠集合淋巴结、阑尾等)、免疫细胞(淋巴细胞、单核吞噬细胞、中性粒细胞、嗜碱性粒细胞、嗜酸性粒细胞、肥大细胞、血小板等)、免疫分子(补体、免疫球蛋白、细胞因子等)组成。免疫系统的各组分功能正常是机体免疫功能相对稳定的保证,任何组分的缺陷、功能的亢进都会给机体带来损害。过敏是免疫系统被破坏或削弱的表现,是免疫系统对人体一般能应付而不表现出任何症状的刺激物的一种过度反应,会引发呼吸道、消化道和皮肤方面的一些症状,最常见的过敏性疾病包括哮喘、过敏性鼻炎和湿疹。

哮喘是一种呼吸道慢性炎症性疾病。由于呼吸道的慢性炎症,哮喘病人喘息困难或喘鸣发作,胸部会有紧紧的不舒适感觉,而且这种症状易出现在半夜或凌晨。哮喘影响所有年龄阶段的人,会给患者带来昂贵的医疗费用,并导致患者生活品质下降。据世界卫生组织估计,至 2025 年全球将有 3 亿人患哮喘,约 255 000 人死于哮喘。过敏性鼻炎的发病机理与哮喘类似,不同之处在于过敏性鼻炎在儿童和青少年中更流行。鼻炎的临床表现是连续阵发性喷嚏发作,继而出现大量水样鼻涕和鼻塞、鼻痒等症状。湿疹是一种常见的炎症性皮肤病,其临床表现为多形性皮疹,倾向渗出,对称分布,自觉剧烈瘙痒,病情易反复,可多年不愈。湿疹可发生于任何季节、任何年龄、人体的任何部位,常在冬季采暖期发作或加剧,好发于面部、头部、耳周、小腿、腋窝、肘窝等部位。

近年来,儿童过敏性疾病患病率在世界范围内呈急剧上升趋势。国际儿童哮喘及过敏性疾病研究(International Study of Asthma and Allergies in Childhood, ISAAC)组织在 1992—1998 年和 1999—2004 年对 56 个国家的儿童哮喘及过敏性疾病患病情况进行了调查。结果显示,三种常见过敏性疾病的总体平均患病率在十年间呈现上升趋势,其中 13~14 岁儿童患病率从 1.1% 上升至 1.2%, 6~7 岁儿童患病率从 0.8% 上升至 1.0%;哮喘、特应性湿疹的发病率在各个国家之间有很大的差异,但总体仍呈现上升趋势。

我国儿童哮喘协会分别于 1990 年和 2000 年对全国 27 个省市的 0~14 岁儿童哮喘患病情况进行抽样调查,结果显示 2000 年全国儿童平均哮喘患病率为 1.54%,是 1990 年全国儿童平均哮喘患病率(0.91%)的 1.69 倍,且不同地区哮喘患病率差异显著,北方地区(0.99%)低于南方地区(1.54%),华东地区最高。天津市 2002 年的儿童哮喘流行病学调查研究显示,儿童哮喘患病率为十年前的 1.82 倍。2010—2012 年,我国学者对国内 10 个代表城市的 1~8 岁儿童过敏性疾病的调查研究结果表明,哮喘平均患病率为 6.8%,相较于 1990 年的 0.91% 和 2000 年的 1.54% 大幅度上升。

遗传无疑是导致过敏性疾病的主要原因,如果父母双方都有过敏性疾病,孩子患过敏性疾病的概率是 80%;父母有一方患过敏性疾病,孩子患过敏性疾病的概率为 40%;父母均为健康个体,孩子患过敏性疾病的概率仅为 10%。遗传性过敏开始于婴儿时期的湿疹、食物过敏和哮喘,通常由细菌感染引发。随着时间的推移,湿疹和食物过敏症状消失,而哮喘和花粉症却进一步发展。对有遗传性过敏的家庭,婴儿出生时 IgE(免疫球蛋白 E)的含量就较高。与过敏症状相关的个人因素还包括年龄、性别、是否吸烟。年龄对过敏性疾病的影响比较复杂,1~3 岁时间歇性喘息比较突出,4~6 岁时过敏性和传染性喘息困难占主导地位,随着年龄的增长症状发展为过敏性哮喘。一般而言,在儿童阶段哮喘出现得越晚,那么成人后哮喘复发的概率就越低。过敏性疾病最早发病常见于男孩,但是随着年龄的增长,发病率在女孩中较高,之后性别差异逐渐消失。

大多数哮喘患者对通过空气传播的物质(如花粉、霉菌、动物皮屑、尘螨)过敏。这些过敏原是哮喘发作的诱因。美国环境保护署(EPA)提出,最常见的室内哮喘诱因包括二手烟、尘螨、霉菌、蟑螂与其他害虫、家养宠物、燃烧副产品。虽然这些因素是引发过敏性疾病的重要因素,但是并不能解释疾病患者急剧增加这一现象。在世界大部分地区,病例数量几乎每十年翻一番。在欧洲,过敏主要与西方的生活方式和良好的社会经济条件相关联。我们不知道这是由于保护因素消失还是破坏因素出现。室内环境中可能有未知因素导致过敏增加。其他因素,如传染病、疫苗接种、卫生条件和饮食习惯改变也会造成过敏性疾病患病率上升。例如,为什么城市的儿童比农村的儿童更容易对宠物和花粉过敏?为什么生活在"干净"的瑞典的儿童比室外空气质量较差的波兰的儿童更容易过敏?这些问题表明有一些未知的因素在发挥作用。

在解释过敏性疾病的发病特点和发展趋势方面有两种假说:"卫生学"假说和"剂量-反应"假说。

有研究表明,哮喘较少发病于多子女家庭的幼子、幼女,原因可能是哥哥、姐姐给年幼的弟弟、妹妹带来的感染机会可以降低其过敏的概率,这是"卫生学"假说的依据之一。"卫生学"假说指出,近十年来过敏性疾病发病率上升可能的原因是,家庭成员减少和卫生状况改善导致家庭成员间交叉感染的机会减少,生活在小家庭中的儿童较少发生感染,其免疫系统中 Th2 细胞(辅助型 T 细胞 2)占优势,导致 IgE 增多,易于发生过敏反应。但是也有不少研究证明"卫生学"假说存在着似是而非的结论,不能对所有过敏性疾病的特点进行解释,有些支持"卫生学"假说的结果是由选择性偏差造成的,还有些结果和早期暴露有关。

"剂量-反应"假说指出,生活环境改变使得变应原暴露增加,随着工业化社会的发展,全球大气、水、土壤污染日益严重,生产食品、生活日用品使用的化学制剂越来越多,这些在十几年前不存在或剂量很小的因素对哮喘易感儿有极不利的影响,可导致其气道高反应性的发生。国际性研究表明导致患病率不同的因素在不同地区是不同的,对不同年龄段也各异,这些因素可能与生活方式、饮食习惯、微生物暴露、室内外环境、气候变化、对疾病的认识和管理有关。尽管生活环境对过敏性疾病和呼吸道疾病的影响和作用机理还不是很清楚,但是"剂量 - 反应"假说得到越来越多学者和研究的支持。

　　目前有两个大型国际研究（ISAAC 和 CHH（Children，Homes，Health，儿童、家庭、健康，在瑞典称为 DBH，在保加利亚称为 ALLHOME，在中国称为 CCHH）研究）针对儿童过敏性疾病展开。通过 ISAAC 获得了患病率的变化、遗传的影响、吸烟的影响等结果。通过 CHH 研究了解了室内环境、食物、母乳喂养、宠物等对儿童过敏的影响。导致儿童过敏的室内环境因素包括通风不足、室内尘螨暴露、缺乏母乳喂养、较早进入日托中心、建筑潮湿，最主要的危险因素是室内环境中的新兴化学物质，如邻苯二甲酸酯、乙二醇醚。这些化合物存在于日用家居装饰装修和清洁产品，如聚氯乙烯地板、水性油漆、家具抛光产品中，作为室内无处不在的内分泌干扰物，与儿童过敏性疾病之间存在显著的关联性。

　　综上，由于人们大部分时间是在室内度过的，与过敏性疾病相关的室内环境因素得到越来越多的关注。室内环境因素可在以下三个层面发挥作用：

　　（1）使免疫系统对环境中的某些因素产生不良反应（致敏）；

　　（2）引发已致敏人群的症状；

　　（3）使呼吸道黏膜持续发炎，这是对刺激物（如冷空气、体力活动）高度敏感的原因。

　　超敏不同于过敏，它不是由抗体引起的，但是它引发的某些症状（如呼吸困难、哮喘）与过敏引发的症状相似。与过敏反应相比，非免疫超敏反应的产生通常需要更高的物质浓度。免疫和非免疫机制经常相互作用，引发症状并维持呼吸道的高度反应。病态建筑综合征的一些症状可能是超敏反应引发的。

研究案例：中国儿童与大学生过敏性疾病研究

　　（一）中国儿童家庭环境与健康（CCHH）研究

　　随着过敏性疾病频发，室内环境对人体健康尤其是儿童健康的危害愈发显著。《"健康中国 2030"规划纲要》提出的健康中国建设主要指标就包括健康生活和健康环境。2013年，天津大学的孙越霞等人在天津地区开展了中国儿童家庭环境与健康研究，采用流行病学研究方法对华北地区住宅建筑室内环境和儿童健康状况进行横断面问卷调查，明确了增加儿童过敏性疾病患病风险的室内环境与生活方式因素，可为预防儿童过敏性疾病提供科学指导，为室内环境相关标准的制定与改善提供理论依据。

　　该研究以 0~8 岁儿童作为研究对象。研究对象的选择按照随机抽样的原则进行。调研地点为天津市内六区、郊区和河北沧州地区。

　　问卷内容参照瑞典的建筑潮湿与健康（Dampness in Buildings and Health，DBH）研究，DBH 研究问卷先后在丹麦、保加利亚、新加坡、韩国和美国等国家的相关研究中使用过，得到了广泛验证。

　　设计完成的问卷共计 99 个问题，包括儿童及家庭成员背景资料、健康状况、室内环境特征、居住者行为习惯等四方面的信息。

　　1）儿童及家庭成员背景资料

　　儿童及家庭成员背景资料主要是儿童的一些基本信息、母亲围生期信息和家庭社会经济地位。母亲围生期信息主要指母亲的怀孕周数和生产方式；家庭社会经济地位主要指父母的文化教育水平、职业和家庭年收入。

2）健康状况

健康状况主要指儿童过敏性疾病、呼吸道感染、肺炎，成人呼吸道感染，病态建筑综合征，以儿童过敏性疾病为主要内容。关于儿童过敏性疾病的问题主要参照 ISAAC 中关于过敏性疾病的核心问题。这些问题曾用于全球流行病学研究，并且经过与临床研究对比，其有效性得到过验证，具体内容如下。

（1）过去任何时候喘息症状（wheeze ever）：过去任何时候儿童是否出现过呼吸困难，发出像啸鸣一样的声音。

（2）过去 12 个月喘息症状（wheeze current）：过去 12 个月儿童是否出现过呼吸困难，发出像啸鸣一样的声音。

（3）过去 12 个月干咳症状（dry cough current）：过去 12 个月在没有感冒或胸腔感染的情况下，儿童夜晚是否出现过干咳症状且持续时间超过 2 周。

（4）医生确诊哮喘（doctor-diagnosed asthma）：儿童是否被医生确诊过哮喘。

（5）过去任何时候鼻炎症状（rhinitis ever）：过去任何时候在没有感冒的前提下，儿童是否出现过打喷嚏、鼻塞、流鼻涕的问题。

（6）过去 12 个月鼻炎症状（rhinitis current）：过去 12 个月在没有感冒的前提下，儿童是否出现过打喷嚏、鼻塞、流鼻涕的问题。

（7）医生确诊鼻炎（doctor-diagnosed rhinitis）：儿童是否被医生确诊过鼻炎。

（8）过去任何时候湿疹症状（eczema ever）：过去任何时候儿童是否出现过皮肤发红、刺痒、发糙、脱屑、出现水疱、脂水渗溢等症状。

（9）过去 12 个月湿疹症状（eczema current）：过去 12 个月儿童是否出现过皮肤发红、刺痒、发糙、脱屑、出现水疱、脂水渗溢等症状。

（10）医生确诊湿疹（doctor-diagnosed eczema）：儿童是否被医生确诊过湿疹。

3）室内环境特征

室内环境特征主要涉及住宅周围环境、建筑基本特征、室内装修、暖通空调系统、室内微环境（建筑潮湿和异味感知）等方面。其中住宅周围环境表征室外污染对室内环境的影响，而室内装修、暖通空调系统等现代建筑特征（技术）则是室内环境因素对人体健康危害的重要测度问题。

建筑潮湿是由于室内水汽含量较高、通风不足、建筑施工或使用不合理造成的建筑结构表面或内部发霉、墙体或地板表面装饰材料损坏、剥落。潮湿环境为微生物的生长、代谢创造了必要的条件，是室内生物污染的重要组成部分。潮湿问题在当代建筑中普遍存在，会导致呼吸道疾病，已经成为全球影响室内空气质量的重要因素之一。由于室内污染物成分复杂，一些微量化学物质、未知化学物质无法被仪器准确测量，但是其气味或刺激性可能引起人体不适，因此该研究将异味感知也列为室内环境特征的一部分，并研究其对儿童健康的影响。

4）居住者行为习惯

室内环境与居住者行为习惯息息相关。例如，居住者开窗通风，尤其在室外空气质量较好的情况下开窗通风,可以增加新风量,降低室内污染物浓度;而居住者吸烟、烹饪、饲养宠物等则在一定程度上增加了室内氮氧化物、颗粒物、生物污染暴露。在该研究中居住者行为习惯主要包括开窗、卧室清洁、烟草烟雾暴露和宠物饲养等。

经过严格的质量控制,最终获得有效问卷 7 865 份,反馈率为 78.0%。基于数据资料,对华北地区住宅建筑室内环境和儿童健康状况进行了分析,得到以下结论。

(1)华北地区 0~8 岁儿童哮喘、鼻炎和湿疹患病率分别为 4.4%、9.5% 和 39.1%,男孩过敏性疾病患病率显著高于女孩,低年龄段儿童(0~2 岁)湿疹及相关疾病患病率显著高于高年龄段儿童。

(2)用多因素 logistic(逻辑)回归模型分析家庭环境因素、生活习惯、生物学因素与过敏性疾病的关系,如表 1-1 所示。危险因素有窗户凝水、感觉空气干燥、现代装饰装修、使用空调、从不或偶尔晾晒被褥、吃快餐、剖宫产、曾经感染过等。

(3)上述危险因素的人群归因分数如表 1-2 所示。人群归因分数为消除暴露估计疾病减少的比例。结果显示,曾经感染过(37%)、现代装饰装修(22%)、使用空调(15%)、从不或偶尔晾晒被褥(15%)、窗户凝水(8%)、感觉空气干燥(8%)、剖宫产(8%)和吃快餐(5%)是最显著的归因因素。

(4)提出了现代指数(modern index)的概念,用以评估家庭环境因素、生活习惯、生物学因素对儿童过敏性疾病患病率的影响。现代指数包括现代装修(复合木地板、喷漆墙面)、缺乏通风(夏季使用空调、冬季窗玻璃凝水)、吃快餐、床上用品日晒不足、剖宫产等。图 1-2 显示了现代指数与儿童过敏相关健康终点的剂量 - 反应关系。

(二)宿舍环境与大学生过敏性疾病关系的研究

2005 年天津大学的孙越霞等人对天津某高校宿舍环境与大学生过敏性疾病的关系展开研究。该研究包括两个阶段,即横断面研究和病例 - 对照研究。

横断面研究的目的是调查宿舍环境与大学生过敏性疾病之间的关系。在该阶段,来自 13 栋宿舍楼 1 511 间宿舍的 3 436 名被调查对象将宿舍环境和个人健康信息反馈在调查问卷上。这 13 栋宿舍楼具有不同的建筑年代、位置和居住密度,是宿舍环境的典型代表。

调查问卷包括两方面的内容:居室环境与人体健康。

居室环境包括 9 个部分:宿舍内外布局;装饰与装修材料;供热与通风系统;宿舍楼的装修与维护;潮湿情况;气味感知;宿舍内动植物的饲养与种植;清洁情况;宿舍成员是否被动吸烟。

自我报告的潮湿问题包括:墙面、天花板上有湿点、霉点;从表面不易察知的建筑内部的可疑潮湿问题;过去或最近发生水损;冬季窗户内侧玻璃上出现凝水。室内的主要气味来源是人体、建筑和装修材料、清洁剂、去味剂、香水、宠物、霉菌和其他微生物。潮湿的建筑材料由于微生物的生长会挥发出令人厌恶的气味,和气味同时挥发出来的是刺激性和过敏性物质,哮喘患者对这些因素尤其敏感,如果这些令其过敏的物质浓度较高,过敏症状就会复发。在本研究中,在室人员自我感知并报告了 7 类气味:不新鲜、通风不顺畅的气味;刺激的化学气味;发霉的气味;土壤的气味;烟草的味道;干燥的空气;其他令人厌烦的气味。在室人员对这 7 类气味的出现频率进行了评价。

表 1-1　中国天津地区儿童过敏性疾病的家庭环境因素、生活方式和生物学因素的优势比

项目	家庭环境因素											生活习惯				生物学因素		
	霉菌/湿斑 a	窗户凝水 b	感觉空气潮湿 c	感觉空气干燥 d	现代地板 e	现代墙面 f	使用空调 g	使用生物质煤 h	早期烟雾暴露 i	饲养宠物 j	靠近高速公路 k	参加日托 l	(少)晒被褥 m	吃快餐 n	(少)母乳喂养 o	剖宫产 p	低出生体重 q	曾经感冒过 r
曾患喘息	1.67 (1.04, 2.69)			1.51 (1.07, 2.13)	1.50 (1.14, 1.96)	1.50 (1.00, 2.26)												3.59 (2.56, 5.04)
喘息症状				2.46 (1.61, 3.74)	1.56 (1.04, 2.35)													3.39 (2.25, 5.11)
干咳症状	1.58 (1.06, 2.36)			1.54 (1.14, 2.08)									1.33 (1.05, 1.68)	1.34 (1.01, 1.77)				1.84 (1.48, 2.30)
确诊哮喘					1.99 (1.29, 3.07)				1.46 (1.02, 2.09)									4.06 (2.63, 6.28)
曾患鼻炎		1.35 (1.13, 1.62)		1.33 (1.03, 1.71)		1.39 (1.13, 1.72)							1.31 (1.12, 1.55)					1.42 (1.21, 1.68)
鼻炎症状		1.46 (1.22, 1.75)		1.36 (1.05, 1.76)	1.34 (1.11, 1.61)	1.52 (1.19, 1.95)								1.26 (1.01, 1.58)				1.56 (1.30, 1.86)
确诊鼻炎				1.45 (1.02, 2.05)										1.40 (1.02, 1.94)				2.37 (1.81, 3.09)
曾患湿疹				1.42 (1.11, 1.82)	1.30 (1.09, 1.56)		1.30 (1.08, 1.56)			1.33 (1.08, 1.65)	1.20 (1.02, 1.40)		1.25 (1.07, 1.47)			1.23 (1.05, 1.45)		1.56 (1.34, 1.83)
湿疹症状				1.36 (1.08, 1.71)	1.36 (1.08, 1.71)		1.48 (1.13, 1.94)			1.35 (1.03, 1.77)						1.40 (1.10, 1.75)		1.36 (1.08, 1.71)
确诊湿疹		1.35 (1.13, 1.62)		1.55 (1.21, 1.99)		1.55 (1.25, 1.93)							1.23 (1.05, 1.45)					1.80 (1.54, 2.11)

a 孩子房间有明显的霉菌、潮湿的斑点。b 冬季窗玻璃凝水。c 觉觉到孩子房间有发霉的气味。d 感觉到孩子房间的空气干燥。e 地板材料:油色、PVC(聚氯乙烯)、地毯、实木、复合木。f 墙面材料:油漆、乳胶漆、墙纸、木材、纺织品。g 夏季使用空调降温。h 使用生物质、煤来做饭、取暖。i 在母亲怀孕期间、孩子 1 岁以前父母吸烟。j 目前家里饲养宠物。k 住宅靠近高速公路。l 孩子上小学前去托中心。m 从不或偶尔晒晒被褥。n 每周至少吃一次快餐。o 母乳喂养时间短于 6 个月。p 分娩方式:剖宫产与自然分娩(参考)。q 出生体重:<2.5 kg 与>2.5 kg(参考)。r 孩子曾患肺炎、喉炎、脓炎、耳部感染、普通感冒。

表 1-2　中国天津地区儿童过敏性疾病的遗传因素、家庭环境因素、生活习惯和生物学因素的人群归因分数

	影响因素	曾患喘息	现患喘息	现患干咳	确诊哮喘	曾患鼻炎	现患鼻炎	确诊鼻炎	曾患湿疹	现患湿疹	确诊湿疹
遗传因素	家族过敏史	23%	23%	9%	32%	8%	12%	27%	7%	16%	8%
家庭环境因素	霉菌/湿斑	8%		3%							
	窗户凝水					7%	8%				5%
	感觉空气干燥	8%	14%	10%		5%	6%	11%	4%		4%
	现代地板	23%	29%		30%		23%		11%	13%	
	现代墙面	27%				17%	29%				22%
	使用空调								12%	17%	
	早期烟雾暴露				7%						
	饲养宠物								2%	5%	
	靠近高速公路								3%		
生活习惯	（少）晾晒被褥			21%			15%		12%		15%
	吃快餐				4%			3%	7%		
生物学因素	剖宫产								10%	9%	
	曾经感染过	58%	57%	33%	68%	20%	24%	40%	17%	20%	21%

人体健康部分涉及疾病症状、饮食、日常活动情况。所调查的过敏性疾病症状包括喘息、夜间干咳、鼻炎和湿疹。

最终，横断面研究的宿舍环境反馈率为 74.11%，在室人员健康情况反馈率为 57.11%。结果表明，室内霉点、湿点、水损和干咳、湿疹之间存在显著的正比例关系，而且在室内凝水较常出现的房间，在室人员的鼻炎现患率显著升高，在具有霉点和可疑潮湿问题的房间，发霉的气味经常被感知到。

基于横断面研究的数据，随后展开了病例 - 对照研究。病例对象在调查之前的 12 个月内至少有哮喘、鼻炎、湿疹中两种的症状，而对照对象则完全没有过敏症状。在病例 - 对照研究中，项目组成员查看了 291 间宿舍，评价室内潮湿情况，测量室内空气温度、湿度和 CO_2 浓度，计算房间通风量，采集室内灰尘，分析邻苯二甲酸酯含量和尘螨、蟑螂过敏原含量。

病例 - 对照研究的结果表明，房间内的发霉气味和内墙表面的霉点、湿点经常在瓷砖地板、混凝土外墙的房间内被感知或观察到，这些建筑往往建造于 2000 年后。发霉的气味和哮喘、湿疹之间存在显著的正比例关系，通风量与过敏性疾病之间存在剂量 - 反应关系，患有鼻炎的学生宿舍内邻苯二甲酸二丁酯的浓度显著高于健康学生的宿舍。总之，建筑潮湿、通风量低和邻苯二甲酸酯暴露是诱发或加重在室人员过敏性疾病的危险环境因素。

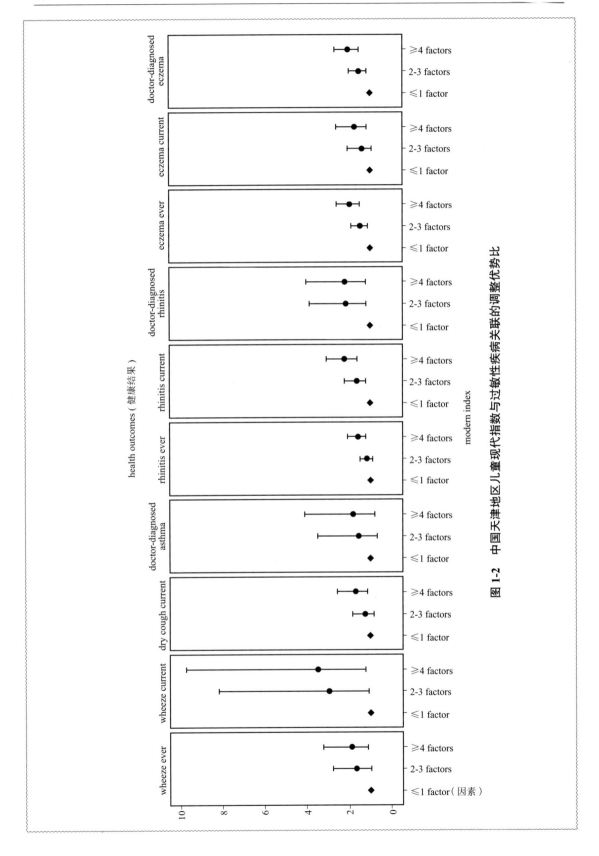

图 1-2 中国天津地区儿童现代指数与过敏性疾病关联的调整优势比

1.3　病态建筑综合征

近几十年,许多国家的室内空气品质出现了问题,很多人抱怨室内空气品质低劣,导致他们出现了一些病态反应——头痛、困倦、恶心、流鼻涕等,此类症状统称病态建筑综合征(sick building syndrome,SBS),这些症状与在建筑内的时间相关联,导致人们出现这些症状的建筑通常被称为病态建筑。典型的情况是:进入建筑后症状出现;在建筑内停留的时间越长,症状越显著;离开建筑后症状消失。病态建筑综合征不是临床定义的疾病,而是人在室内环境中产生的一系列症状,典型的症状如下。

一般症状:疲劳、头重、头痛、头晕、注意力难以集中。

黏膜症状:眼睛发痒、刺痛、鼻道刺痛、堵塞、流鼻涕;喉咙嘶哑、刺痛、咳嗽。

皮肤症状:面部皮肤干燥、发痒、刺痛、紧绷、灼热;手部皮肤干燥、瘙痒、发红。

据世界卫生组织估计,世界上有 20%~30% 的人被病态建筑综合征所困扰,这个数据在我国某些地区甚至更高。其中的机制在很大程度上是未知的,涉及嗅觉(气味)、三叉神经(刺激)和皮肤的感官反应,环境因素和感官系统存在相互作用。另外,个体因素、社会心理和与工作相关的因素均会影响 SBS 的患病率。例如,在压力状态下或抑郁、焦虑时容易出现 SBS;生活习惯不好(如吸烟、嗜酒、卫生习惯不好)和工作模式(使用计算机和复印机)会导致 SBS;女性、曾患过敏性疾病(尤其是哮喘、湿疹)和对工作的满意度低是 SBS 的风险指标。在对这些因素进行调整后,室内环境特征与 SBS 患病率之间仍存在关联性。丹麦的一项横断面研究发现,室内毛毡、织物面积和书架占用比是 SBS 的危险因素。丹麦、荷兰和英国的研究一致发现,空调是 SBS 的主要风险指标。在阴极射线管显示器被液晶显示器替代之前,其产生的电场、磁场、颗粒物被认为是 SBS 的潜在风险因素。

研究人员使用各种测量和分析技术进行了大量的实地研究,发现 TVOC(总挥发性有机化合物)浓度与 SBS 之间关联性的结果并不一致。部分流行病学研究发现 TVOC 浓度与 SBS 症状正相关,部分研究并未发现二者的相关性,甚至还有研究发现二者负相关。实验室研究发现 SBS 症状与高浓度($5\,000\sim25\,000\ \mathrm{pg/m^3}$)的 TVOC 暴露之间存在正相关关系。在真实的室内环境中,TVOC 浓度与 SBS 的相关性受到了质疑。针对单一污染物,甲醛是关注的焦点。到目前为止,文献中对甲醛的报道频次超过了对任何其他室内有机污染物的报道频次。在对 SBS 进行研究初始,甲醛是主要的可疑因素。此后由于建筑材料的成分和使用发生了变化,非工业室内环境中甲醛的浓度急剧下降。世界卫生组织 1989 年建议,在非工业室内环境中,对一般公众甲醛浓度最高为 $100\ \mu\mathrm{g/m^3}$,以避免产生气味和感官反应;对出现过超敏反应的敏感人群,甲醛浓度最高为 $10\ \mu\mathrm{g/m^3}$。

研究案例:宿舍与家庭环境内病态建筑综合征研究

(一)宿舍环境与大学生病态建筑综合征关系的研究

该研究于 2005 年在天津市某高校开展,旨在调查宿舍环境因素与学生健康之间的关系。来自 13 栋宿舍楼 1 511 间宿舍的 3 436 名被调查对象将宿舍环境和个人健康信息反馈在调查问卷上。这13栋宿舍楼具有不同的建筑年代、位置和居住密度,是宿舍环境的典型代表。被调查对象报告了在调查之前3个月内病态建筑综合征的12个症状的出现频率(从来没有、有时候、经常)和症状的出现是否与室内环境有关。

对一般症状,总共有88.4%的学生经常或有时候感觉到疲劳,40.4%经常感觉到疲劳的学生评价该症状和室内环境有关。8.5%的学生经常感觉到头重,49%的学生有时候有该症状,该症状和霉点($P<0.003$)、可疑潮湿问题($P<0.012$)之间存在显著性关系,在有这两类潮湿表征的房间内较多的学生报告了该症状。学生自我报告的头痛症状和四类潮湿表征之间存在显著的正比关系,即霉点($P<0.000$)、湿点($P<0.008$)、可疑潮湿问题($P<0.042$)、水损($P<0.041$)。头晕症状和霉点、水损、窗户凝水之间存在显著性关系($P<0.050$)。注意力难以集中和霉点($P<0.016$)、窗户凝水($P<0.030$)之间的正比关系达到了显著性水平。

对黏膜症状,总共有37.3%的学生报告有时候眼睛发痒、刺痛,该症状和霉点($P<0.002$)、可疑潮湿问题($P<0.007$)之间存在显著的正比关系。48.8%的学生遭受过鼻道刺痛,这和水损、窗户凝水有显著性关系。超过一半的学生将喉咙干燥归结为室内环境的影响,该症状和除湿点之外的四类潮湿表征之间都存在显著性关系,这四类潮湿表征也显著地影响在室人员的干咳症状。

对皮肤症状,较多学生感知到面部皮肤发红、发痒(49.2%)和耳部有皮屑、发痒(47.3%)。面部皮肤发红、发痒和霉点、可疑潮湿问题、窗户凝水之间有显著性关系,耳部有皮屑、发痒和窗户凝水之间有显著性关系,手部皮肤发红、发痒和水损之间存在显著性关系。通过对病态建筑综合征和潮湿表征进行分析发现,潮湿表征越多,病态建筑综合征症状越明显。

12.4%的居住在建于1940—1960年的建筑内的学生报告每周至少有一项一般症状、一项黏膜症状和一项皮肤症状,而居住在建于2000年后的建筑内的学生有这些症状的比例是7.7%,建筑年代和SBS症状之间存在显著性关系($P<0.007$)。

简言之,研究发现建筑年代较早、建筑潮湿和房间清洁频率下降是导致病态建筑综合征的主要原因,尤其是器官黏膜刺激性症状受建筑潮湿的影响显著。

(二)住宅建筑通风与病态建筑综合征的关联研究

室内空气质量主要靠通风来维持,而我国家庭的通风量很低。室内污染物,如挥发性有机化合物(VOC)、颗粒物可对居住者造成慢性或急性健康影响,包括病态建筑综合征。我国室内PM2.5、甲醛和其他有机化合物的浓度往往高于欧美国家,低通风量可能产生更大的负面影响。为研究通风量与病态建筑综合征的关系和通风健康效应的机理,天津大学的程荣赛等人于2016年11月至2017年10月对天津市住宅建筑进行了建筑通风、人体SBS与室内空气质量的研究。对32户典型的住宅进行长期在线室内环境参数测量,每个季节进行一次入户测量。在每次入户测量时,室内人员对过去3个月的SBS症状进行报告:一般SBS症状(疲劳、头重、头痛、头晕、注意力难以集中),黏膜SBS症状(眼睛刺激、鼻子刺激、喉咙干燥、咳嗽)和皮肤SBS症状(面部皮肤干燥、耳部皮肤干燥、手部皮肤干燥)。对每个症状,回答有三个选项:(1)是的,经常(每周);(2)是的,有时;(3)不,从来没有。

入户测量的环境参数包括空气温度、相对湿度、二氧化碳浓度、换气次数、挥发性有机化合物浓度、甲醛浓度、颗粒物浓度、臭氧浓度。每个家庭都监测了两种工况:一种是非受控工况,另一种是受控工况。所有测量均在主卧室(户主的卧室)进行。对非受控工况,在每个家庭连续测量室内空气温度、相对湿度和二氧化碳浓度至少 48 h(不干预门窗的打开),夜间换气次数是根据二氧化碳浓度计算的。在受控工况下,门窗关闭至少 12 h,如果有机械通风系统,也予以关闭,然后测定挥发性有机化合物、甲醛、颗粒物、臭氧的浓度和通风渗透量(门窗和机械通风系统关闭时的通风量)。

研究发现,换气次数与黏膜症状显著相关(AOR(调整优势比):2.65;95% CI(置信区间):1.16~6.06),表明换气次数减少显著增加了黏膜症状产生的风险。

为了了解通风对 SBS 症状的健康影响机制,研究人员还探究了通风与室内空气质量的关系。结果发现,通风可通过影响 VOC、颗粒物和臭氧的浓度而影响人体 SBS 抱怨。

1.4　呼吸道感染

污染物往往通过呼吸道进入人体,因此室内空气污染主要影响呼吸系统。呼吸道感染是由致病微生物侵入呼吸道并进行繁殖导致的疾病,90% 的呼吸道感染由病毒引起。普通感冒(简称感冒)和流行性感冒(简称流感)是两种常见的呼吸道感染。感冒是上呼吸道轻度感染的常规术语,主要是由鼻病毒、腺病毒、呼吸道合胞病毒等呼吸道病毒感染引起的,主要症状包括鼻塞、流鼻涕、打喷嚏、喉咙痛和咳嗽。感冒是人类最常见的传染病,成年人平均每年感冒 2~4 次,而儿童平均每年感冒 6~8 次。感冒通常发生在冬季。流感是由流感病毒引起的严重疾病,具有高度传染性,病情恶化时可发展为威胁生命的疾病,如肺炎、脑炎。与感冒相比,流感通常突然发作,其典型临床症状为高烧、全身疼痛、食欲不振、虚弱无力、轻度呼吸道症状。

感冒和流感由于高昂的医疗费用给政府带来了相当大的经济负担。在美国,感冒每年导致 750 万 ~1 亿人次就诊,保守估计每年费用为 77 亿美元。每年用于治疗感冒的非处方药花费 29 亿美元,用于缓解感冒症状的处方药花费 4 亿美元。据估计,每年孩子因感冒而缺课的天数达 220 万 ~1.89 亿天,父母因此损失 1.26 亿个工作日待在家里照顾孩子。如果加上员工因感冒而损失的 1.5 亿个工作日,与感冒相关的工作时间损失占美国工作时间损失的 40%,每年造成的经济损失总额超过 200 亿美元。据估计,流感每年造成的经济负担总计 470 亿 ~1 500 亿美元。

呼吸道感染的主要传播途径有三种:接触传播、飞沫传播和空气传播。接触传播指感染者携带病毒的分泌物和易感人群密切接触。根据接触方式,接触传播又分为直接接触传播(如易感人群与感染者手牵手)和间接接触传播(如易感人群触摸到沾有病毒的门把手)。飞沫传播指感染者和健康人近距离(1~2 m)接触时,感染者在打喷嚏、咳嗽、说话、呼气时产生的较大(5~10 μm)的飞沫直接进入健康人的呼吸道、沉降在健康人的眼部黏膜上。空气传播指病毒通过直径较小的(<5 μm)的飞沫核进行传播,由于直径较小,飞沫核可以在空气中停留较长时间,并且可以长距离运输。

呼吸道感染的传播通常发生在室内,与室内空气品质息息相关。2013 年的一项疾病负担研究表明,我国 5 岁以下儿童呼吸道感染中有 14.9% 是由室内空气污染造成的。研究发现,室内空气污染使儿童急性下呼吸道感染患病风险增加 78%,每年导致 100 万 5 岁以下儿童死亡,这可能是因为儿童肺表面积相对较大。此外,室内空气污染加重了呼吸道感染的严重程度。室内空气污染使呼吸道对病原体的特异性和非特异性宿主防御产生不利影响。关于室内污染与呼吸道感染有关的机理尚不明确,但有研究认为室内污染可能对人体的免疫机制造成影响,从而增强宿主对呼吸道感染的易感性。

研究案例:宿舍与教室内呼吸道传染病研究

（一）宿舍内呼吸道传染病的传播机理研究

大学宿舍是大学生学习和生活的地方,对大学生的身心健康和学习效率有重大影响。我国高校的宿舍大多是空间小、居住密度高、装修简单的公寓,通过渗透和开窗自然通风一般无法为如此拥挤的空间提供足够的通风量。近年来,在人口密集的地方,建筑通风对呼吸道感染的影响已经成为政府、公众和研究机构的关注焦点。高居住密度和低通风量可能是 2003 年高校宿舍暴发 SARS(严重急性呼吸综合征)的重要危险因素。研究表明,居住在紧凑、节能型建筑中的人上呼吸道疾病的感染率比居住在通风更好的房屋中的对照组高 46%~50%。

除通风不良外,潮湿和霉菌也是呼吸道疾病的危险因素。一项关于家庭环境与儿童健康的横断面研究发现,潮湿表征增加了学龄前儿童患普通感冒的风险,良好的通风习惯可能会改变与潮湿有关的暴露的影响。大学生洗过的衣服通常在走廊、封闭的阳台上风干,此外呼吸会产生水蒸气,由于居住密度大,通风不足,学生宿舍容易出现潮湿问题。

根据中国国家统计局的数据,从 2005 年到 2015 年,全国大学生人数从 1 560 万上升到 2 630 万,导致学生宿舍建设大幅增加。虽然拥挤的空间可能是呼吸道感染传播的重要场所,但很少有研究调查宿舍的通风和潮湿问题及其与呼吸道感染在学生中传播的关系。2005 年天津大学的孙越霞等人对我国某高校宿舍的通风、潮湿问题和呼吸道疾病的传播机理进行研究,2015 年王攀等人继续对宿舍环境进行了追踪研究。

研究主要包括两个阶段,第一阶段是问卷调查,涉及 3 000 余名在校大学生,通过调查问卷获取有关学生身体健康状况和宿舍环境状况的信息。学生呼吸道疾病主要针对普通感冒和流行性感冒,在问卷中明确了这两种疾病的差异:普通感冒是轻度上呼吸道疾病的传统叫法,其症状包括鼻塞、流鼻涕、打喷嚏、喉咙痛和咳嗽,一般没有发热和全身疼痛症状;流行性感冒是一种由流感病毒引起的严重疾病,它通常发病突然,临床症状为高热、头痛、全身疼痛、食欲不振、明显虚弱和轻度呼吸症状。有关感冒和流感的问题如下。

过去一年四季,你患感冒/流感分别几次?（选项:无;1~2 次;3~4 次;5~6 次;7~10 次;>10 次）

感冒/流感一般持续多长时间?（选项:<2 周;2~4 周;>4 周）

宿舍环境问题主要包括潮湿、室内不良气味感知和开窗换气频率低等。宿舍的潮湿问题包括明显的霉菌斑点、明显的潮湿污渍、水损、可疑潮湿问题。

第二阶段为嵌套病例 - 对照研究,涉及 200 余间宿舍。病例宿舍至少有一名成员报告年感染发生次数多于或等于 6 次,而对照宿舍所有成员年感染发生次数少于 6 次。对相关宿舍的环境进行评估和测量,测量参数包括温湿度和 CO_2 浓度。

不同季节自我报告的感冒和流感发病率分布如表 1-3 所示。感冒的感染率冬季最高(70.0%),春季次之(66.0%),夏季最低(43.5%)。流感的感染率也有类似的趋势。

表 1-3 2015 年各季节大学生感冒和流感发病率分布

季节	感冒发病率			流感发病率		
	无	1~2 次	≥3 次	无	1~2 次	≥3 次
春	939(34.0%)[a]	1 684(60.9%)	142(5.1%)	1 753(64.6%)	914(33.7%)	48(1.8%)
夏	1 539(56.5%)	1 083(39.7%)	103(3.8%)	2 130(79.2%)	517(19.2%)	41(1.5%)
秋	1 216(44.5%)	1 356(49.6%)	163(5.9%)	1 931(72.4%)	690(25.9%)	45(1.7%)
冬	828(30.0%)	1 680(60.6%)	262(9.4%)	1 718(63.7%)	900(33.4%)	79(2.9%)
P[b]	<0.001			<0.001		

[a] 数据为样本数(样本数占总样本数的百分数)。
[b] 皮尔森卡方检验。

表 1-4 总结了感冒与学生的人口学信息(如性别、年龄、吸烟状况、过敏性疾病史、居住密度)和生活习惯(如清洁习惯、开窗频率)的关系。女生比男生更容易感冒,且感冒持续时间更长。吸烟与感冒的发病率上升和持续时间延长有关。有过敏性疾病的学生每年报告的感冒次数更多,超过 6 次。居住密度大与感冒次数多(≥ 6 次)、持续时间长(≥ 2 周)相关。随着开窗换气次数减少,感冒次数 ≥ 6 次的比例显著增大。

表 1-4 按学生的人口学信息和生活习惯分层分析 2015 年大学生感冒的发病次数和持续时间

项目	数量	每年感冒的发病次数				每次感冒的持续时间			
		<6 次	6~10 次	>10 次	P[a]	<2 周	2~4 周	>4 周	P[a]
性别									
男	1 535	66.8	27.2	6.0		84.2	12.1	3.7	
女	1 154	60.4	33.4	6.2	**0.002**	81.1	16.9	2.0	**0.000**
年龄									
≤23 岁	1 650	63.5	29.5	7.0		81.2	15.5	3.3	
24~26 岁	627	64.1	30.3	5.6		85.4	12.6	2.0	
≥27 岁	147	70.1	25.9	4.1	0.353	87.3	10.0	2.7	0.074
过敏性疾病(哮喘、鼻炎)史									
是	354	58.2	31.4	10.4		78.6	17.8	3.6	
否	2 167	64.9	29.5	5.6	**0.001**	84.0	13.4	2.6	0.052
居住密度									
≤3 人	291	67.0	29.6	3.4		87.7	10.5	1.8	

续表

项目	数量	每年感冒的发病次数				每次感冒的持续时间			
		<6次	6~10次	>10次	P^a	<2周	2~4周	>4周	P^a
4人	639	64.9	33.5	1.6		85.6	12.5	1.9	
≥5人	1 310	62.1	30.8	7.1	**0.000**	80.7	15.1	4.2	**0.004**
吸烟状况									
是	96	61.0	30.0	9.0		81.6	11.5	6.9	
否	2 498	65.9	30.3	4.0	**0.032**	83.0	14.4	2.6	**0.047**
清洁习惯									
每天	133	68.4	23.3	8.3		81.9	16.5	1.6	
1~2次/周	1 266	64.1	30.7	5.1		83.5	13.3	3.1	
<1次/周	887	63.7	29.3	7.0	0.143	83.2	13.9	2.9	0.721
开窗频率									
总是	1 238	64.8	29.9	5.3		83.7	13.4	2.9	
有时	921	63.8	29.9	6.3		82.0	14.2	3.8	
偶尔	113	58.4	26.5	15.0	**0.002**	76.4	14.2	9.4	**0.012**

a 皮尔森卡方检验。

表 1-5 总结了流感与学生的人口学信息和生活习惯的关系。学生患流感持续时间超过 2 周的比例高于感冒。吸烟的学生比不吸烟的学生更易患流感（$P=0.001$）。与感冒一样，过敏性疾病（哮喘、鼻炎）史、高居住密度和低开窗频率与流感风险显著相关（$P<0.05$）。

表 1-5　按学生的人口学信息和生活习惯分层分析 2015 年大学生流感的发病次数和持续时间

项目	数量	每年流感的发病次数				每次流感的持续时间			
		<1次	1~6次	>6次	P^a	<2周	2~4周	>4周	P^a
性别									
男	1 522	64.9	31.1	3.9		79.6	15.6	4.8	
女	1 129	67.1	29.2	3.7	0.518	78.0	20.1	1.9	**0.006**
年龄									
≤23岁	1 620	65.2	30.6	4.1		77.3	18.7	4.0	
24~26岁	612	64.7	33.0	2.3		81.6	15.0	3.4	
≥27岁	152	67.8	26.3	5.9	0.087	84.0	13.3	2.7	0.445
过敏性疾病（哮喘、鼻炎）史									
是	354	61.3	33.3	5.4		73.3	24.1	2.6	
否	2 130	67.2	29.4	3.4	**0.040**	79.8	16.4	3.8	**0.033**
居住密度									
≤3人	299	68.2	28.4	3.3		83.5	11.5	5.0	

续表

项目	数量	每年流感的发病次数				每次流感的持续时间			
		<1 次	1~6 次	>6 次	P^a	<2 周	2~4 周	>4 周	P^a
4 人	627	65.7	32.2	2.1		80.8	15.7	3.5	
≥5 人	1 287	63.3	31.5	5.1	**0.000**	76.7	19.6	3.7	**0.000**
吸烟状况									
是	95	49.5	42.1	8.4		76.5	15.7	7.8	
否	2 464	66.6	29.7	3.7	**0.001**	79.3	17.4	3.4	**0.034**
清洁习惯									
每天	133	70.7	27.1	2.3		75.0	20.8	4.2	
1~2次/周	1 239	64.5	31.3	4.2		78.3	18.0	3.6	
<1次/周	886	67.7	29.1	3.2	0.305	80.6	16.1	3.3	0.872
开窗频率									
总是	1 222	68.2	28.4	3.4		78.3	18.2	3.6	
有时	910	63.6	32.7	3.6		77.7	15.3	7.1	
偶尔	113	61.1	29.2	9.7	**0.003**	73.6	15.1	11.3	**0.033**

a 皮尔森卡方检验。

　　宿舍人员自我报告的潮湿问题发生率为：明显的霉点 13.4%，明显的湿斑 22.5%，水损 16.2%，可疑潮湿问题 38.7%。68.1% 的被调查学生报告在过去 12 个月内暴露于至少一种室内潮湿表征。宿舍潮湿问题与感冒和流感正相关。宿舍中学生感冒和流感的感染率和持续时间随着潮湿环境暴露增加而上升。广义估计模型中建筑潮湿问题的调整优势比如表 1-6 所示。

表 1-6　利用广义估计模型分析室内潮湿表征与感冒和流感的关系

室内潮湿表征	感冒		流感	
	发病次数超过 6 次	持续时间长于 2 周	发病次数超过 1 次	持续时间长于 2 周
明显的霉点	**1.62(1.24, 2.12)**	**1.49(1.08, 2.06)**	**1.42(1.06, 1.91)**	1.10(0.74, 1.65)
明显的湿斑	**1.49(1.19, 1.87)**	**1.35(1.00, 1.79)**	**1.39(1.10, 1.76)**	1.20(0.88, 1.64)
水损	1.26(0.95, 1.66)	**1.52(1.06, 2.18)**	**1.57(1.18, 2.09)**	**1.54(1.07, 2.19)**
可疑潮湿问题	**1.28(1.05, 1.56)**	0.96(0.74, 1.24)	**1.32(1.08, 1.61)**	0.82(0.62, 1.08)

注：优势比根据性别、居住密度、吸烟状况、过敏性疾病（哮喘、鼻炎）史和开窗频率进行调整。

　　感冒的发病次数（$P=0.042$）和持续时间（$P=0.012$）与人均通风量显著相关，如表 1-7 所示。在广义估计模型中，较低的通风量对感冒的发病次数和持续时间的优势比分别为 1.27 和 4.29。表 1-8 展示了流感的发病次数和持续时间与通风的关系。随着人均换气次数增加，流感发病次数显著减少。

表 1-7　感冒的发病次数和持续时间与通风的关系

参数		卡方检验			
		发病次数		持续时间	
		否	是	<2 周	≥2 周
换气次数/(次/h)[a]	低	162(51.1%)[a]	155(48.9%)	112(76.2%)	35(23.8%)
	高	165(54.3%)	139(45.7%)	103(79.2%)	27(20.8%)
	P	0.429		0.545	
		广义估计模型,调整优势比(95% 置信区间)[b]			
		发病次数		持续时间	
	低	1.09(0.72,1.66)		1.55(0.69,3.51)	
	高	1.00		1.00	
参数		卡方检验			
		发病次数		持续时间	
		否	是	<2 周	≥2 周
人均通风量/(L/(s·人))[c]	低	158(48.8%)	166(51.2%)	114(72.2%)	44(27.8%)
	高	169(56.9%)	128(43.1%)	101(84.9%)	18(15.1%)
	P	**0.042**		**0.012**	
		广义估计模型,调整优势比(95% 置信区间)[b]			
		发病次数		持续时间	
	低	1.27(0.83,1.95)		**4.29(1.63,11.26)**	
	高	1.00		1.00	

[a] 数据为样本数(样本数占总样本数的百分数)。
[b] 根据性别、居住密度、吸烟状况、过敏性疾病(哮喘、鼻炎)史和潮湿问题调整优势比。
[c] 以中位数为界,即换气次数为 1.90 次/h,人均通风量为 10.7 L/(s·人)。

表 1-8　流感的发病次数和持续时间与通风的关系

参数		卡方检验			
		发病次数		持续时间	
		否	是	<2 周	≥2 周
换气次数/(次/h)[a]	低	227(75.7%)	73(24.3%)	53(70.7%)	22(29.3%)
	高	248(83.2%)	50(16.8%)	33(68.8%)	15(31.3%)
	P	**0.022**		0.821	
		广义估计模型,调整优势比(95% 置信区间)[b]			
		发病次数		持续时间	
	低	**2.38(1.30,4.36)**		1.24(0.37,4.15)	
	高	1.00		1.00	

续表

参数		卡方检验			
		发病次数		持续时间	
		否	是	＜2 周	≥2 周
人均通风量 /(L/(s·人))[c]	低	231(75.7%)	74(24.3%)	48(64.9%)	26(35.1%)
	高	244(83.3%)	49(16.7%)	38(77.6%)	11(22.4%)
	P	**0.023**		0.133	
		广义估计模型,调整优势比(95% 置信区间)[b]			
		发病次数		持续时间	
	低	**2.36(1.30, 4.28)**		2.70(0.69, 10.51)	
	高	1.00		1.00	

[a] 数据为样本数(样本数占总样本数的百分数)。
[b] 根据性别、居住密度、吸烟状况、过敏性疾病(哮喘、鼻炎)史和潮湿问题调整优势比。
[c] 以中位数为界,即换气次数为 1.90 次/h,人均通风量为 10.7 L/(s·人)。

　　图 1-3 和图 1-4 分别显示了通风与潮湿表征对感冒和流感的联合作用。这些数据表明,人均通风量低和宿舍潮湿增加了感冒和流感的感染风险,存在明显的剂量 - 反应关系。

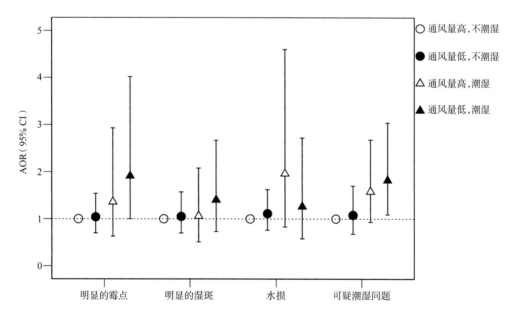

图 1-3　通风和潮湿表征对每年感冒发病次数(≥ 6 次)的协同影响
(优势比根据性别、居住密度、吸烟状况和过敏性疾病(哮喘、鼻炎)史进行调整)

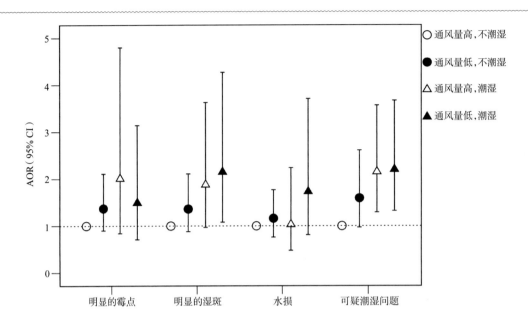

图 1-4　通风和潮湿表征对每年流感发病次数(≥ 1 次)的协同影响
（优势比根据性别、居住密度、吸烟状况和过敏性疾病(哮喘、鼻炎)史进行调整）

我们如何利用这些知识来预防呼吸道感染呢？ 第一,加强建筑通风是稀释病原体、降低室内感染风险的重要措施。考虑到室外污染物的影响,在通风时可以采用空气过滤器。第二,控制人员密集场所(如宿舍、剧院、公共车辆、餐馆等)的人口密度可以降低感染概率。第三,避免建筑潮湿和防止霉菌在室内滋生可以降低对空气传播感染的易感性。

（二）小学教室呼吸道感染研究

小学教室是小学生学习和生活的重要场所,其空气品质对学生的身心健康和学习效率等都有着非常重要的影响。目前我国小学生在校时间长,教室内学生密度大,通风方式简易,同时小学生免疫力差,这使得呼吸道传染性疾病极易在教室内蔓延。2018 年,天津大学的杨飞虎等人对小学教室空气品质、通风和它们对呼吸道感染传播的影响进行了研究。

研究开展于 2018 年 11 月—2020 年 1 月,在天津城区、郊区、农村的 10 所小学共 47 个班级进行。研究对象为二年级、五年级学生,总共涉及 2 020 人。实地监测共分为两部分,教室环境监测和学生健康监测。教室环境监测可分为两部分,季度定点监测和长期在线监测。季度定点监测污染物包括甲醛、TVOC、苯、甲苯、二甲苯和超细颗粒物;长期在线监测环境参数为 PM2.5 浓度,室内空气温度、相对湿度, CO_2 浓度,基于 CO_2 浓度计算通风量。学生健康监测随长期在线监测一起每天跟踪进行,由班主任每天报告学生因呼吸道感染缺勤的情况。

城区、郊区、农村三个地区和整体的日均缺勤率分布直方图如图 1-5 所示,无论从整体上看还是从三个地区分别来看,日均缺勤率均呈偏态分布,并且缺勤率为 0.0% 的样本占多数。三个地区和整体的日均缺勤率数据如表 1-9 所示。从整体上看,日均缺勤率范围为 0.0%~33.3%,平均值为 1.8%,中值为 0.0%。

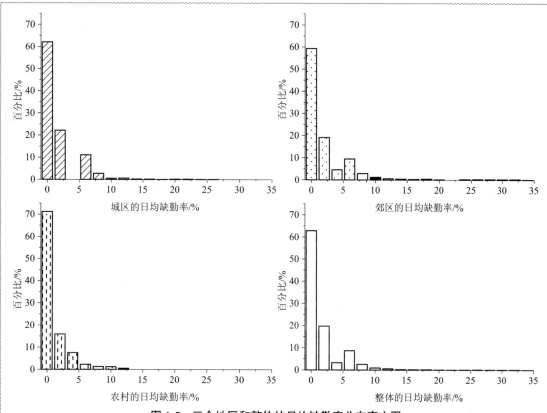

图 1-5　三个地区和整体的日均缺勤率分布直方图

表 1-9　三个地区和整体的日均缺勤率数据　　　　　　　　单位:%

地区	最小值	中值	最大值	平均值
城区	0.0	0.0	26.3	1.7
郊区	0.0	0.0	33.3	2.2
农村	0.0	0.0	12.7	1.0
整体	0.0	0.0	33.3	1.8

　　城区、郊区、农村小学各班的日均缺勤率逐周变化趋势分别如图 1-6、图 1-7、图 1-8 所示。在相同的时间段内,三个地区小学各班的日均缺勤率随时间的变化趋势基本一致,在夏季与秋季,缺勤率变化比较平缓,而在冬季缺勤率突然上升并达到峰值。不同季节的日均缺勤率数据如表 1-10 所示。日均缺勤率呈现出显著的季节性差异,具体表现为冬季最高,夏季最低。这说明冬季为呼吸道感染的高发期,这与人们的日常认知相一致。缺勤事件的发生具有一定的聚集性,这是由于呼吸道感染具有很强的传染性。学生是否患感冒,不仅与自身体质有关,还与周围环境有着千丝万缕的联系。季节定点监测各污染物浓度与呼吸道感染的相关性分析结果如表 1-11 所示。

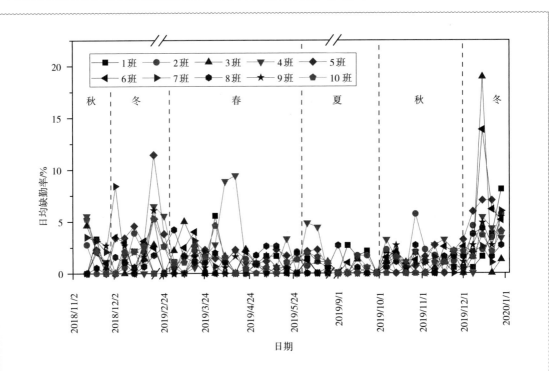

图 1-6　城区小学各班的日均缺勤率逐周变化趋势

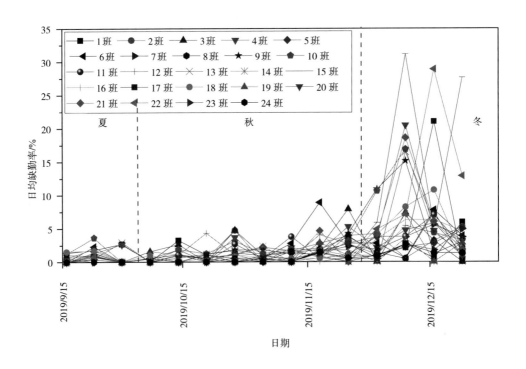

图 1-7　郊区小学各班的日均缺勤率逐周变化趋势

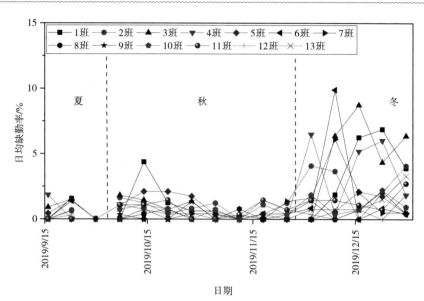

图 1-8　农村小学各班的日均缺勤率逐周变化趋势

表 1-10　不同季节的日均缺勤率数据　　　　　　　　　单位:%

季节	最小值	中值	最大值	平均值
春季	0.0	0.0	22.2	1.5
夏季	0.0	0.0	8.6	0.6
秋季	0.0	0.0	13.9	1.7
冬季	0.0	2.5	33.3	3.4

表 1-11　季度定点监测各污染物浓度与呼吸道感染的相关性分析结果

污染物	样本量	Spearman(斯皮尔曼)相关系数	显著性 P [a]
甲醛,mg/m³	150	−0.04	0.66
TVOC,mg/m³	150	0.05	0.53
苯,μg/m³	146	0.16	0.06
甲苯,μg/m³	144	0.09	0.29
二甲苯,μg/m³	144	0.12	0.14
超细颗粒物,100 pt/cm³	150	0.52	0.00

[a] 当 $P<0.05$ 时,具有显著的统计学意义。

　　经 Spearman 相关性分析发现,超细颗粒物(PM0.1)与因呼吸道感染导致的季度缺勤率存在显著相关性。

　　采用多元线性回归模型来分析 PM0.1 浓度与呼吸道感染的关系,发现 PM0.1 浓度每增加 100 pt/cm³,缺勤率增加 0.03%,即平均每季度增加 27 人次缺勤。具体分析结果如表 1-12 所示。

表 1-12　各地区和整体 PM0.1 浓度与季度缺勤之间的关系

模型	地区	模型拟合指标			系数			
		R^2	D-W	sig	变量	B	sig	VIF
模型一	城区	0.58	2.48	0.00	季节	0.55	0.00	1.12
					年级	−1.64	0.02	4.26
					男生比例	0.07	0.16	1.94
					人均面积,m²/人	−3.87	0.40	2.80
					PM0.1 浓度,100 pt/cm³	0.04	0.00	1.23
模型二	郊区	0.44	2.19	0.00	季节	1.92	0.00	2.31
					年级	0.26	0.78	3.31
					男生比例	−0.02	0.73	1.07
					人均面积,m²/人	4.36	0.37	3.38
					PM0.1 浓度,100 pt/cm³	0.01	0.55	2.34
模型三	农村	0.53	1.79	0.00	季节	0.68	0.00	1.35
					年级	−0.42	0.19	1.05
					男生比例	0.05	0.58	2.02
					人均面积,m²/人	1.37	0.16	2.13
					PM0.1 浓度,100 pt/cm³	0.01	0.24	1.40
模型四	整体	0.38	2.21	0.00	地区	−0.46	0.06	1.65
					季节	0.96	0.00	1.48
					年级	−0.40	0.17	1.10
					男生比例	0.01	0.86	1.37
					人均面积,m²/人	1.34	0.21	1.28
					PM0.1 浓度,100 pt/cm³	0.03	0.00	1.42

　　2019 年,天津市普通小学在校生共 70.2 万人,根据上述研究结果估算,室内 PM0.1 浓度每增加 100 pt/cm³,平均每季度因呼吸道感染导致的缺勤增加 9 582 人次。目前,超细颗粒物对呼吸道感染的致病机理还不明确,北京大学的一项研究采用呼出气采集法采集并检测到了流感患者呼出气中的流感病毒,首次证实了呼吸是非常重要的呼吸道病毒排放传播的方式。呼出气中的大部分颗粒都小于 PM2.5,颗粒物粒径越小,越容易形成气溶胶,成为呼吸道病毒附着的"温床",越容易通过空气传播使人体感染。从人体易感性来看,颗粒物粒径越小,越容易在呼吸道中沉积,使人体感染。

　　在长期在线监测中发现,小学教室 CO_2 浓度超标严重,通风量严重不足,仅有 15% 的样本符合国家对 CO_2 浓度不超过 1×10^{-3} 的规定,人均通风量仅有 4% 的样本达到国家规定的 5.56 L/（s·人）的要求。对长期在线监测的各环境参数与呼吸道感染之间的关系,采用零膨胀负二项模型进行计算。

在零膨胀过程中,将 7 天平均温度、7 天平均相对湿度两个协变量引入模型,这主要是考虑了导致呼吸道感染的病原体的存活和稳定性,其主要影响呼吸道感染的可能性。在负二项过程中,将星期(每天的课程不同,这可能影响学生的聚集程度与接触时长)、地区、学校(不同学校消毒措施和污染物浓度有差异,这可能影响病毒的传播和学生的易感性)、年级(不同年级学生的年龄不同,体质亦不同,这将影响学生的易感性)、男生比例(性别不同,体质亦有差别)、人均面积(人均面积反映了一个班级学生的聚集程度,有可能影响呼吸道感染疾病的传播)、7 天平均 PM2.5 浓度、7 天平均温度、7 天平均相对湿度、7 天平均换气次数或 7 天平均人均通风量引入模型,这主要是从呼吸道感染疾病的传播和人体易感性来考虑的,其主要影响呼吸道感染的程度。

结果显示,7 天平均 PM2.5 浓度、温度、相对湿度、换气次数或人均通风量对因呼吸道感染缺勤人次的影响有统计学意义,7 天平均 PM2.5 浓度越高,缺勤人次越多;7 天平均温度、相对湿度、换气次数或人均通风量数值越大,缺勤人次越少。具体表现为在其他条件不变的情况下,7 天平均 PM2.5 浓度每升高 10 $\mu g/m^3$,缺勤人次变为原来的 1.05~1.06 倍;7 天平均温度每升高 1 ℃,缺勤人次变为原来的 0.85;7 天平均相对湿度每升高 1%,缺勤人次变为原来的 0.95;7 天平均换气次数每增加 0.1 次/h,缺勤人次变为原来的 0.98;7 天平均人均通风量每增加 1 L/（s·人）,缺勤人次变为原来的 0.87。

1.5　军团病

近年来,作为非典型肺炎家族一员的军团病在大中城市中的影响越来越大,这与人们越来越城市化的工作和生活方式关系密切。1976 年 7 月 21—24 日,在美国宾夕法尼亚州召开了美国军团代表第 58 次年会。7 月 22 日—8 月 3 日,在参加此会议的人员中暴发了一种主要症状为发热、咳嗽、肺部炎症的疾病。调查发现所有病人的发病都与空调系统的使用有关。最终从空调系统的冷却水中分离出了致病菌,证实该菌在空调系统中滋生,经送气管道传播到室内空气中,使得室内的人发病。此疾病因发生在聚会的军人中而被称作军团病,致病的细菌被称为军团菌。

通常认为由军团菌引发的疾病即可称为军团病,但较确切的是指患者表现出下呼吸道感染症状,具有肺炎的病征或放射学特征,并有感染军团菌的微生物学证明。此病潜伏期一般为 2~10 d,最短 36 h,个别可长达 19 d;肺外中毒症状较典型肺炎突出,患者开始时有短暂的不适感,急起高热,体温最高可达 40 ℃以上,伴寒战和间歇性干咳等。大约 33% 的患者有胸痛症状,可见咯血,呼吸困难发生率为 60%,干咳、胸痛、呼吸困难等症状呈逐渐加重的趋势。大部分患者有心脏损伤,全身肌肉酸痛明显,恶心、腹痛、腹泻等胃肠道症状显著。30%~70% 的患者有低钠血症。重症患者常呼吸衰竭,并发急性呼吸窘迫综合征、急性肾功能衰竭、休克和弥漫性血管内凝血等。军团病的病死率为 15.4%~30.0%,病死者半数有休克症状,年老者病死率高。

军团菌能长期、广泛地存活于自然界中,然而有研究发现,只有直接感染肺泡的军团菌才会导致发病。研究表明,军团菌最适宜生存在 35~45 ℃的温水中,空调系统为军团菌的理想生存和繁殖场所,被污染的空调冷却塔水是最重要的传染源。空调系统气溶胶传播是军团菌传播的最主要方式,气溶胶经空调机入口或通风管道进入室内,经呼吸道进入肺泡而引起感染。

虽然军团菌生存在水中,但是人们不会由于饮用了含有军团菌的水而感染。军团菌感染的主要途径是经呼吸道感染。气溶胶是军团菌传播、传染的重要载体。供水系统可通过水龙头、淋浴、涡流浴、泡泡浴、人工喷泉等方式形成气溶胶。水龙头和淋浴是室内气溶胶形成的动因之一。冷却塔和空调系统的空调风机可将冷却水或冷凝水吹到空气中,从而形成气溶胶。目前生活中能够形成气溶胶的其他设施和环境条件有空气加湿器、玻璃窗防凝喷雾剂、蒸汽熨斗和多雾的天气等。

1.6　过敏性肺泡炎

吸入高浓度的微生物(如真菌孢子、细菌等)可引起严重的健康问题。微生物高浓度暴露可能由于暴露于微生物侵染材料的灰尘,或由于微生物以气溶胶形式传播。微生物高浓度暴露有类似于流感的症状。反复暴露于超高浓度的微生物,肺部可能产生永久性损伤——过敏性肺泡炎。这种疾病是职业病,在农业、木材工业和工作环境接触含有微生物的气溶胶的产业(如印刷业)中高发。这个问题在非工业环境中是不常见的,但如果有大量的灰尘存在,受到微生物侵染的建筑环境可能是一个危险因素。

1.7　心血管疾病

心血管疾病是与心脏和血管有关的疾病。每年大约有 50 000 人死于心血管疾病。主动吸烟与被动吸烟都是已知的心血管疾病的风险因素。据估计,被动吸烟每年可以致使几百人死亡。其他环境因素的重要性很少被研究。

环境烟草烟雾和一氧化碳是对心血管系统有影响的主要室内空气污染物。环境烟草烟雾和一氧化碳会引起心血管症状、心血管疾病,导致心血管疾病的发病率和死亡率升高。

一氧化碳主要通过与血液中的血红蛋白结合影响健康。一氧化碳对血红蛋白的亲和力大约是氧对血红蛋白的亲和力的 200 倍,所以即使一氧化碳在空气中的浓度相对较低,其仍可取代氧。心脏、大脑等需氧量大的器官对一氧化碳暴露非常敏感。一氧化碳暴露的早期效应包括心脏病病人胸疼的发作频率升高。高浓度一氧化碳暴露可诱发心肌梗死。

主动吸烟可导致心血管疾病,并导致心血管疾病死亡率升高。一般认为,被动吸烟也可导致心血管疾病死亡率升高,但由于其对死亡率的影响在暴露多年后才表现出来,因此对其进行研究的准确性和可靠性就成了问题。

室内吸烟是环境烟草烟雾的来源;室内燃煤和煤气则是一氧化碳的主要来源。吸烟者血液中的碳氧血红蛋白浓度逐渐升高,所以环境烟草烟雾也是一氧化碳的重要来源。

1.8　骨架神经系统疾病

骨架神经系统疾病是工作造成的最主要疾病之一。局部热环境不舒适和不良的照明条件会增大此类健康问题（尤其是肩部、颈部的问题）的风险。

1.9　意外伤害

环境因素（如冷、热）会增大工作事故、交通事故的风险。在住宅（25%~35% 的事故在住宅中发生）和学校中发生意外更常见。防患于未然对意外风险的降低非常重要，需要注意湿滑的地面、浴缸（尤其对老人）、移动桌子时掉下的重物、窗户和阳台、有毒物质的储存和对热物体接触的预防（特别是小孩）。在许多情况下，可以通过简单的手段避免意外伤害。合理规划和布置设备和家具，可以为居住者创造一个安全、舒适的环境。

1.10　健康相关抱怨

室内环境对人类的影响是一个复杂的研究领域。由室内环境不良引发的健康相关抱怨包括对气管、皮肤的刺激，不正常的疲倦、头痛等症状。电气设备的应用也会导致抱怨，这种抱怨被称为电敏感。

很多人说他们在室内时被干燥、混浊的空气，较低或较高的温度，噪声，灯光所困扰。在通常情况下，这些抱怨不能被定性为疾病，但是其对人们的健康、生活和生产均有很大的影响。

参考文献

[1] 孙越霞. 宿舍环境因素与大学生过敏性疾病关系的研究 [D]. 天津：天津大学，2007.

[2] 侯静. 中国住宅通风现状及通风和过敏性疾病、病态建筑综合症的关联性研究 [D]. 天津：天津大学，2021.

[3] 孔祥蕊. 住宅建筑室内环境及其健康风险评估——基于华北地区住宅建筑室内环境与儿童过敏性疾病相关性分析 [D]. 天津：天津大学，2018.

[4] 王攀. 宿舍通风量与传染性呼吸道疾病空气传播机理的研究 [D]. 天津：天津大学，2016.

[5] 杨飞虎. 学校教室空气品质及通风与呼吸道感染的关联性研究 [D]. 天津：天津大学，2021.

[6] 袭著革. 室内空气污染与健康 [M]. 北京：化学工业出版社，2003.

[7] 张金良，郭新彪. 居住环境与健康 [M]. 北京：化学工业出版社，2004.

[8] 姚晓军，刘伦旭. 肺癌的流行病学及治疗现状 [J]. 现代肿瘤医学，2014，22（8）：1982-1986.

[9] 刘志强，何斐，蔡琳. 吸烟、被动吸烟与肺癌发病风险的病例对照研究 [J]. 中华疾病控制

杂志,2015,19(2):145-149.

[10] VAN TRAN V, PARK D, LEE Y-C. Indoor air pollution, related human diseases, and recent trends in the control and improvement of indoor air quality[J]. International journal of environmental research and public health, 2020, 17(8): 2927-2953.

第2章　室内空气污染

室内空气来自室外,室外空气中的污染物也随之进入室内。经过送风系统,室外空气被净化、加湿、加热或冷却;同时,空气也可能被维护较差的过滤器、内部保温材料、沉积的灰尘污染。送风系统如果存在潮湿问题,会导致细菌和霉菌增殖,可能污染供给空气。空气一旦进入房间,就会进一步混入来自人、动物、家具、设备和建材的污染物。做饭、保洁、燃炉和吸烟也会污染室内空气。污染物还会来自办公用具、清洁产品、微生物等。房间表面对污染物的吸收和释放,室内空气的化学反应过程,颗粒物的沉降与扬尘,使得室内环境更加复杂。

2.1　空气品质

在室内环境中,空气品质这一术语既是对空气中污染物浓度的表述,亦是人们对室内空气的气味和刺激性感受的表达。评估空气品质的一种方式是基于室内人员对气味的感知、人们的抱怨和症状报告。当然也有例外,如氡是没有气味的。

1989 年,美国采暖、制冷空调工程师学会(American Society of Heating, Refrigerating and Air-conditioning Engineers, ASHRAE)颁布的标准提出了可接受的室内空气品质和可接受的感知室内空气品质等概念。前者的定义为:空调空间中绝大多数(≥ 80%)人没有对室内空气表示不满,并且空气中没有已知的污染物达到可能对人体健康产生威胁的浓度。后者的定义为:空调空间中绝大多数人没有因为气味或刺激性表示不满。

鼻子是人体感知空气品质的主要器官,鼻子的不同部位有对温度、气味、化学物质的感知元。环境因素(如温度、湿度、气压等)会影响鼻子对气味的敏感度。有研究发现,在空气组分相同的环境下,如果空气比较温暖、潮湿,鼻子对气味就比较敏感;如果空气比较干冷,鼻子对气味的敏感度就较低。因此,在干冷空气环境下,人们比较容易觉得空气清新、空气品质好。例如, Fanger(范杰)等人发现降低空气温度和湿度会使人感到空气更新鲜。另一个有意思的现象是人们对干燥空气的感知。人的鼻子中是不存在湿度感知元的, Sundell 等人怀疑人们对空气干燥的抱怨并不是由于空气湿度低,而是由于空气污浊。Andersen(安德森)等人通过环境舱暴露实验发现,在空气湿度相同的情况下,人们对颗粒物和 SO_2 浓度高的环境有更多的干燥感抱怨。

20 世纪 70 年代以来,受能源危机影响,人们为了节能而进一步提高建筑密闭性,降低最小新风量标准,使得室内空气中污染性气体、微生物、可吸入颗粒物浓度严重超标。另外,现代建筑大量使用新兴合成材料、空调系统运行维护不合理、室外空气污染等因素造成室内空气品质进一步下降。

西方一些发达国家自 20 世纪 70 年代开始大量出现空气品质问题,引发了一系列健康问题。美国环境保护署的一项调研结果显示:许多商用和民用建筑的室内污染物浓度是室外污染物浓度的数倍至逾百倍,美国每年因为室内空气品质问题造成的经济损失高达 400

亿美元。

我国的室内空气品质也不容乐观。一方面我国室外空气污染严重,近年来我国大气环境面临的形势非常严峻,大气污染物排放总量居高不下,2010 年二氧化硫排放总量高达 2 185.1 万 t,工业烟尘排放总量为 829.1 万 t,工业粉尘排放总量为 448.7 万 t,大气污染十分严重。国家环境保护部自 2013 年 1 月在全国 74 个主要城市设立了 496 个监测点对室外空气质量进行监测,结果表明 74 个城市的 PM2.5 年均浓度为 72 μg/m³,超标城市比例达到了 44.6%,京津冀区域的 PM2.5 年均浓度更是达到了 106 μg/m³,全年超标天数达到 66.6%。室外的 PM2.5 会通过通风和渗透作用侵入室内,造成室内颗粒物浓度升高,危害居民的身体健康。另一方面随着城镇化进程的推进,新型建筑材料广泛应用于住房建造和室内装修,各种香味剂、化妆品、除臭剂、洗涤剂也大量进入家庭,导致室内空气中的有害物质在品种上、数量上不断增加,造成了严重的室内空气污染。研究表明,我国有大量新装修的住宅室内甲醛浓度高于国家室内空气质量标准和世界卫生组织(WHO)空气质量标准,且高出幅度较大。我国城市家庭室内挥发性有机化合物(VOC)污染十分严重。除此之外,我国的新建建筑为了节能降耗,提高了对建筑围护结构的要求,尤其是门窗气密性不断提高,造成建筑房间渗透通风量不足,室内污染物不能有效地排出室外,加剧了室内环境污染,降低了空气品质。

研究案例:家庭和学校室内空气品质

（一）家庭室内空气品质

2018—2019 年,天津大学的侯静等人持续追踪调查了全国 165 户家庭的室内空气品质,包括客观环境参数测量(图 2-1)和主观感知空气品质评估(图 2-2)。研究发现,通风不畅的气味(46%)和干燥感知(47%)是抱怨最多的两项。随着室内 CO_2 浓度(表征室内空气污浊度)的上升,对空气不新鲜和干燥的抱怨增加(表 2-1)。

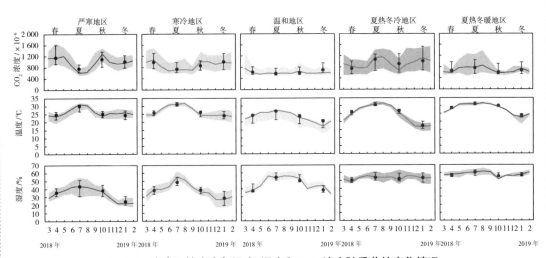

图 2-1　家庭环境中空气温度、湿度和 CO_2 浓度随季节的变化情况

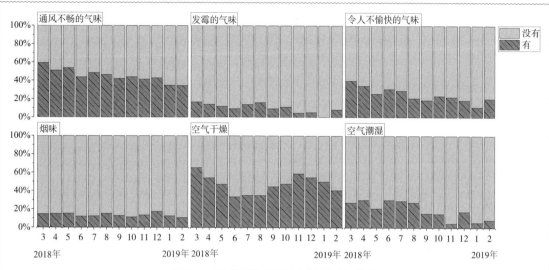

图 2-2　家庭环境中气味与干燥感知情况

表 2-1　室内空气温度、湿度、CO_2 浓度与人员感知的关联性分析（n=1 143）

项目	通风不畅的气味	发霉的气味	令人不愉快的气味	空气干燥	空气潮湿
CO_2 浓度 （每 100 ppm）	**1.08(1.04,1.13)*****	0.96（0.90,1.02）	1.03（0.98,1.07）	1.04（1.00,1.08）	0.95（0.91,1.00）
温度（每℃）	1.02（0.99,1.06）	1.05（0.99,1.11）	0.98（0.94,1.02）	0.97（0.94,1.01）	**1.08(1.04,1.12)*****
湿度（每 10%）	0.92（0.78,1.09）	**1.35(1.02,1.79)***	0.92（0.77,1.10）	**0.51(0.43,0.61)*****	**1.57(1.28,1.92)*****

***：$P<0.001$；*：$P<0.05$。

（二）学校室内空气品质

各国学者对不同场所室内空气品质进行的现场研究主要集中于商业、办公和居住建筑，对学校建筑关注较少。学校作为学生学习、生活的主要场所，其室内空气品质对学生健康有着重要影响。研究表明，流感暴发多发生在学校中。教室在室内污染源类型、人员密度、人员平均年龄等方面与办公室及其他建筑物不相同。学校室内空气品质最早在欧美国家受到重视，指学校建筑设施内对学生和教师等人员的健康、舒适度、学习和工作效率产生影响的空气特性。学校室内空气品质的研究对象为幼儿园、中小学校和高校，主要研究场所涉及教室、宿舍和食堂等，主要研究内容包括 CO_2 浓度、通风量和室内污染物，其中室内污染物包括 TVOC、甲醛和生物污染物。

国内外许多学者对学校室内空气污染状况进行了研究。Laurent（劳伦特）对法国的 10 所学校进行检测，发现 TVOC 浓度平均值为 0.98 mg/m³。Norback 调查了瑞典 6 所小学的 36 间教室，TVOC 浓度范围为 0.07~0.18 mg/m³。Cavallo（卡瓦略）和 Laurent 分别在意大利米兰和法国巴黎挑选了 10 所学校检测甲醛浓度，两地学校的甲醛浓度平均值均为 5×10^{-8} 左右。Olsen（奥尔森）和 Dossing 对丹麦的 7 个儿童日托中心进行检测，发现其室内甲醛浓度高达 3.5×10^{-7}。可见各学校内的 TVOC 浓度和甲醛浓度现状差别比较大。Bates（贝茨）

和 Mahaffy（马哈菲）调查了美国佛罗里达州 6 所学校的 13 间教室，发现有鼻塞、喉咙痛、呼吸道疾病、昏睡、眼干和流鼻涕等症状的学生所在的教室，室内真菌浓度 >1 000 CFU/m³，高于没有上述症状的学生所在的教室的室内真菌浓度（700 CFU/m³）。Corsi（科西）等人的一项研究表明，美国得克萨斯州 21% 的小学教室 CO_2 峰值浓度超过 3×10^{-3}。Smiesezk 等人对美国一所高中进行调查发现，大多数教室通风不良，平均换气次数为 0.5 次/h。

国内的相关研究表明，教室存在通风量低，CO_2、VOC、甲醛、PM10、细菌总数超标等问题。对太原市 10 所初中的调研结果表明，室内 PM10 平均浓度高达 118 μg/m³。对乌鲁木齐市一所中学的研究表明，教室内 TVOC 浓度超过中小学教室卫生标准的限值，室内 CO_2、苯系物、PM10 浓度在教学时间明显升高。对天津一所小学的研究表明，上课期间的室内 CO_2 浓度经常达 2×10^{-3} 以上，教室内新风不足 1 L/(s·人)。

据国家统计局 2014 年公布的数据，全国普通中小学在校生人数超过 1.6 亿人。随着九年义务教育的日益普及，在校生人数不断增加，在校时间不断延长。除了家庭，我国小学生每天在学校的时间最长，2015 年，我国小学生平均在校时间已达到 8.1 h。儿童由于处在生长发育期，对室内空气污染更加敏感。和成年人相比，少年儿童呼吸频率高，呼吸道狭窄，处理有毒有害物质的能力较弱，这就导致学生更容易受到环境污染的侵害。

目前，我国关于室内环境的国家标准《室内空气质量标准》（GB/T 18883—2022）中对污染物浓度的规定没有针对小学教室环境进行区分。

2018 年 11 月—2020 年 1 月，天津大学的杨飞虎等人分别在天津城区、郊区、农村的 10 所小学共 47 个班级开展实地教室环境监测和学生健康监测。教室环境监测分为两部分，季度定点监测和长期在线监测。季度定点监测污染物包括甲醛、TVOC、苯、甲苯、二甲苯和超细颗粒物；长期在线监测环境参数为 PM2.5 浓度，室内空气温度、相对湿度，CO_2 浓度，基于 CO_2 浓度计算通风量。

季度定点监测污染物的结果与国家标准相比，甲醛、苯、甲苯、二甲苯浓度均小于国家标准中规定的浓度，而 TVOC 浓度部分班级超标，可能由教室装修导致。各污染物浓度在季节分布上为冬季最高，夏季稍高于过渡季。在地区分布上，无论整体还是在同一季节，各污染物浓度均为农村地区最高，城区小学稍高于郊区小学。具体研究结果如图 2-3～图 2-8 所示。

从长期在线监测结果来看，各学校均存在 PM2.5 浓度超标（图 2-9）、CO_2 污染严重的情况。PM2.5 浓度超标率达 11%，有 85% 的样本 CO_2 浓度超过国家规定的 1×10^{-3}，温度基本处于适合学生学习、生活的范围，相对湿度偏低，说明教室环境较干燥。上述环境参数在地区分布和季节分布上均存在显著性差异（图 2-10）。由通风量计算结果可知，各学校均存在通风严重不足的情况，仅有 8% 的样本换气次数达到国家规定的 3 次/h，仅有 4% 的样本人均通风量达到国家规定的 5.56 L/(s·人)。

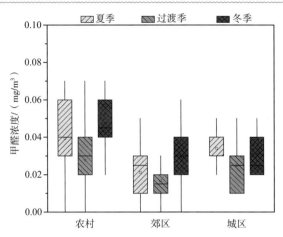

图 2-3　不同地区各季节的甲醛浓度分布箱形图
（ᵃKruskal-Wallis（ 克鲁斯卡尔 - 沃利斯 ）非参数检验，当值小于 0.05 时，浓度分布具有显著性差异 ）

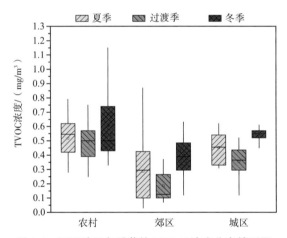

图 2-4　不同地区各季节的 TVOC 浓度分布箱形图
（ᵃKruskal-Wallis 非参数检验，当值小于 0.05 时，浓度分布具有显著性差异 ）

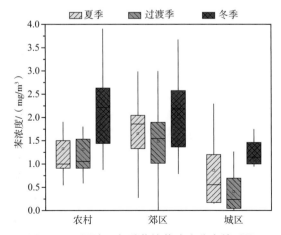

图 2-5　不同地区各季节的苯浓度分布箱形图
（ᵃ Kruskal-Wallis 非参数检验，当值小于 0.05 时，浓度分布具有显著性差异 ）

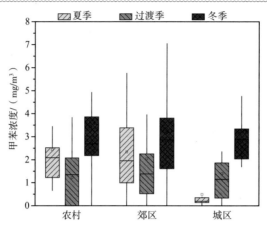

图 2-6　不同地区各季节的甲苯浓度分布箱形图
（ ªKruskal-Wallis 非参数检验，当值小于 0.05 时，浓度分布具有显著性差异 ）

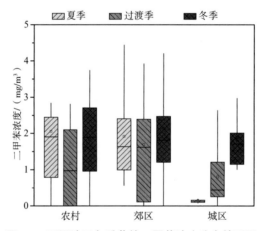

图 2-7　不同地区各季节的二甲苯浓度分布箱形图
（ ªKruskal-Wallis 非参数检验，当值小于 0.05 时，浓度分布具有显著性差异 ）

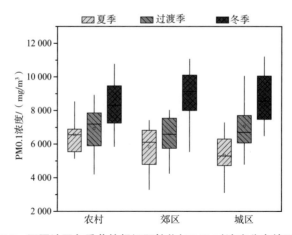

图 2-8　不同地区各季节的超细颗粒物(PM0.1)浓度分布箱形图
（ ªKruskal-Wallis 非参数检验，当值小于 0.05 时，浓度分布具有显著性差异 ）

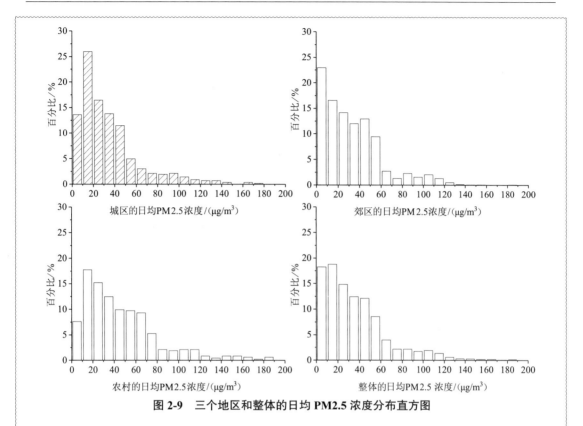

图 2-9　三个地区和整体的日均 PM2.5 浓度分布直方图

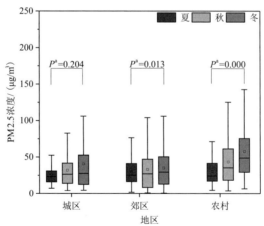

图 2-10　不同地区各季节的 PM2.5 浓度分布箱形图

（^aKruskal-Wallis 非参数检验，当值小于 0.05 时，浓度分布具有显著性差异）

2.2　气味

气味常见的来源是室内建材、人、清洁用品、空气清新剂、香水、剃须乳液、宠物、霉菌等微生物。潮湿的建筑材料会因为微生物的生长而散发出难闻的气味。

2016 年研究人员对天津地区 32 户居民室内的空气质量展开研究,采用环境测试与问卷调研的方法收集了住户对住宅内气味的总体评价,如表 2-2 所示。从中可以看出,通风不畅的气味与食物味道全年报告率最高,分别达到了 74.1% 和 71.2%,从住户感知方面说明了天津地区住户存在通风不足的问题。霉味、化学味道和烟味报告率较低,全年报告率分别为 19.0%、27.6% 和 18.1%。在春季和冬季空气干燥的报告率均超过了 70%,在夏季报告率相对较低,为 48.1%。

表 2-2　住户对住宅内气味的总体评价

气味	全年	春季	夏季	秋季	冬季	P^a
通风不畅的气味	86(74.1%)	25(78.1%)	18(69.2%)	22(75.9%)	21(72.4%)	0.88
霉味	22(19.0%)	5(16.1%)	5(18.5%)	7(24.1%)	5(17.2%)	0.87
化学味道	32(27.6%)	5(16.1%)	7(25.9%)	8(27.6%)	12(41.4%)	0.19
食物味道	84(71.2%)	20(62.5%)	21(77.8%)	24(82.8%)	19(63.3%)	0.21
烟味	21(18.1%)	5(16.1%)	4(14.8%)	7(24.1%)	5(17.2%)	0.80
空气干燥	81(68.6%)	24(75.0%)	13(48.1%)	20(69.0%)	24(80.0%)	0.06
空气潮湿	42(37.2%)	13(41.9%)	13(48.1%)	8(27.6%)	8(30.8%)	0.35

a Kruskal-Wallis 非参数检验。

对气味和刺激性物质的敏感性因人而异。在大多数情况下,一种物质的气味在产生刺激性感知之前就能被人们察觉到。人们习惯于体味,而不习惯于建材和烟草的气味,因为后者往往包含刺激性物质。

气味对有些人,如哮喘患者影响尤其严重。这可能是由于大部分有气味的物质也具有刺激性,这些刺激性物质早期在浓度较高的情况下激发了哮喘,从而会再次诱发哮喘患者的症状。过敏者可能会对室内植物产生过敏反应。气味强烈的室内植物和香水通常会引起哮喘患者的症状或者引发花粉热。如室内盆栽的大叶植物垂叶榕,5%~10% 的特异反应者对其敏感。

2.3　气态污染物

2.3.1　二氧化氮和臭氧

许多无机化合物,如二氧化氮(NO_2)、臭氧(O_3)会刺激气道,可能是呼吸道超敏反应的促成因素(佐剂因素)。二氧化氮可引起气道刺痛、咳嗽等;臭氧对眼睛和呼吸道具有强刺激性。

二氧化氮和臭氧会与室内空气中的挥发性有机化合物发生化学反应。室内二氧化氮的来源是燃气灶具、室外或交通尾气;臭氧的来源是空气、复印机、激光打印机、离子发生器。

二氧化氮在常温下是红棕色有刺激性的气体,易溶于水,常用作氧化剂。二氧化氮因为刺激性比较弱,所以能侵入肺脏深处和肺毛细血管,在数小时内即可引起肺水肿而致死。二氧化氮也可与血红蛋白结合而使血液的输氧能力下降。

Lambert(兰伯特)等在 1988—1991 年对墨西哥 1 205 户家庭中的环境污染物进行调查发现,使用燃气灶的家庭卧室中二氧化氮浓度均值为 63 μg/m³,而使用电灶的家庭卧室中二氧化氮浓度均值仅为 13 μg/m³。美国学者 Spengler(斯彭格勒)等通过对使用燃气灶做饭的家庭进行调查发现,做饭时厨房中二氧化氮浓度会达到 752~1 880 μg/m³,远远超过了平时家庭中的二氧化氮浓度。Goldstein(戈尔茨坦)等调查了纽约市 92 户住户厨房中二氧化氮浓度与住户肺活量之间的关系,发现随着厨房中二氧化氮浓度的升高,住户肺活量显著性下降。上海市长宁区疾病预防控制中心 2007 年对上海城区的 6 551 名儿童进行研究发现,室内二氧化氮浓度每升高 20 μg/m³,儿童哮喘患病率在统计意义上显著性上升。

臭氧在浓度较低时有一定的杀菌作用;当浓度达到 0.3 mg/m³ 时,会刺激眼、鼻、喉部的黏膜;当浓度为 3~30 mg/m³ 时,会引发头疼、呼吸器官局部麻痹等症状。臭氧的毒性还与接触时间有关,当浓度在 4×10^{-6} 以下时,如果长期暴露仍会引起永久性心脏障碍;而当浓度高达 2×10^{-5} 时,如果接触时间不超过 2 h,则对人体无永久性危害。

天津大学的程荣赛等人在 2016 年对天津地区住宅室内空气质量与住户健康关系的研究中,测试了 32 户天津家庭的室内外臭氧浓度。表 2-3 所示为天津地区住宅室内外臭氧浓度,从中可以看出在正常工况和密闭工况下,夏季室内臭氧浓度(中位数分别为 13.70×10^{-9} 和 4.80×10^{-9})均高于秋季室内臭氧浓度,且季节性差异均达到了显著性水平(P 值分别为 0.005 和 0.000),这是因为夏季室外臭氧浓度显著高于秋季且夏季建筑通风量较大。

表 2-3　天津地区住宅室内外臭氧浓度

工况	季节	样本数	室内臭氧浓度 /×10⁻⁹	室外臭氧浓度 /×10⁻⁹	I/O[a]	$I-O$[b]	P[c]
正常工况	夏季	30	13.70	59.35	0.34	−34.15	0.005
	秋季	26	6.60	20.30	0.59	−7.10	
密闭工况	夏季	29	4.80	56.00	0.09	−53.30	0.000
	秋季	25	1.70	8.70	0.24	−7.80	

[a] I/O 表示室内浓度与室外浓度之比。
[b] $I-O$ 表示室内浓度减室外浓度。
[c] Kruskal-Wallis 非参数检验。

2.3.2　二氧化碳

原则上讲,最重要的二氧化碳来源就是人类。当房间内二氧化碳的浓度较高(大于 1×10^{-3})时,表明通风已经不能够处理当时的居住密度所带来的高浓度二氧化碳。

二氧化碳存在于空气中,在低浓度下对人体没有危害,人呼吸时也会产生二氧化碳。在正常情况下,空气中二氧化碳的体积分数为 0.03%~0.04%。当环境中二氧化碳的体积分数达到 0.07% 时,少数气味敏感者将有所感觉。当二氧化碳的体积分数达到 0.1% 时,会有较多的人感到不舒适。当空气中二氧化碳的体积分数增加到 1% 时,人体呼吸的深度略有增大。当二氧化碳的体积分数达到 3% 时,会使人体的呼吸深度增大一倍,并因呼吸作用加强而感到严重的头痛。若人在二氧化碳体积分数为 5% 的环境中停留 30 min,会产生中毒症状,并引起精神抑郁。因此,要注意避免二氧化碳浓度过高。

2017 年,侯静等人监测了全国 5 个气候区 46 户自然通风住宅和 29 户机械通风住宅内的二氧化碳浓度。研究发现自然通风住宅的晚间最高二氧化碳浓度出现在夏热冬暖地区(表 2-4),无论夏季还是冬季,60% 以上的时间二氧化碳浓度超过了国家标准规定的 1×10^{-3}。对严寒地区,春秋季二氧化碳浓度超标最严重。

表 2-4　中国 46 户自然通风住宅的晚间(0:00—7:00)CO_2 浓度

季节	N^a	平均 CO_2 浓度/ $\times 10^{-6}$	最高 CO_2 浓度/ $\times 10^{-6}$	超标天数和比例
严寒地区,10 户				
春	564	1 076	1 289	408(72.3%)
夏	710	558	692	135(19.0%)
秋	559	1 056	1 278	382(68.3%)
冬	534	1 017	1 165	345(64.6%)
寒冷地区,8 户				
春	452	866	1 006	229(50.7%)
夏	493	658	775	150(30.4%)
秋	379	833	974	173(45.6%)
冬	556	894	1 012	282(50.7%)
温和地区,5 户				
春	245	661	793	63(25.7%)
夏	247	570	670	32(13.0%)
秋	179	613	715	22(12.3%)
冬	247	640	759	57(23.1%)
夏热冬冷地区,14 户				
春	822	646	778	278(33.8%)
夏	1 014	653	799	349(34.4%)
秋	588	549	638	185(31.5%)
冬	843	855	996	424(50.3%)
夏热冬暖地区,9 户				
春	451	817	982	222(49.2%)
夏	603	1 156	1 375	382(63.3%)
秋	403	872	1 073	212(52.6%)
冬	325	1 296	1 621	207(63.7%)

a 测试样本数。

对机械通风住宅,全年 CO_2 浓度中值为 $6.01 \times 10^{-4} \sim 8.05 \times 10^{-4}$,超标比例高于 50%(表 2-5)。

表 2-5　中国 29 户机械通风住宅的晚间(0:00—7:00)CO_2 浓度

季节	N^a	平均 CO_2 浓度/ $\times 10^{-6}$	最高 CO_2 浓度/ $\times 10^{-6}$	超标天数和比例
严寒地区, 10 户				
春	520	778	948	234(45.0%)
夏	549	601	724	129(23.5%)
秋	378	759	922	157(41.5%)
冬	782	746	892	262(33.5%)
寒冷地区, 10 户				
春	501	798	959	226(45.1%)
夏	601	684	833	193(32.1%)
秋	512	720	877	215(42.0%)
冬	829	787	916	317(38.2%)
夏热冬冷地区, 6 户				
春	172	785	888	68(39.3%)
夏	244	716	807	96(39.3%)
秋	145	612	708	35(24.1%)
冬	390	681	766	94(24.1%)
夏热冬暖地区, 3 户				
春	130	693	788	27(20.8%)
夏	230	739	884	79(34.3%)
秋	149	805	922	55(36.9%)
冬	89	658	770	18(20.2%)

[a] 测试样本数。

2018 年,天津大学的杨飞虎等人在学校教室空气品质、通风与呼吸道感染的关联性研究中,对天津城区、郊区、农村的 10 所小学共 47 个班级的 CO_2 浓度进行了长期在线监测,发现城区、郊区、农村的学校均存在非常严重的 CO_2 污染,超标率达 85%(图 2-11)。各地区的 CO_2 浓度均呈现出显著的季节性差异,具体表现为冬季最高,秋季次之,夏季最低(图 2-12~ 图 2-15)。二氧化碳本身无毒,但其浓度是室内通风情况的一种表征。CO_2 浓度一方面与教室人员密度有关,人员密度越大, CO_2 浓度越高;另一方面与教室通风量有关,通风量越小, CO_2 浓度越高。

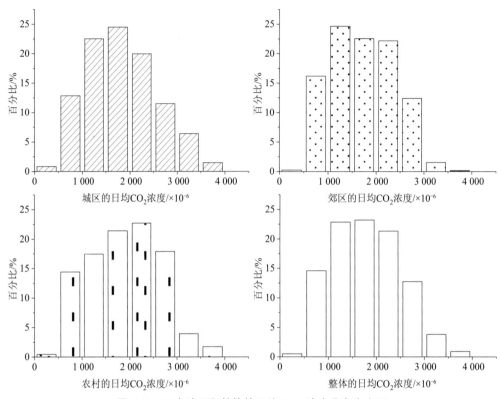

图 2-11 三个地区和整体的日均 CO_2 浓度分布直方图

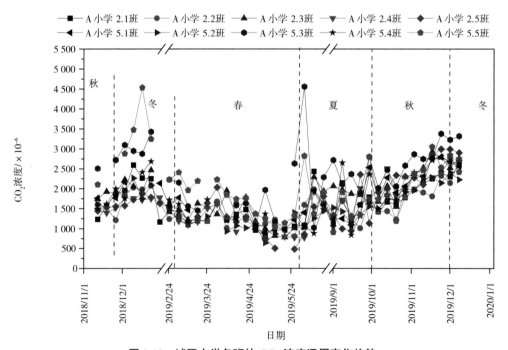

图 2-12 城区小学各班的 CO_2 浓度逐周变化趋势

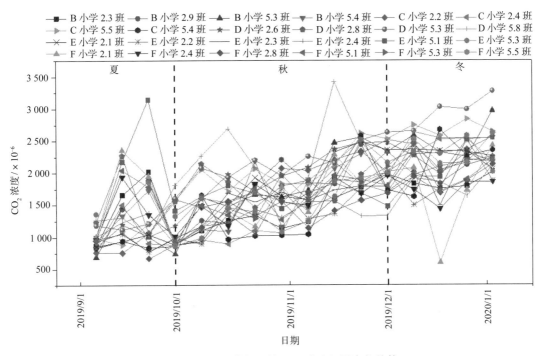

图 2-13　郊区小学各班的 CO_2 浓度逐周变化趋势

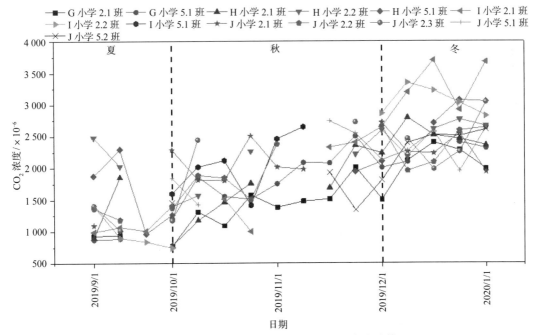

图 2-14　农村小学各班的 CO_2 浓度逐周变化趋势

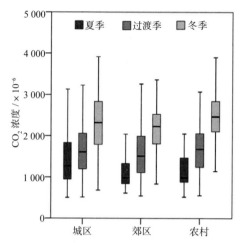

图 2-15　不同地区各季节的 CO_2 浓度分布箱形图
（ᵃKruskal-Wallis 非参数检验,当值小于 0.05 时,CO_2 浓度分布具有显著性差异）

2.3.3　有机气体和蒸气

室内空气中含有大量的挥发性气态有机化合物,基于沸点分类如下:

（1）VVOC(very volatile organic compound,极易挥发的有机化合物),沸点为 <0 ℃到 50~100 ℃;

（2）VOC(volatile organic compound,挥发性有机化合物),沸点为 50~100 ℃到 240~260 ℃;

（3）SVOC(semi volatile organic compound ,半挥发性有机化合物),沸点为 240~260 ℃ 到 380~400 ℃;

（4）POM(particulate organic matter,颗粒有机物),沸点为 >380 ℃。

对有机化合物的研究主要集中于 VOC 和甲醛。单种 VOC、TVOC 的含量在时间上和空间上变化很大,取决于室内的污染源。

能否依据 TVOC 从健康的角度评估室内空气品质是个有争议的问题。无论是从浓度还是从建筑装饰材料排放来考量,TVOC 作为一种量度参数都不被认为是和健康相关的项。

在非工业室内环境中可以检测出超过 900 种 VOC,其中大量来源于人体自身和建材、清洁产品。很多室内活动,如做饭、保洁等都会产生 VOC。车库和某些产品(如溶剂、黏结剂、涂料、日用化工产品)的储存间可能是室内挥发性有机化合物的其他来源。

低浓度有机气体和蒸气可能引起过敏、超敏反应和 SBS 等。这些有机化合物可与臭氧等物质反应,生成醛类、自由基。

室内常见的挥发性有机化合物有芳香烃、直链烃、醛类、酮类等。含有它们的材料由于具有良好的绝缘性、经济性、耐火性和易于安装的理想特性,因此在建筑项目中的应用非常广泛。住宅室内环境中的挥发性有机化合物主要来自胶合板、壁纸、地毯、涂料、家庭日用化学品等。在现代生活中,人们接触大量建筑材料,其中许多包含挥发性有机化合物,这是导致室内空气污染的主要原因之一,也被认为是影响室内人员健康的主要因素之一。

国外对室内空气中挥发性有机化合物的研究起步早于中国,其中有关室内和室外空气中挥发性有机化合物的浓度和来源的研究有很多。Otson 等人在加拿大随机检测的 757 户住宅中，53 种 VOC 的平均浓度为 20 μg/m³，浓度超出该平均浓度的有机物有：癸烷（54 μg/m³）、α- 蒎烯（42 μg/m³）、甲苯（41 μg/m³）、D-1，8- 萜二烯（33 μg/m³）、苯胺（104 μg/m³）、1，1，1- 三氯乙烷（43 μg/m³）。Krause（克劳斯）等人分析了 500 户德国家庭室内 57 种 VOC 的浓度，得到 TVOC 浓度为 400 μg/m³，超过了德国相关标准中 TVOC 的限定浓度 300 μg/m³，且发现最低浓度值与最高浓度值之间相差了 3 个数量级，就单种 VOC 而言，甲苯浓度最高。Jarnstrom 等人分别于六个月和一年后对芬兰 14 户新建住宅内的挥发性有机化合物的浓度进行了测量，发现住宅中柠檬烯、甲苯、二甲苯和 TVOC 的浓度分别为 12 μg/m³、20 μg/m³、38 μg/m³ 和 780 μg/m³，其中 TVOC 浓度超过了芬兰相关标准中 TVOC 的限定浓度 600 μg/m³，二甲苯和 TVOC 的浓度随时间变化较大，甲苯和柠檬烯的浓度较稳定。以往众多国家的研究都表明住宅建筑内各类 VOC 和 TVOC 的浓度均较高，甚至超过了各国的相关标准。

住宅内的 VOC 来源于室外和室内。室内 VOC 的危害远大于室外 VOC，更应引起人们的重视。1979—1985 年，美国 EPA 进行了总暴露量评价方法研究，测定了 650 个家庭中 11~19 种室内外 VOC 的浓度，研究表明，室内 VOC 浓度高于室外 VOC，并且其研究成果被德国（500 个家庭，75 种 VOC）、芬兰（300 多个家庭，45 种 VOC）等国家的调查结果所证实。针对室内污染源的确认，Park（帕克）等人对日本 1 417 户新旧住宅室内空气中的 VOC 进行了为期 3 年的追踪监测，发现新住宅内 TVOC 的浓度（487 μg/m³）比旧住宅内 TVOC 的浓度（125 μg/m³）高，新建或翻新的住宅室内 VOC 浓度较高，可能是由于装修使用的材料散发出 VOC。1997 年，Ramstroml 等人对伦敦郊区新建的 16 户住宅进行了室内 VOC 的检测，这些住宅采用了低挥发性建筑材料和改善室内空气质量的措施，最后共检出 9 种醛和 8 种酮，结果表明住宅建筑使用油漆可能使室内 VOC 浓度有所提高。Bortoli 等人用试验小室对住宅常用的 8 种墙壁装饰材料进行了检测，证实有的墙壁装饰材料会释放出较高浓度的 VOC。Bremer（布雷默）研究发现 PVC 地板可释放出以脂肪烃和芳香烃为主的约 150 种 VOC。有研究表明，1- 丁醇是塑料和油漆的成分；庚烷是溶剂的主要成分；柠檬烯有许多可能的来源，如新鲜水果、化妆品、香精油、木制品、清洁产品和室内空气清新剂。

与国外相比，国内对室内挥发性有机污染物的研究起步较晚。我国最初的大规模室内 VOC 污染发生在 20 世纪 80 年代，为改善居住条件对建筑进行装修，在这个过程中使用的含有有害物质的材料是室内污染的主要来源。因此自 20 世纪 90 年代初以来，我国逐步开展了有关建筑和装饰材料中 VOC 的释放和由 VOC 引起的室内污染的研究，比如建立模拟测试室，有关研究机构进行大量的现场调研等，以研究室内装饰材料中 VOC 的释放规律。

国内学者首先从定性的角度对室内挥发性有机化合物进行了研究。例如，胶合板主要含有 20 种 VOC，如甲醛、苯、甲苯、乙苯和二甲苯，墙纸主要含有甲醛、甲苯、乙苯等 35 种挥发性有机化合物。其次对室内空气中 VOC 的浓度进行了研究。司马冰等对深圳市的 19 处办公建筑和 8 户居民住宅进行了室内 VOC 浓度检测，在检出的 20 种 VOC 中，甲苯、二甲苯、苯、乙苯和苯乙烯的检出率分别为 97.8%、97.8%、88.9%、88.9% 和 71.1%，且结果表明，所检测住宅的 TVOC 浓度（1.62 mg/m³）大幅超过民用建筑工程 I 类标准（0.5 mg/m³）。陈迪云等于 2000 年 9 月对广州市的各类室内环境进行了 VOC 实地调查研究，共有 52 种 VOC 被检出，其中卤代烷烃和芳香烃最多（共 24 种），TVOC 浓度为 154~2 189 μg/m³，检出的有机物多为优先控制的污染物。徐东群等以北京、天津、上海、重庆、长春等 9 个城市中装修完成时间在一年以内的 1 241 户住宅为研究对象,测定了室内挥发性有机化合物的浓度,发现上海市室内挥发性有机化合物污染严重,苯、甲苯、二甲苯和 TVOC 的平均浓度分别为 117 μg/m³、171 μg/m³、211 μg/m³ 和 1 808 μg/m³。之后,我国在对住宅室内 VOC 的浓度进行研究的基础上,又在影响因素、污染源和健康危害等方面进一步研究。Liu 等人在杭州对 2 302 户住宅室内空气中 TVOC 的浓度(0.65~0.69 mg/m³)及其影响因素(温湿度、装修时间和门窗开闭情况)进行了研究。Guo 等人对香港 100 户住宅室内的 VOC 浓度和可能的挥发性有机物污染源(鞋子、香烟、厨房油烟)进行了分析。天津市疾病预防控制中心的刘洪亮等以天津市 159 户住宅内的 198 名居民为研究对象,检测了室内 TVOC 浓度,并依据室内 TVOC 浓度是否超标将研究对象分为超标组和非超标组,结果表明 TVOC 超标组疲劳、恶心、皮肤瘙痒和胸闷气短的发病率显著高于非超标组($P<0.05$)。

1. 挥发性有机化合物的健康危害

数据表明,室内空气污染直接造成全球每年有 2 000 多万人死亡,成为影响人们身体健康和心理健康的因素之一。在一般情形下,室内空气可检测出 500 多种有机物质,其中有引发癌症或者造成突变作用的有 20 多种。由于在室内空气中可检测到数百种 VOC,而且大多数检测率和浓度都较低,因此通常将 TVOC 浓度定义为 VOC 浓度的综合评价指标。如表 2-6 所示,当 TVOC 浓度超过 3.0 mg/m³ 时,会产生强烈不适的症状,超过 25.0 mg/m³ 会导致某些系统组织中毒,更严重的会影响基因。

表 2-6　TVOC 浓度与健康效应的关系

TVOC 浓度/(mg/m³)	健康效应	分类
<0.2	无刺激、无不适	舒适
0.2~3.0	与其他因素联合作用时,可能出现刺激和不适	多协同作用
3.0~25.0	刺激、不适,与其他因素联合作用时,可能出现头痛	不适
>25.0	除头痛外,可能出现其他神经毒性作用	中毒

挥发性有机化合物是导致病态建筑综合征的主要原因之一。当人们在某些建筑内活动时身体会出现某些不舒服的症状,并且当人们离开这些建筑一段时间后,身体出现的这些症状会明显减轻或消失,人们将这些建筑称为病态建筑,将这些症状称为病态建筑综合征。当人们暴露于高浓度的 VOC 中时,感官会受到刺激,并且空气中的某些气味会令人不舒服。这些气味持续刺激人的黏膜、呼吸道和皮肤,通过皮肤层的传导,最后到达大脑,中枢神经系统受到抑制,各种不适症状开始出现,如头痛、疲劳、眩晕、恶心等,更严重的还会出现化学污染物过敏症状。根据世界卫生组织(WHO)的报告,人类长期接触苯、甲醛等会导致恶性疾病,如癌症和白血病。美国加利福尼亚州环保局的研究表明,VOC 对人体的呼吸系统、神经系统、消化系统、心血管系统和生殖系统等均具有不利影响。我国的健康统计数据已经证实,近年来与空气 VOC 污染有关的疾病发生率在迅速上升。

2. 挥发性有机化合物的污染源及其分类

在室内空气污染物中,VOC 是较常见但对人体危害较大的一类污染物。室内 VOC 的来源主要有两方面：①室外空气的通风换气与渗透，如工业排放、燃料燃烧、汽车尾气等；②室内自身的排放，如人造合成隔热板材、壁纸、地毯、涂料、黏合剂等建筑材料、装饰装修材料，清洁剂、化妆品等生活用品，烹饪、吸烟等人员活动等。室内空气的污染程度比室外高5~10 倍，可以说 VOC 主要来源于室内。同时，为了减少建筑物的能源消耗，采用了提高建筑物的密闭性等措施，室内空气新风量下降，导致室内空气污染程度更高。如何预防和控制室内挥发性有机污染物来源，降低其浓度，为人们提供良好的工作和生活环境，已成为全球范围内的热点问题，对其的研究应当得到充分的重视。

3. 挥发性有机化合物的采样方法

VOC 采样方法主要有主动采样法和被动采样法。主动采样法是国家标准规定的 VOC 采样测试方法，也称动力采样法，是采用采样泵和采样器在特定时间段内采集气态污染物的方法，其特点是采样时间短，定量计算过程简单。被动采样法是采用被动采样器，利用气体分子扩散或渗透的原理采集空气中的气态污染物的方法。相比之下，被动采样技术不需要动力装置，具有设备体积小、操作方便、价格低廉、无噪声、不需要人员现场操作维护等优势，更适用于大范围和远距离采样。被动采样可以持续数小时、数天甚至更长的时间，并且可以获得一段时间内 VOC 的平均浓度，因此能更准确地反映 VOC 浓度，进而更准确地反映人体在环境中的 VOC 暴露水平。Arif 等在美国进行的一项研究采用了被动采样器去评估个体的暴露程度，相对于在室内进行主动采样，较好地反映了研究对象的综合暴露程度。

被动采样法又可分为容器捕集法、固相微萃取（SPME）法、固体吸附剂采样法。

（1）容器捕集法是将内壁经硅烷化处理的不锈钢罐抽真空后，用减压或加压的方式采样。采集的试样需用固体吸附剂吸附或经低温富集处理，然后导入 GC-MS（气相色谱 - 质谱）测定。该方法操作烦琐，富集倍数小，容器对 VOC 有吸附，但优点是一份试样可用于多次分析。

（2）固相微萃取法是一种较新的采样方法，SPME 装置由萃取头和手柄两部分组成。该方法操作简单、方便，不需要有机溶剂，集采样、萃取、浓缩和进样于一体。

（3）固体吸附剂采样法是最常用的 VOC 采样方法，吸附剂一般具有采样体积较大、疏水性能较好和容易脱附等特性。

4. 挥发性有机化合物的相关标准

由于在室内空气中可检测到数百种 VOC，而且大多数检测率和浓度都较低，因此各国的标准都通常将 TVOC 浓度定义为 VOC 浓度的综合评价指标。《室内空气质量标准》（GB/T 18883—2022）的"术语和定义"中规定，总挥发性有机化合物（total volatile organic compounds，TVOC）是指使用 Tenax TA 或等效填料吸附管采样，非极性或弱极性毛细管色谱柱（极性指数小于 10）分析，保留时间在正己烷和正十六烷之间的挥发性有机化合物。如表 2-7 所示，早在 1990 年德国学者 Bernd Seifert 就推荐了一套室内空气各类 VOC 浓度的指导限值，其中 TVOC 浓度限值为 0.30 mg/m³。

表 2-7　**Bernd Seifert 推荐的室内空气各类 VOC 浓度的指导限值**

VOC 分类	推荐限值/(mg/m³)
烷烃	0.10

续表

VOC 分类	推荐限值/(mg/m³)
芳香烃	0.05
萜烃	0.03
卤代烃	0.03
酯类	0.02
醛、酮类	0.02
其他化合物	0.05
TVOC	0.30

从 2001 年起,我国也开始制定关于室内空气质量的法规。2002 年 1 月 1 日,国家质量监督检验检疫总局和建设部联合制定的《民用建筑工程室内环境污染控制规范》(GB 50325—2001)开始实施;2003 年 3 月 1 日,国家质量监督检验检疫总局、卫生局、国家环境保护总局联合制定的《室内空气质量标准》(GB/T 18883—2002)开始实施。这两个标准中规定了甲醛、苯系物和 TVOC 的散发浓度限值。关于室内装饰装修材料中有害物质限量的 10 个标准属强制性国家标准,人造板、油漆和壁纸等所含挥发性有机物的散发浓度限值在这些标准中已被规定。

我国在《民用建筑工程室内环境污染控制标准》(GB 50325—2020)中规定了 TVOC 等气态污染物的浓度限值。家庭住宅属于 I 类民用建筑,该标准要求建筑交工时 I 类民用建筑内由建筑和装修材料产生的 TVOC 浓度限值为 0.5 mg/m³。表 2-8 所示为部分国家、地区的室内空气 TVOC 浓度限值,国外标准对我国制定相关标准有一定的参考价值,但仍需要我国实地普查的污染物测定结果来验证与修订这些既有标准。

表 2-8 部分国家、地区的室内空气 TVOC 浓度限值

国家、地区	TVOC 浓度/(mg/m³)	说明
中国	0.50	I 类民用建筑,1 h 平均
中国香港	0.20/0.60	一级/二级,8 h 平均
美国加利福尼亚州	0.50	—
日本	0.40	0.5 h 平均
澳大利亚	0.50	—
芬兰	0.60	—
德国	0.30	—

研究案例:家庭环境 VOC 暴露研究

2017—2019 年,天津大学的刘雨晴等人测定了天津市 6 个主要区县随机招募的 78 户家庭卧室内挥发性有机污染物的暴露水平,得到 TVOC 浓度为 1.01~2 155.86 μg/m³,中位数

为 446.03 μg/m³，平均值为 526.85 μg/m³。贡献率较高的挥发性有机物主要有甲苯、柠檬烯、壬醛、六甲基环三硅氧烷，平均浓度分别为 77.49 μg/m³、76.94 μg/m³、57.80 μg/m³、57.77 μg/m³。大部分物质虽未达到显著性水平，但可以看出温度高时 VOC 浓度也较高，说明温度会促进 VOC 散发。有 9 种有机物在绝对湿度下的浓度差异达到了显著性水平（$P<0.05$），其他未在统计学上达到显著性差异的物质也呈相同的趋势，即在低湿环境下 VOC 浓度较高。通风量对丙酮浓度的影响达到了显著性水平（$P=0.002$），加强通风可降低室内 VOC 的浓度。复合木地板、壁纸等装饰材料可能是挥发性有机物的来源，日用化学品的使用会增大住宅内挥发性有机物的浓度。具体研究数据如表 2-9 所示。

表 2-9　卧室被动采样的 VOC 浓度　　　　　　　　　单位：μg/m³

种类	平均值	中位数	最小值	最大值
芳香烃	186.85	151.36	0.58	1 026.28
苯	20.01	20.66	0.33	51.35
二甲苯	50.45	45.31	0.00	259.49
甲苯	77.49	52.73	0.03	882.06
苯甲醛	19.82	15.26	0.03	97.79
乙苯	11.46	8.14	0.00	48.37
萘	7.62	0.03	0.03	138.14
醛类	40.74	19.89	0.08	230.90
己醛	22.38	13.55	0.03	97.20
癸醛	10.61	0.03	0.03	80.48
辛醛	7.75	0.03	0.03	53.22
烷烃	21.29	0.03	0.03	177.79
丙烷	21.29	0.03	0.03	177.79
卤代烃	111.48	100.90	0.10	540.09
六甲基环三硅氧烷	57.77	53.64	0.03	265.98
二氯甲烷	25.95	7.01	0.03	309.89
八甲基环四硅氧烷	23.14	12.02	0.03	249.11
1,2-二氯乙烷	4.62	0.03	0.03	41.06
酯类	29.17	24.70	0.05	106.38
乙酸丁酯	15.00	11.46	0.03	65.42
乙酸乙酯	14.17	11.14	0.03	78.83
萜类	119.31	33.87	0.05	605.77
柠檬烯	76.94	0.03	0.03	474.15
α-蒎烯	42.38	0.03	0.03	516.01
酮类	9.91	5.33	0.05	48.08
2-丁酮	3.71	0.03	0.03	28.91

续表

种类	平均值	中位数	最小值	最大值
丙酮	6.20	0.03	0.03	48.05
醇类	8.10	0.03	0.03	58.87
2-乙基己醇	8.10	0.03	0.03	58.87
TVOC[a]	526.85	446.03	1.01	2 155.86

[a] TVOC 包括 21 种 VOC。

2.3.4　甲醛

甲醛是刺激性物质,其对眼睛黏膜和上呼吸道有刺激效应。室内环境中存在大量的甲醛挥发源,如日用消毒剂、"无皱"纺织品、烟草烟雾和某些类型的木地板等。

在非工业环境中测得的甲醛浓度通常低于标准阈值,但是即使在低浓度水平下,敏感的人仍然可以察觉其气味,感到眼睛不适。

在正常室温下,甲醛是一种无色气体,带有刺激性气味,易溶于水。家庭室内的甲醛主要来源于家具用的人造板材、油漆、胶黏剂和纺织品等。室内的甲醛浓度并不是稳定不变的,会受到室内源以及室内温度、湿度和通风量的综合影响。人们从 20 世纪 60 年代开始关注甲醛对人体的危害。有研究证明,如果长时间接触低浓度甲醛,人体会产生一系列不适症状,如打喷嚏、咳嗽、鼻炎、头痛、失眠和轻微的眼睛刺激等。如果长期吸入较高浓度的甲醛,会对呼吸道产生严重的刺激,造成鼻黏膜坏死;还可引发人体内分泌紊乱,新生儿染色体异常,甚至引发癌症。目前甲醛已经被 WHO 确定为可疑致癌物。

1975 年,Anderson(安德森)等对丹麦 23 户住宅的甲醛浓度进行了测量,发现室内甲醛污染严重,甲醛浓度平均值达到了 0.6 mg/m³。Clarisse(克拉丽丝)等在 2001 年对法国巴黎 61 户住宅室内的甲醛污染进行了研究,发现巴黎普通家庭住宅的甲醛浓度中位数为 34.4 μg/m³,甲醛浓度与墙面材料、吸烟情况、室内温度存在关联。Liu 等调查了美国加利福尼亚州、新泽西州和得克萨斯州 234 户家庭的室内污染物浓度水平,并分析了室内源源强的影响,发现甲醛、乙醛和丙烯醛浓度的中位数分别为 20.1 μg/m³、18.6 μg/m³ 和 0.59 μg/m³,其中甲醛和乙醛主要来自室内,丙烯醛主要来自室外。加拿大学者 Gilbert(吉尔伯特)研究了 96 户家庭室内甲醛浓度与通风量的关系,发现通风量高的家庭室内甲醛浓度较低,且达到了显著性水平。国外学者对室内甲醛及其他挥发性有机物的健康效应进行了较多研究,但是没有达成共识。澳大利亚学者 Garrett(加勒特)在 1994 年对维多利亚州 80 户家庭室内污染物与儿童健康的关系进行了研究,研究人员挑选了 7~14 岁的儿童共计 148 例,发现儿童患特异性过敏症与卧室甲醛浓度高之间存在关联。日本学者 Matsunaga 对大阪 889 名孕妇家庭室内甲醛水平与过敏性疾病的关系进行了研究,结果发现甲醛浓度与湿疹之间存在显著性关联,但与哮喘、过敏性鼻炎之间无关联性。Koeck 的研究表明低于 1.2 mg/m³ 的甲醛暴露可能导致打喷嚏、咳嗽和轻微的眼睛刺激。Hines(海因斯)经过大量实验研究得出了甲醛暴露与健康效应的剂量-反应关系,如表 2-10 所示。

表 2-10　甲醛暴露对人体健康的影响

甲醛浓度/×10⁻⁶	观察到的影响
<0.05	无刺激,无不适
0.05~1.00	气味阈值限制
0.05~1.50	神经生理学影响
0.01~2.00	刺激眼睛
0.10~25.00	刺激上呼吸道
5.00~30.00	刺激下呼吸道,肺部影响
50.00~100.00	肺水肿,炎症,肺炎
>100.00	昏迷,死亡

在我国,20 世纪 90 年代的住房改革引发了家庭装修的盛行,由此导致的室内空气污染问题非常严重。北京医科大学的刘君卓等在 1992 年研究了北京远郊顺义县农村不同类型住宅室内的甲醛浓度,发现室内甲醛浓度超过 0.08 mg/m³ 的比例为 12.5%,新式住宅室内甲醛浓度高于旧式住宅,而且前者的主卧室甲醛浓度高于厨房,最高值达 0.249 mg/m³。福建省卫生防疫站的王谋凤在 2000 年对高、中、低 3 种装修档次的 4 套住宅的甲醛浓度进行了调查,结果发现 4 套住宅甲醛浓度均超过国家标准 0.08 mg/m³ 的要求,人工胶合板家具是新装修住宅室内空气甲醛污染的主要来源。北京大学的潘小川于 1999—2000 年对北京地区 111 户家庭甲醛暴露与成人哮喘的关系进行了研究,结果发现病例组室内甲醛浓度高于对照组,且具有显著性差异,当室内甲醛浓度超过 0.12 mg/m³ 之后,室内甲醛浓度每升高 1 μg/m³,成人患过敏性哮喘的危险性提高 2%。重庆医科大学的刁奇志对重庆市永川地区 72 户新装修房屋室内空气污染与居民病态建筑综合征的相关性进行研究发现,黏膜症状发生率与甲醛浓度正相关,神经系统不良反应发生率与甲醛浓度、苯浓度均正相关。

研究案例:家庭环境甲醛暴露研究

天津大学的程荣赛从 2016 年 12 月开始对天津地区不同季节的室内甲醛浓度进行了为期一年的监测,从表 2-11 中可以看出,季节变化,室内甲醛浓度与超标率也随着改变。夏季时,在密闭工况下甲醛浓度的中位数达到 0.12 mg/m³,超标率达到 62.5%;在正常工况下甲醛浓度的中位数为 0.07 mg/m³,超过 30% 的住户超标。夏季室内甲醛浓度与超标率明显高于其他三个季节,这可能是由于夏季高温高湿的环境促进了室内甲醛的挥发。冬季时,在密闭工况下室内甲醛浓度超标率也接近 30%,说明天津地区普通家庭室内甲醛污染相当严重,需要引起广泛重视。

表 2-11 天津地区室内甲醛浓度的季节性变化

工况	季节	n	超标率 [a]/%	最小值/(mg/m^3)	中位数/(mg/m^3)	最大值/(mg/m^3)	P [b]
正常工况	春季	32	12.50	0.01	0.05	0.19	0.077
	夏季	32	31.25	0.01	0.07	0.19	
	秋季	30	3.33	0.01	0.04	0.11	
	冬季	32	13.79	0.02	0.05	0.18	
	全年	126	16.81	0.01	0.05	0.19	
密闭工况	春季	32	46.88	0.09	0.30	0.30	**0.002**
	夏季	31	62.50	0.03	0.12	0.24	
	秋季	30	30.00	0.01	0.07	0.15	
	冬季	32	28.13	0.02	0.07	0.29	
	全年	125	42.06	0.01	0.08	0.30	

[a] 参考标准浓度为 0.1 mg/m³。
[b] Kruskal-Wallis 检验。

2.4 半气态污染物

根据有机化合物的挥发性,世界卫生组织将室内有机污染物分为挥发性有机污染物(VOC)和半挥发性有机污染物(SVOC)。SVOC 的沸点在 240~400 ℃,挥发性弱,有较强的吸附能力。与 VOC 相比,SVOC 在室内存留的时间更长,不易降解,对人体的危害更大、更持久。增塑剂、阻燃剂等挥发出的 SVOC 往往会干扰人体的内分泌系统,是一类人造环境激素。

环境激素是能干扰生物体的正常内分泌功能的外源性化合物,它会干扰生物体维持自稳性和调节发育,具有类似激素的作用,故得名环境激素,也被称为环境荷尔蒙、内分泌活性化合物(endocrine active compound)、内分泌干扰化合物(endocrine disrupting chemical,EDC)。环境激素的产生可追溯到 20 世纪 30 年代,最初是人工合成的,随着工业的发展和科技的进步,新的环境激素不断被合成。据统计,目前已经合成的化合物达到 1 000 多万种,每年还有 10 多万种新的化合物被合成,其中有 70 多种被列入环境激素,除了镉、铅、汞等重金属外,其余 67 种都是有机物。在几十年的发展过程中,环境激素给人们的生活和生产带来了巨大的便利,但是环境激素被释放到环境中,经过生物体的吸收和在生物体内不断聚集,给环境和生物体的健康带来了风险。这些物质会干扰激素的生物合成、新陈代谢,导致偏离正常体内平衡。《内分泌学会科学报告》提供的证据表明,环境激素对生殖系统、神经内分泌系统、甲状腺、新陈代谢和心血管内分泌系统均有影响。被确定为环境激素的分子组具有高度异质性,包括用作工业溶剂和润滑剂的合成化学品及其副产品(多氯联苯(PCBs)、多溴联苯(PBBs)、二噁英)、塑料(双酚 A(BPA))、增塑剂(邻苯二甲酸酯)、杀虫剂(甲氧滴滴涕、毒死蜱、滴滴涕(DDT))、杀菌剂(农利灵)和药物制剂(己烯雌酚(DES))。

2.4.1 邻苯二甲酸酯（PAEs）

邻苯二甲酸酯是一种增塑剂，又叫酞酸酯。它是一种挥发性较弱的无色透明的油状黏稠液体，有特殊气味，不溶于水，易溶于有机溶剂。在塑料制品中，邻苯二甲酸酯与聚烯烃类塑料分子是通过氢键和范德华力连接的，只是物理结合而不是化学结合，邻苯二甲酸酯有着独立的化学性质，接触到酒精等有机溶剂后或者随着时间的推移可进入环境中，从而对环境造成污染，对人体健康产生影响。

邻苯二甲酸酯分子是由一个刚性的平面芳环和两个可塑的非线形脂肪侧链组成的，如图 2-16 所示，图中的 R 和 R′ 指的是烷基，两者可以相同，也可以不同，大部分为碳原子数为 1~10 的烷基。邻苯二甲酸酯为亲脂性的有机污染物，其性质受到侧链长短的影响，随着侧链长度减小，亲水性增强；随着侧链长度增大，同分异构体增加，亲油性增强，沸点升高，饱和蒸气压降低。分子质量大的邻苯二甲酸酯具有较强的吸附亲和力，易被颗粒物吸附。

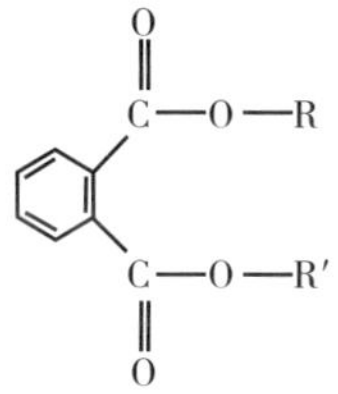

图 2-16 邻苯二甲酸酯的分子结构

早在 20 世纪 20 年代，增塑剂就在工业品和日常消费品中大量使用，并且在过去的几十年中用量显著增加。如图 2-17 所示，在 2006 年，世界增塑剂消费总量达到了 664.9 万 t，其中中国占 25%，达到了 166 万 t，远大于其他国家和地区。到了 2013 年，中国增塑剂消费量达到了 245 万 t，占世界增塑剂消费总量的 45%，年进口量为 30 万 t。中国不仅是增塑剂消费大国，同时也是增塑剂进口大国。目前，在我国的增塑剂市场中，邻苯二甲酸酯的消费量最大，占到总量的 90% 以上，其中以邻苯二甲酸二 -(2- 乙基己基)酯（DEHP）和邻苯二甲酸二正丁酯（DnBP）居多。DEHP 在所有的邻苯二甲酸酯中是性能最好的一种，其产量大，使用广，具有成本低、实用性和可加工性强的特点。

邻苯二甲酸酯作为主要增塑剂常用于塑料，特别是聚氯乙烯（PVC）中，可以很好地增强塑料的柔韧性和延展性，它在制品中的添加量为 10%~60%。分子质量小的邻苯二甲酸酯作为溶剂用在化妆品中，如邻苯二甲酸二甲酯（DMP）和邻苯二甲酸二乙酯（DEP）可以降低香水的挥发速度，邻苯二甲酸二异丁酯（DiBP）和邻苯二甲酸二正丁酯（DnBP）可以让指甲油持久艳丽；分子质量大的邻苯二甲酸酯在产品中作为增塑剂，如邻苯二甲酸丁基苄基酯（BBzP）、邻苯二甲酸二 -(2- 乙基己基)酯（DEHP）和邻苯二甲酸二异壬酯（DINP）。常用邻苯二甲酸酯的种类和应用范围如表 2-12 所示。

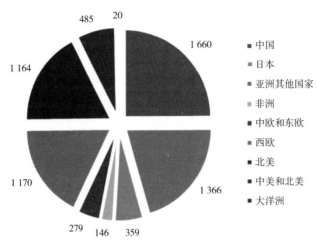

图 2-17　2006 年世界增塑剂消费量（单位：kt）

表 2-12　常用邻苯二甲酸酯的种类和应用范围

中文名称	英文名称	应用范围
邻苯二甲酸二甲酯	DMP	醋酸乙烯聚合物增塑剂、纤维素聚合物、防水剂
邻苯二甲酸二乙酯	DEP	醋酸乙烯聚合物增塑剂、纤维素聚合物、润滑剂、空气清新剂、杀虫剂、定香剂
邻苯二甲酸二异丁酯	DiBP	油墨、化妆品、指甲油、玩具膜、电线、人造革、杀虫剂
邻苯二甲酸二正丁酯	DnBP	纤维素聚合物增塑剂、黏合剂、油墨、化妆品、指甲油、杀虫剂
邻苯二甲酸丁基苄基酯	BBzP	聚氯乙烯、纤维素树脂、天然橡胶和合成橡胶、PVC 地板、油漆
邻苯二甲酸二-(2-乙基己基)酯	DEHP	医疗设备、外科产品、PVC 产品、玩具、电线电缆层
邻苯二甲酸二异壬酯	DINP	橡胶、PVC 地板、玩具
邻苯二甲酸二异癸酯	DIDP	橡胶软管、PVC 地板、电线外壳、电缆

　　邻苯二甲酸酯的物理化学特性为分子质量大、挥发性弱、沸点高，因此只有分子质量较小的邻苯二甲酸酯才可以通过挥发进入空气中，大多数邻苯二甲酸酯附着在颗粒物上。故人体主要通过呼吸道吸入、皮肤接触、食道摄入三种途径暴露于邻苯二甲酸酯，如图 2-18 所示。①呼吸道吸入，主要包括从 PVC 塑料等产品中挥发出来的气态邻苯二甲酸酯；②皮肤接触，主要包括含有邻苯二甲酸酯的化妆品、护理品和附着在皮肤上的灰尘；③食道摄入，主要包括吮吸塑料玩具和食道摄入降尘。

　　邻苯二甲酸酯进入人体后，在体内发生代谢反应，进而对人体健康产生危害。表 2-13 列出了几种常见的邻苯二甲酸酯及其代谢产物。短链邻苯二甲酸酯，如 DEP、DiBP、DnBP，主要通过水解反应生成单酯。亲水性较强的短链邻苯二甲酸酯，如 DEP，其代谢产物 MEP 主要以自由态形式存在；亲油性较强的短链邻苯二甲酸酯，如 DiBP 和 DnBP，其代谢产物 MiBP 和 MnBP 主要以葡糖苷酸结合态形式存在。长链邻苯二甲酸酯 DEHP 由于存在侧链和支链，代谢过程较复杂。DEHP 进入人体后，首先迅速水解为 MEHP 和乙基己醇，然后MEHP 进一步发生氧化反应，生成氧化代谢产物 MEOHP、MEHHP 和 MECPP。DEHP 的代谢产物主要以葡糖苷酸结合态形式存在。

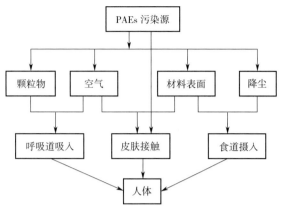

图 2-18　邻苯二甲酸酯的暴露介质和途径

表 2-13　几种常见的邻苯二甲酸酯及其代谢产物

邻苯二甲酸酯中文名称	邻苯二甲酸酯英文名称	代谢产物中文名称	代谢产物英文名称
邻苯二甲酸二乙酯	diethyl phthalate（DEP）	邻苯二甲酸单乙酯	monoethyl phthalate（MEP）
邻苯二甲酸二异丁酯	di-iso-butyl phthalate（DiBP）	邻苯二甲酸单异丁酯	mono-iso-butyl phthalate（MiBP）
邻苯二甲酸二正丁酯	di-n-butyl phthalate（DnBP）	邻苯二甲酸单正丁酯	mono-n-butyl phthalate（MnBP）
邻苯二甲酸丁基苄基酯	butyl benzyl phthalate（BBzP）	邻苯二甲酸单苄酯	monobenzyl phthalate（MBzP）
邻苯二甲酸二 -（2- 乙基己基）酯	di-（2-ethylhexyl）phthalate（DEHP）	邻苯二甲酸单 -（2- 乙基己基）酯	mono-（2-ethylhexyl）phthalate（MEHP）
		邻苯二甲酸单 -（2- 乙基 -5- 氧己基）酯	mono-（2-ethyl-5-oxohexyl）phthalate（MEOHP）
		邻苯二甲酸单 -（2- 乙基 -5- 羟己基）酯	mono-（2-ethyl-5-hydroxyhexyl）phthalate（MEHHP）
		邻苯二甲酸单 -（2- 乙基 -5- 羧基戊基）酯	mono-（2-ethyl-5-carboxypenty）phthalate（MECPP）

研究案例：邻苯二甲酸酯体外、体内暴露研究

（一）家庭环境中邻苯二甲酸酯暴露

2013 年, 天津大学的张庆男等人对天津和沧州 410 户家庭的儿童房间进行了灰尘样本采集和环境调查, 测定了室内灰尘中邻苯二甲酸二乙酯（DEP）、邻苯二甲酸二异丁酯（DiBP）、邻苯二甲酸二正丁酯（DnBP）、邻苯二甲酸丁基苄基酯（BBzP）、邻苯二甲酸二 -（2- 乙基己基）酯（DEHP）和邻苯二甲酸二异壬酯（DINP）6 种邻苯二甲酸酯的浓度, 结果如表 2-14 所示。可以看出儿童房间内灰尘中邻苯二甲酸酯的浓度跨度很大, DiBP、DnBP 和 DEHP 浓度的最大值分别是 1 202.86 μg/g、7 184.74 μg/g 和 10 987.95 μg/g。DEHP 在室

内灰尘 PAEs 污染物中所占的比例几乎达到了 80%,这说明 DEHP 是室内灰尘中最主要的 PAEs 污染物,DiBP、DnBP 次之。DiBP、DnBP 和 DEHP 由于具有相溶性好、塑化效率高和成本低廉的优势,成为我国工业生产中使用最广泛的邻苯二甲酸酯类物质,因此它们在环境中的污染水平较高,这比较符合我国邻苯二甲酸酯的生产和消耗情况。

表 2-14　儿童房间内灰尘中邻苯二甲酸酯的浓度　　　　　　　　　　　单位:μg/g

项目	DEP	DiBP	DnBP	BBzP	DEHP	DINP
50% 分位数	0.31	16.38	42.60	0.11	127.11	0.28
75% 分位数	0.64	36.88	137.57	0.27	356.25	0.74
95% 分位数	2.02	173.65	868.77	1.40	2 036.75	2.88
mean(平均数)	0.56	42.91	229.13	0.97	485.54	0.74
SD(标准差)	0.83	103.64	725.10	10.12	1 293.58	1.59
range(范围)	0.01~10.01	0.04~1 202.86	0.07~7 184.74	0.01~10.15	0.09~10 987.95	0.01~18.40

从表 2-15 中的数据来看,室内灰尘中邻苯二甲酸酯的浓度以 DEHP 最高。与其他地区相比,中国天津、沧州住宅建筑室内灰尘中邻苯二甲酸酯的浓度处于同一量级,儿童所面临的暴露不容忽视。

表 2-15　不同地区室内灰尘中邻苯二甲酸酯的浓度

地区	参考文献	中值/(μg/g)			样本数
		DiBP	DnBP	DEHP	
中国天津、沧州	Zhang 等,2020	16.38	42.6	127.11	410
瑞典	Bornehag 等,2004	45	150	770	346
美国加利福尼亚州	Gaspar 等,2014	9.3	13.7	172.2	40
中国重庆	Bu 等,2016	75.4	139.3	1 450	30
中国上海	Guo 和 Kannan,2011	33.6	26.9	319	21
中国西安	Wang 等,2014	233.8	134.8	581.5	14
中国珠三角地区	Kang 等,2012	34.1	77	1 190	23
法国	Blanchard 等,2014	18.5	11.9	289	30
丹麦	Langer 等,2010	27	15	210	497
德国柏林	Fromme 等,2004	—	47	703.4	30

由表 2-16 可知温度对邻苯二甲酸酯浓度的影响较大,随着温度升高,灰尘中邻苯二甲酸酯的浓度也升高,差异达到了显著性水平。建筑装修使用的材料是室内污染的主要来源。在现代社会中人们大量使用化学合成材料来装修和装饰自己居住的房间,这大大增加了室内化学污染物的含量和种类。污染源(复合地板、乳胶漆、涂料和家居清洁产品)与室内邻苯二甲酸酯的浓度存在显著的关联性。从表 2-17 可以看出,使用复合地板的住宅建筑明显比使用其他地板的住宅建筑室内灰尘中邻苯二甲酸酯的浓度高,DiBP、BBzP、DEHP 和 DINP 的浓度差异达到显著性水平(P 值均小于 0.05)。表 2-18 表明使用涂料、乳胶漆的住

宅建筑明显比使用其他墙面材料的住宅建筑室内灰尘中邻苯二甲酸酯的浓度高，DINP 的浓度差异达到显著性水平（ P=0.040 ）。

表 2-16　温度对室内灰尘中邻苯二甲酸酯浓度的影响

邻苯二甲酸酯	低温度（<22 ℃）		高温度（≥ 22 ℃）		P^a
	%（n）	中值/（μg/g）	%（n）	中值/（μg/g）	
DEP	50.8（166）	0.26	49.2（161）	0.37	**0.004**
DiBP	50.8（166）	10.15	49.2（161）	21.69	**0.000**
DnBP	50.8（166）	34.87	49.2（161）	55.23	0.093
BBzP	50.8（166）	0.07	49.2（161）	0.14	**0.001**
DEHP	50.8（166）	95.78	49.2（161）	185.23	**0.001**
DINP	50.8（166）	0.26	49.2（161）	0.38	**0.000**

a Mann-Whitney（曼 - 惠特尼）检验。

表 2-17　地板材料对室内灰尘中邻苯二甲酸酯浓度的影响

邻苯二甲酸酯	复合地板		其他地板		P^a
	%（n）	中值/（μg/g）	%（n）	中值/（μg/g）	
DEP	47.8（162）	0.33	52.2（177）	0.27	0.081
DiBP	47.8（162）	21.63	52.2（177）	12.72	**0.001**
DnBP	47.8（162）	40.40	52.2（177）	43.37	0.590
BBzP	47.8（162）	0.13	52.2（177）	0.08	**0.004**
DEHP	47.8（162）	147.77	52.2（177）	116.02	**0.010**
DINP	47.8（162）	0.38	52.2（177）	0.26	**0.001**

a Mann-Whitney 检验。

表 2-18　墙面材料对室内灰尘中邻苯二甲酸酯浓度的影响

邻苯二甲酸酯	涂料、乳胶漆		其他墙面材料		P^a
	%（n）	中值/（μg/g）	%（n）	中值/（μg/g）	
DEP	82.3（283）	0.32	17.7（61）	0.26	0.294
DiBP	82.3（283）	17.10	17.7（61）	13.33	0.288
DnBP	82.3（283）	42.67	17.7（61）	39.39	0.748
BBzP	82.3（283）	0.11	17.7（61）	0.085	0.088
DEHP	82.3（283）	138.61	17.7（61）	86.52	0.076
DINP	82.3（283）	0.31	17.7（61）	0.25	**0.040**

a Mann-Whitney 检验。

（二）宿舍环境中邻苯二甲酸酯暴露

2015 年天津大学的刘伟等人对天津市某高校 11 栋宿舍楼的 239 间宿舍进行了夏季入户测试，采集宿舍环境内的降尘，并用气相色谱 - 质谱方法检测降尘中邻苯二甲酸酯和对苯二甲酸二辛酯（DEHT）的浓度。7 种目标污染物均被检出，检出率范围为 36.94%~100%。降尘样本中目标污染物的浓度和检出率如表 2-19 所示。由检测结果可知，所有降尘样本中 DEHP 的检出率为 100%，DnBP、DINP 和 DEHT 的检出率均高于 90%，BBzP 的检出率最低，为 36.94%。宿舍降尘中邻苯二甲酸酯及其替代物的浓度跨度很大，DEHP 浓度中值最大，为 94.95 μg/g，DnBP 浓度中值次之，为 21.85 μg/g，BBzP 浓度中值最小，为 0.00 μg/g。在本研究中，DiBP、DnBP 和 DEHP 占总邻苯二甲酸酯污染物的比例达到了 83.18%，其中 DnBP 和 DEHP 是工业生产中使用的主要添加剂。DnBP 和 DiBP 在室内灰尘中含量较高，这可能与 DnBP 和 DiBP 作为化妆品、医药涂料等个人护理用品广泛使用有关，因此它们在环境中的污染水平较高。和其他研究不同的是，本研究发现 DEHT、DINP 和 DiBP 的浓度平均值均在 20 μg/g 左右，DEHT 的浓度明显高于 Nagorka 等人在德国从 1997 年到 2009 年采集的 953 个家庭降尘样本测得的浓度（0.7~6.1 μg/g），DINP 的浓度比张庆男在中国天津采集的 410 个家庭样本测得的浓度（0.28 μg/g，中值）高一个数量级，说明宿舍环境中的 DEHT 和 DINP 污染不可忽视。

表 2-19 宿舍降尘中目标污染物的浓度和检出率

目标污染物	检出率/%	平均值/(μg/g)	中值/(μg/g)	最小值/(μg/g)	最大值/(μg/g)	标准偏差/(μg/g)
DEP	81.53	0.28	0.18	ND[a]	3.01	0.40
DiBP	72.52	17.32	10.82	ND	185.74	22.23
DnBP	91.89	53.32	21.85	ND	897.70	96.25
BBzP	36.94	0.11	0.00	ND	3.29	0.33
DEHP	100.00	172.83	94.95	2.18	1497.76	215.72
DINP	98.65	23.21	8.74	ND	1504.10	104.87
DEHT	99.55	25.65	12.68	ND	293.33	41.11

[a]ND 表示未检出，在数据库中赋值为 MDL/2。

表 2-20 总结了不同研究中室内降尘中 3 种主要邻苯二甲酸酯的浓度。DEHP 的浓度范围为 34.65~803 μg/g，在所有研究中 DEHP 的浓度均为主要邻苯二甲酸酯中最高的。住宅中 3 种主要邻苯二甲酸酯的浓度基本高于宿舍中 3 种主要邻苯二甲酸酯的浓度。住宅和宿舍降尘中邻苯二甲酸酯浓度的差异可能与住宅建筑中家用电器、家具和日用品使用较多有关。家庭中常铺设复合木地板，但是宿舍中更多的是水泥或瓷砖地面；家庭中的电视和塑料桌椅在宿舍中均不常见，这些电器和家具含有大量添加邻苯二甲酸酯增塑剂的绝缘电线与塑料；除此之外，家庭中还有较多用于清洁家具的抛光产品。Kolarik 等人研究发现抛光产品可能是一些邻苯二甲酸酯（BBzP、DnOP（邻苯二甲酸二正辛酯）和 DEHP）的主要来源。与表 2-20 中的其他研究相比，本研究的 3 种主要邻苯二甲酸酯污染水平较低，但高于 Li 等人在全国范围内进行的宿舍研究；DiBP 和 DnBP 两种同分异构体的浓度相近，比

DEHP 的浓度低约一个数量级;在所有宿舍研究中，3 种污染物的浓度相比较均是 DiBP<
DnBP<DEHP。

表 2-20　不同研究中室内降尘中 3 种主要邻苯二甲酸酯的浓度

参考文献	地区	场所	中值/(μg/g)			样本数
			DiBP	DnBP	DEHP	
本研究	中国天津	宿舍	10.82	21.85	94.95	222
张庆男等,2013	中国天津、沧州	住宅	16.38	42.6	127.11	410
Xu 等,2020	中国南京	宿舍	28.4	38.8	134.9	23
		住宅	51.5	152.7	397.3	27
Qu 等,2021	中国北京	宿舍	10	32.7	171	102
		住宅	72.8	97	736	17
Li 等,2021	中国	宿舍	9.02	12.17	34.65	22
		住宅	8.84	23.56	50.79	72
Guo 等,2011	中国北京	住宅	12.6	18.9	156	11
	中国广州		11.1	11.6	146	11
	中国济南		10.4	9.3	98.2	13
	中国齐齐哈尔		26	21.9	348	12
	中国上海		33.6	26.9	319	21
	中国乌鲁木齐		32.8	170	563	7
	美国纽约州奥尔巴尼		3.8	13.1	304	33
Bi 等,2015	美国特拉华州	宿舍	17	360	803	5
		住宅	12	24	339	10
Luongo G. 等,2016	瑞典	住宅	7.9	38	538	62

（三）邻苯二甲酸酯代谢单体体内暴露

2015 年天津大学的张庆浩等人对天津和沧州地区 399 户家庭 0~8 岁的儿童进行了尿液样本的收集（共 382 个），对儿童尿液中邻苯二甲酸酯代谢产物的浓度进行测定，并以此为基础评估了邻苯二甲酸酯人体内暴露水平及其与室内环境暴露（室内污染源和降尘）的关联性。表 2-21 列出了 382 个儿童尿样中邻苯二甲酸酯代谢产物的浓度。除 MBzP 外，其他代谢产物的检出率均高于 90%。其中，MiBP、MnBP 和 MECPP 是儿童尿样中检出浓度最高的邻苯二甲酸酯代谢产物，MBzP 检出浓度最低。利用邻苯二甲酸酯人体内暴露评估模型对儿童邻苯二甲酸酯日摄取量进行评估，发现 DEHP 的内暴露剂量最高，其次为 DiBP、DnBP、DEP。利用邻苯二甲酸酯人体累积暴露评价模型对儿童邻苯二甲酸酯内暴露风险进行评估，发现 7.6%（29/382）的儿童 TDI_{cum} 超过 1，即 7.6% 的儿童每日累积邻苯二甲酸酯摄入量超过允许的水平。

表 2-21　儿童尿样中邻苯二甲酸酯代谢产物的浓度（ $n=382$ ）

项目	MEP	MiBP	MnBP	MBzP	MEHP	MECPP	MEHHP	MEOHP
50% 分位数/（ μg/L ）	19.40	31.70	25.98	ND	7.50	43.89	16.57	9.53
75% 分位数/（ μg/L ）	49.56	33.56	44.58	ND	9.78	55.68	18.73	13.51
95% 分位数/（ μg/L ）	91.45	39.46	77.70	0.32	13.49	64.50	26.69	16.42
平均值/（ μg/L ）	34.64	27.85	30.75	0.12	7.57	37.32	13.74	8.75
最小值/（ μg/L ）	ND[a]	ND	0.33	ND	ND	ND	ND	ND
最大值/（ μg/L ）	1 095.78	96.85	512.85	1.65	31.54	164.97	68.82	41.07
检出率/%	96.1%	99.5%	100.0%	8.4%	99.5%	96.9%	95.8%	91.6%
P[b]	0.643	0.895	0.669	0.664	0.192	0.356	0.323	0.397

[a] ND 表示未检出，在数据库中赋值为 LOD/2。
[b] Mann-Whitney U 检验。

　　表 2-22 汇总了 2000 年以来不同国家的儿童尿样中邻苯二甲酸酯代谢产物的检测浓度。不同国家检测出的邻苯二甲酸酯代谢产物的主要种类不同，同一国家不同地区、不同时间段检测出的邻苯二甲酸酯代谢产物的主要种类亦不同。Wang 等于 2013 年报道了中国 8~15 岁儿童尿样中邻苯二甲酸酯代谢产物的浓度，Gong 等于 2015 年报道了中国 5~9 岁儿童晨尿中邻苯二甲酸酯代谢产物的浓度，同为国内研究，具有可比性。本研究中儿童体内邻苯二甲酸酯代谢产物的浓度与中国其他地区相比较低，尤其是 MiBP、MnBP 和 MEOHP，这可能反映了天津与北京、上海的地区差异。Wang 等报道的 MEHP 的浓度是天津的 3 倍，而天津 DEHP 的二级代谢产物浓度却更高，说明年龄较小的儿童（0~8 岁）体内 DEHP 的代谢单酯多以二级代谢产物形式存在，这与 Becker（贝克尔）等的发现一致，即 6~7 岁儿童体内 DEHP 的二级代谢产物浓度高于 13~14 岁儿童体内的二级代谢产物浓度。此外，儿童尿样的收集方法、采样时间和后续实验的分析方法不同也可能造成最终结果不同。

表 2-22　不同国家儿童尿样中邻苯二甲酸酯代谢产物的浓度 [a]（ $n=382$ ）

参考文献	采样时间	国家	样本数	MEP	MiBP	MnBP	MBzP	MEHP	MECPP	MEHHP	MEOHP
Lewis 等,2013	2010	墨西哥	53	62.7	11	91.2	5.6	7.5	71.8	45.4	17.9
Bertelsen 等,2013	2001	挪威	623	56.7	49.2	138	29.3	7.8	98.2	56.6	49.7
CDC（ NHANES）, 2013	2009—2010	美国	415	33	10.9	23.3	12.6	1.7	29.4	17	11
Koch 等,2011	2007	德国	111	—	43	37	7.2	4.7	28	17	15
Fromme 等,2013	2011—2012	德国	663	14.5	44.7	32.4	11.6	—	—	16.5	17.9
Boas 等,2010	2006—2007	丹麦	503(男孩)	21	130		17	4.5	30	37	19
	2006—2007	丹麦	342(女孩)	21	121		12	3.6	27	31	16
Frederiksen 等,2012	2006—2008	丹麦	725	39	81	51	48	4.7	28	47	24
Langer 等,2014	2012	丹麦	441	17	72	80	13	4.7	15	33	18
Dewalque 等,2014	2013	比利时	48	35.6	61.8	55.7	9.7	3.1	—	18.7	12.3

续表

参考文献	采样时间	国家	样本数	MEP	MiBP	MnBP	MBzP	MEHP	MECPP	MEHHP	MEOHP
Saravanabhavan 等,2013	2007—2009	加拿大	1 037	23.6	—	32.6	21.4	3.3	—	31.6	20.3
Wang 等,2013	2012	中国	259	15.9	37.4	47.2	ND	21.1	29.8	15.7	22.9
Gong 等,2015	2013(夏)	中国	37	23.8	78.2	224	ND	6.5	68.4	25.2	21.6
	2013—2014(冬)	中国	30	15.3	54.1	120	ND	9.3	70.9	47.9	28.2
本研究	2013—2016	中国	382	19.4	31.7	25.98	ND	7.5	43.89	16.57	9.53

[a] 所有浓度均为浓度中值,单位为 μg/L。

研究人员分析了室内环境中的潜在污染源(建筑材料、日用化学品)对尿样中邻苯二甲酸酯代谢产物浓度的影响。分析结果(表 2-23 和表 2-24)表明:儿童卧室采用复合木地板显著增加了儿童尿样中 MEP 和 MiBP 的浓度;儿童卧室采用墙面漆、壁纸显著增加了儿童尿样中 MEP 的浓度;儿童卧室采用塑钢窗显著增加了儿童尿样中 MEP、MiBP 和 MnBP 的浓度;当使用家具抛光剂时,儿童尿样中 MEP 和 MEHP 的浓度显著增加;当使用香水时,儿童尿样中 MEP 和 MECPP 的浓度显著增加。

表 2-23 采用不同建筑装饰材料时儿童尿样中邻苯二甲酸酯代谢产物的浓度 [a]

邻苯二甲酸酯代谢产物	地板材料			墙面材料				窗框			
	复合木	瓷砖	P^b	墙面漆	壁纸	白垩	P^c	塑钢窗	铝窗	木窗	P^c
MEP	23.18	10.39	**0.000**[d]	19.45	38.88	9.33	**0.013**	20.50	23.78	10.16	**0.019**
MiBP	32.02	31.15	**0.013**	31.73	32.26	31.30	0.235	31.96	31.30	31.12	**0.035**
MnBP	28.97	22.89	0.060	26.25	25.94	21.55	0.525	30.63	22.82	16.87	**0.022**
MEHP	7.49	6.26	0.690	7.62	7.52	5.81	0.291	7.49	7.81	7.92	0.341
MECPP	48.39	37.53	0.277	48.40	36.50	26.51	0.348	47.34	39.11	37.54	0.787
MEHHP	16.58	16.78	0.809	16.33	16.48	16.91	0.980	16.68	16.62	16.50	0.752
MEOHP	8.49	9.58	0.903	8.47	8.99	9.55	0.973	9.55	9.62	9.51	0.489

[a] 浓度单位为 μg/L。
[b] Mann-Whitney U 检验。
[c] Kruskal-Wallis H 检验。
[d] 加粗数据表示 $P<0.05$,差异性显著。

表 2-24 使用日用化学品对儿童尿样中邻苯二甲酸酯代谢产物的浓度的影响 [a]

日用化学品		MEP	MiBP	MnBP	MEHP	MECPP	MEHHP	MEOHP
家具抛光剂	是	23.18	31.81	26.96	7.82	43.37	16.85	9.63
	否	15.78	31.69	25.99	6.33	43.92	16.50	8.49
	P^b	**0.006**[c]	0.959	0.744	**0.017**	0.962	0.361	0.366

续表

日用化学品		MEP	MiBP	MnBP	MEHP	MECPP	MEHHP	MEOHP
香水	是	32.73	31.75	26.31	6.26	50.73	16.37	8.44
	否	15.64	31.53	24.75	7.72	37.53	16.61	9.60
	P^b	**0.000**	0.840	0.876	0.193	**0.005**	0.876	0.138

a 浓度单位为 μg/L。
b Mann-Whitney U 检验。
c 加粗数据表示 $P<0.05$,差异性显著。

2.4.2　多溴联苯醚（PBDEs）

多溴联苯醚属于溴化阻燃剂（BFR），已广泛应用于家庭和工作场所的阻燃产品中,并在环境中广泛分布。阻燃剂是用于塑料、纺织品和泡沫等产品的化学物质,通过干扰聚合材料的燃烧来降低其火灾危险。溴化阻燃剂是提高防火性能最廉价的方法。多溴联苯醚污染现在已是一个世界性的污染问题,甚至波及偏远地区。多溴联苯醚被发现具有生物累积性,还具有潜在的内分泌干扰特性。室内灰尘是 PBDEs 暴露的主要途径,占美国成年居民暴露量的 82%,具体包括偶然摄入、吸入和皮肤吸收。亚洲地区阻燃剂行业起步较晚,但随着中国和印度经济的飞速发展,阻燃剂行业迅速成长,目前亚洲已成为全球最大的阻燃剂消费市场。在我国阻燃剂生产是塑料助剂生产中仅次于增塑剂生产的第二大行业,产量逐年增加,市场不断扩大。溴系阻燃剂是有机卤系阻燃剂中的代表,在有机卤系阻燃剂中销量一直名列前茅。亚洲消费量最大的阻燃剂为溴系阻燃剂,占总消费量的 60%。

美国学者 Johnson（约翰逊）等人在 2002—2008 年测定了马萨诸塞州 50 个家庭的房屋灰尘中 PBDEs 的浓度,多溴联苯醚总几何平均值为 4 742 ng/g,BDE209 是主要的多溴联苯醚同系物,占灰尘样品中多溴联苯醚总质量的 43%,五溴联苯醚商用混合物的两种主要成分 BDE47 和 BDE99 分别占多溴联苯醚总质量的 16% 和 22%。新西兰学者 Coakley（科克利）等人测定了新西兰 33 个家庭的灰尘样本和生活在这些家庭中的 33 位母亲的母乳样本中 16 种多溴联苯醚的浓度,灰尘中多溴联苯醚的浓度从 BDE17 的 0.1 ng/g 到 BDE209 的 2 500 ng/g,BDE209 在灰尘和母乳之间的相关性是一个新发现。王璟等人在中国广东省清远市的一个典型电子废弃物处理地采集了 24 个室内和 15 个室外灰尘样品,分析了其中的 17 种多溴联苯醚,结果显示 PBDEs 在所有灰尘样品中均被检出,室内灰尘中 PBDEs 含量为 230~157 500 ng/g,平均值为 9 400 ng/g。金漫彤等人在中国浙江省杭州城区随机采集了 19 个办公室、家庭和学生宿舍的室内灰尘样品,分析了样品中 14 种 PBDEs 的含量,发现办公室的污染水平高于家庭,BDE209 是贡献值最大的单体,其贡献值为 75.48%,其次是 BDE190、BDE154 和 BDE71。

2.5　颗粒物

颗粒物是悬浮于空气中的具有多样化的形状和吸附性的固态粒子,通常按照空气动力学直径分为以下几类。

（1）总悬浮颗粒物（TSP）：空气动力学直径小于 100 μm 的颗粒物。

（2）可吸入颗粒物（PM10）：空气动力学直径小于 10 μm 的颗粒物。

（3）细颗粒物（PM2.5）：空气动力学直径小于 2.5 μm 的颗粒物，也称为细颗粒。

（4）超细颗粒物（UFP）：空气动力学直径小于 100 nm 的颗粒物。

住宅中颗粒物的来源主要分为室外源和室内源。室外源主要有汽车尾气、工业粉尘、燃煤和工程施工产生的颗粒物。室内源主要有烹饪、吸烟、蚊香燃烧、人员活动等产生的颗粒物。研究表明颗粒物对人体具有危害作用，颗粒物被吸入人体后由于粒径不同会沉降到呼吸系统的不同部位。其中 10~50 μm 的粒子会沉降在鼻腔中，5~10 μm 的粒子会沉降在气管和支气管的黏膜表面，而小于 5 μm 的粒子则通过鼻腔、气管和支气管进入肺部。当人体吸入颗粒物的浓度低于 50 000 个/L 时，人体可以通过自身的能力将颗粒物排出体外；当颗粒物浓度高的时候，人体会自动增加巨噬细胞，增强分泌系统的功能来调节防御能力；但长期、高浓度地吸入颗粒物后，细菌、病毒就会繁殖，一旦超过人体的免疫能力，就会发生感染，造成肺炎、肺气肿、肺癌、尘肺和硅肺等病症。颗粒物还能吸附一些有害的气体和重金属元素，使它们通过血液进入肝、肾、脑和骨，甚至危害神经系统，引发人体机能变化，产生过敏性皮炎、白血病等症状，对人体健康造成影响。

Hanninen 等对雅典、巴塞尔、赫尔辛基和布拉格四个城市共计 284 户家庭的室内外 PM2.5 浓度进行了调查，发现不同城市室内 PM2.5 浓度差异较大，其中布拉格室内 PM2.5 浓度的平均值为 36 μg/m³，赫尔辛基室内 PM2.5 浓度平均值为 13 μg/m³，并发现室内 PM2.5 浓度与通风量、建筑年代和使用的地板材料有关。北京大学的刘阳生选择北京城区的 19 户家庭进行了研究，结果发现室内吸烟会明显增加室内颗粒物的浓度，室内清扫频率增加会增加室内 PM2.5 与 PM1 的浓度，通风不足会导致室内颗粒物的浓度升高。复旦大学的顾庆平在 2008 年对江苏农村地区室内 PM2.5 的浓度特征进行了分析，发现生物质燃烧会直接影响室内 PM2.5 的浓度，且达到了显著性水平。

天津大学的程荣赛测定了天津地区住宅室内外颗粒物的四季浓度水平，从表 2-25 中可以看出正常工况下 PM2.5 和超细颗粒物的室内浓度与室外浓度的比值高于密闭工况下室内浓度与室外浓度的比值，说明室内颗粒物受到室外颗粒物的影响。在冬季时密闭工况下 PM2.5 和超细颗粒物的室内浓度中位数为室外浓度中位数的 1/2，明显低于其他季节。

表 2-25　天津地区住宅的 PM2.5 浓度（μg/m³）和超细颗粒物浓度（个/cm³）

工况	季节	n	室内	室外	I/O^a	$I-O^b$	P^c
PM2.5							
正常工况	春季	32	27	30	0.94	-2	0.822
	夏季	32	29	37	0.88	-3	
	秋季	31	25	32	0.83	-3	
	冬季	32	30	46	0.73	-10	
	全年	32	28	37	0.88	-3	

续表

工况	季节	n	室内	室外	I/O^a	$I-O^b$	P^c
密闭工况	春季	32	24	37	0.85	−3	0.070
	夏季	32	22	34	0.66	−8	
	秋季	30	21	41	0.52	−16	
	冬季	32	37	111	0.51	−22	
	全年	32	24	44	0.59	−14	
超细颗粒物							
正常工况	春季	32	17 819	19 676	0.92	−1 610	**0.019**
	夏季	32	11 676	12 462	0.92	−866	
	秋季	31	16 660	16 173	0.93	−736	
	冬季	32	11 945	24 068	0.47	−13 688	
	全年	32	14 157	18 044	0.88	−1 931	
密闭工况	春季	32	11 455	17 892	0.76	−3 556	0.750
	夏季	32	11 311	12 279	0.69	−2 975	
	秋季	30	12 275	16 697	0.80	−2 817	
	冬季	32	13 598	27 842	0.50	−14 285	
	全年	32	11 831	18 661	0.66	−4 052	

a I/O 表示室内浓度与室外浓度之比。

b $I-O$ 表示室内浓度减室外浓度。

c Kruskal-Wallis 非参数检验。

　　室内颗粒物有可能和化学物质、过敏原产生耦合污染。烟草烟雾通常是室内空气载粒子的最重要来源。室内颗粒物会含有食物残渣、烟草烟雾、蔬菜、纺织品、塑料、花粉、霉菌孢子、病原体、烟尘颗粒、矿棉纤维、细菌和头发。氡和烟草烟雾会导致肺癌；特定过敏原（来自猫、狗、尘螨）和许多有机粒子可以引起过敏反应。

　　室内空气中的颗粒含量升高被认为是一个危险因素，会增加气道的负载，同时颗粒可能携带致癌物、过敏物和刺激性物质。因此，室内空气中的颗粒含量应保持在低水平，需保持室内清洁和良好的通风（包括良好的送风过滤），减少室内"藏污纳垢"的表面，这样能保障室内空气不易受颗粒物影响。

2.6　纤维

　　室内纤维主要来源于建筑保温材料，如石棉、矿物棉。目前，作为建筑物的保温材料，矿物棉（玻璃棉和岩棉）已经取代了石棉。在20世纪70年代中期和80年代初的"石棉恐慌"后，最常用的措施是剥离建筑物的石棉材料。然而因为石棉会产生大量粉尘，这种做法是危险的。

　　现在采取的措施，原则是不触碰材料且防止纤维逸出。如果要除去石棉，必须遵守严格的规定。当提出建筑改建计划时，必须查看是否存在石棉，会散发出石棉纤维的材料必须被替换或处理。

尽管石棉纤维已经不是危害室内环境的主要因素,但当建筑物被拆除或改建时,仍然要考虑其危害。

矿物棉的生产会略微增加肺癌的患病风险,然而矿物棉被安置于建筑物中后不会对居民构成任何风险,但可能引起皮肤刺激和呼吸道刺激。

经过阻燃处理的纤维素纤维(纸和木纤维)可替代矿物棉作为保温材料,这种材料在安装时会产生粉尘,它们虽然不具有矿物纤维的致癌性,但含有 SVOC。

2.7　氡

氡是一种化学元素,符号为 Rn,原子序数为 86。它是一种放射性、无色、无嗅、无味的稀有气体。氡在正常条件下是密度最大的气体之一,它也是正常条件下唯一没有稳定同位素的气体。氡具有强烈的放射性,对健康有害,这阻碍了对氡的化学研究,只有少数氡的化合物为人所知。

氡是正常放射性衰变链的一个中间步骤,钍和铀通过这个中间步骤慢慢衰变为铅。钍和铀是地球上最常见的两种放射性元素,自从地球形成以来,它们就一直存在。钍和铀的衰变产物为镭,氡是放射性元素镭衰变产生的一种惰性气体。氡衰变时产生其他放射性元素,称为氡子体。与气体氡不同的是,氡子体是固体,可附着在空气中的尘埃颗粒表面。如果吸入这种被污染的灰尘,它们会黏在肺部的气道上,增加患肺癌的风险。尽管氡的寿命很短,但氡在建筑物内会积聚到远高于正常浓度的水平,尤其在地下室等区域。在瑞典 50 万处住宅的氡浓度超过了新建筑内氡含量的最大限值 200 Bq/m³。大约有 10 000 处单独住宅和 50 000 处公寓的氡含量超过 400 Bq/m³。工作场所也有较高的氡含量,在工作场所检测到了浓度高达 400 Bq/m³ 的氡。当室内空气中的氡含量超过 400 Bq/m³ 时被视为对人体健康有害。

吸入氡后,氡的短寿命衰变产物(218Po 和 214Po)释放出的电离阿尔法粒子会导致 DNA 损伤。由于即使一个阿尔法粒子也会对细胞造成重大的遗传损伤,因此氡相关的 DNA 损伤在任何水平的接触下都有可能发生。因此,不太可能存在一个阈浓度,低于该浓度的氡就不会导致肺癌。

对氡对健康的影响,特别是对肺癌的影响,人们已经研究了几十年。在 20 世纪 70 年代早期,氡的风险评估研究主要基于矿山(特别是铀矿)的工人和日本广岛、长崎的轰炸。然而 20 世纪 70 年代初在瑞典和随后在欧洲、美国、中国开展的家庭中氡和肺癌的研究表明,氡可能是导致一般人群患肺癌的重要原因,大约 10% 的肺癌是由家庭中的氡暴露引起的。氡现在被认为是仅次于吸烟的第二大肺癌致病原因。据估计,瑞典每年有 400~900 人因氡暴露引起的肺癌死亡。根据美国环境保护署的估计,氡是导致不吸烟者患肺癌的第一大原因。

对氡的源头和传播机制的认识已经发展了几十年。20 世纪 50 年代,人们观察到从钻井中提取的生活用水含有高浓度的氡。最初人们对水中氡的担忧主要集中在摄入水中的氡对健康的影响上。后来人们确定水中氡的主要健康风险来自空气吸入,当打开水龙头时,氡就会散发到室内。从 1997 年起,饮用水的氡含量也受到了限制。水的氡含量如果超过 100 Bq/L,是可以饮用的,但会有潜在的健康危害;而如果超过 1 000 Bq/L,就不适合饮用了。

　　到 20 世纪 70 年代中期,由于使用了镭含量较高的明矾页岩,一些地区发现建筑材料释放氡是一个问题。所有以石材为主的建材都散发出氡,因为它们含有镭。含镭量最高的建筑材料是以明矾页岩为主的加气混凝土,称为蓝色混凝土。蓝色混凝土在很多地方都有生产,产地不同,原材料中的镭含量区别很大。因此蓝色混凝土中氡的量取决于它们是哪里生产的。如果建筑的换气次数很低,蓝色混凝土会导致相对高的室内氡含量。蓝色混凝土禁止在房屋建造中使用。

　　到 1978 年,人们又发现土壤渗透是室内氡的另一个来源。土壤中的氡是建筑物中的氡最常见的来源。在与地面接触的房间中,氡的浓度比上层建筑物中氡的浓度高。氡可以沿着供水、排污、分区供暖的水管传播,并且可以以这种方式进入建筑物。

2.8　微生物

　　微生物是单细胞或多细胞生物,它们存在于土壤、水、空气中和动物、人身上,在室内和室外环境中随处可见。人体含有的微生物(细菌、真核生物和病毒)细胞数量(约 100 万亿个微生物细胞)是人体细胞的 10 倍以上,但它们只占人体总质量的 1%~3%。它们大多数对人类是无害的,然而少数种类会产生毒素,所以是致病的。微生物、建筑物和室内环境之间的相互作用是复杂的,目前这方面的研究较少。只要有足够的水分,微生物就可以在所有的建材上生长。霉菌生长时产生子实体(分生孢子),形成孢子。孢子一直处于休眠状态,直到遇到有水分和营养成分的适宜环境。环境中的孢子浓度是随季节变化的,冬季低,夏末最高。室内孢子含量取决于通风状态和室内环境微生物源。室外孢子含量往往比室内孢子含量高。在室内孢子落到地板上时,就会与灰尘混合。它们没有自己的气味,并且通常在呼吸道被过滤掉。

　　室内空气中微生物的含量会受到微生物生长条件,如建筑结构、绿植、加湿器等的影响。室内微生物的组成通常与外部空气中的不同。微生物的气味是可以被感知的。某些真菌和细菌会产生令人不愉快的、典型的发霉的味道。这种气味会黏附在纺织品、头发上,随着时间的流逝,有机体枯竭,气味消失。某些细菌(如放线菌)会产生一种非常有特点的、强烈的气味。

　　在对潮湿建筑进行研究的过程中,没有发现建筑潮湿表征与室内空气中的霉菌或细菌存在显著的关联性。关于真菌与哮喘、SBS 症状之间的关系的知识非常有限。

　　通过空气传播的微生物(如病毒、真菌和细菌)存在于所有室内环境中。这些微生物既有单独的小颗粒(霉菌通常为 2~8 μm,细菌通常为 0.5~1.5 μm),也有大小不等的聚集物,还有以微生物污染颗粒的形式存在。

2.8.1　病毒

　　包括新型冠状病毒在内的呼吸道传染病的病原体大多不是独立存在的,而是被包裹在不同粒径的呼出小液滴中,这种悬浮在气体(如空气)中的含有病毒的液态或固态微粒称为病毒气溶胶。近些年,新发呼吸道传染病,如 SARS、禽流感、甲型 H1N1 流感等成为公共卫生的重大威胁。大部分由病毒引起的呼吸道传染病是在人体之间传播的,接触被感染的患者或者吸入被患者污染的气溶胶都会被传染。当患者呼吸、咳嗽和打喷嚏时,飞沫(气溶胶液滴)从患者的口、鼻中释放出来,大部分足够大的飞沫可以沉降到地面上,而小的飞沫迅速被干燥,并收缩形成飞沫核,飞沫核的主要成分为生物颗粒物,其直径很小,可以在空气中悬浮很长时间。生物颗粒物对人的危害极大,因为它可以被吸入肺的深部。当飞沫中有足够剂量的传染性微生物时,就可以感染人群。病毒飞沫的物理特性,如粒子大小、数量、初始速度对其传播扩散具有重要影响。

过去室内环境与健康领域的专家一般不将传染病问题纳入自己的研究范围。自从2003 年我国暴发由 SARS 冠状病毒引发的非典型肺炎之后,该领域的专家在经历了与非典抗争之后,将新发传染性疾病在室内环境中的传播、传染和防控纳入了学科的研究领域。在非典流行期间,我国众多的学者投入了这一研究方向。香港大学李玉国教授的研究组成功地揭示了淘大花园 SARS 暴发事件中 SARS 病毒颗粒借助空气在建筑物内部和外部传播和传染的规律。2005 年香港科技大学的一个研究小组将一种无害化的噬菌体(侵袭原核生物的病毒)制备为气溶胶状态的活性病毒颗粒,经喷雾在空气中迁移之后,该病毒颗粒成功地在一定距离之外的受体培养基中复苏存活,模拟了活性病毒在室内传播和传染的过程,为深入研究提供了重要的关键技术。

2.8.2　内毒素

内毒素是革兰氏阴性菌细胞壁外膜的组成部分,是肠杆菌科、假单胞菌科等革兰氏阴性菌(如伤寒杆菌、痢疾杆菌等)的菌体中存在的毒性物质的总称,它对维持细胞完整性和细胞功能具有重要的作用。内毒素的相对分子质量为 100~200 万,最小直径为 1 nm。它有抗原性,对热稳定,在 60 ℃下加热 1 h 不受影响,但强酸、强碱、氧化剂、强超声波可以将其破坏。内毒素的生物学活性时间大大长于细菌本身。细菌在复制时会自然释放少量内毒素,在死亡和随后的细胞裂解时释放全部膜内容物。

内毒素区别于外毒素,外毒素是由活体细菌直接以可溶物的形式分泌到外界环境中的毒性物质,而内毒素是细菌的结构组成成分之一。内毒素普遍具有脂多糖(LPS)结构,主要由 O- 特异性多糖链、核心低聚糖和脂质 A 组成(图 2-19)。这种结构是内毒素最初被发现时的结构形态。革兰氏阴性菌的脂多糖是一种具有两亲性的、热稳定的水溶性大分子,内毒素的大部分生

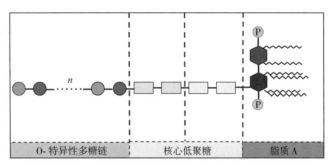

图 2-19　脂多糖(LPS)的基本结构

物学特性都与脂多糖有关,脂多糖的免疫原性与其多糖成分有关,而毒性更多地与其脂质成分(脂质 A,一种磷酸糖脂)有关。脂质 A 由葡萄糖胺、磷酸盐和几种长链脂肪酸组成,是内毒素的主要毒性组分。脂质 A 完全结合于革兰氏阴性菌的外壁,在革兰氏阴性菌细胞壁外膜的组装和功能中发挥特定作用,是革兰氏阴性菌特有的分子。不同革兰氏阴性细菌的脂质 A 结构基本相似。因此,凡是由革兰氏阴性菌引起的感染,虽菌种不一,其内毒素导致的毒性效应大致类同。

内毒素具有较强的免疫刺激作用,并可诱导炎症反应,且对机体与过敏原的炎症反应具

有辅助作用。环境中的内毒素经呼吸道吸入后,首先与 LPS 结合蛋白(LPS binding protein, LBP)结合,LBP 是一种急性期蛋白,在正常情况下,支气管肺泡间隔有少量的 LBP。LPS 与 LBP 结合后激活气道巨噬细胞 CD14 分子(CD14 是一种 LPS 结合受体),再通过与 Toll 样受体 2(TLR2)和 TLR4 结合使巨噬细胞活化,产生与释放细胞因子、化学因子和黏附分子。与内毒素暴露有关的细胞因子有 INF-α、INF-γ、IL-1、IL-5、IL-6、IL-8、IL-12、花生四烯酸代谢物等,这些细胞因子可影响 Th1/Th2 型免疫平衡。INF-γ 和 IL-12 被认为是 T 细胞分化为 Th1 细胞的必需信号, TNF-α 和 IL-5 是和 Th2 型免疫相关的细胞因子。当内毒素诱导 INF-γ 和 IL-12 的释放时,会使 Th1 型免疫上调,并下调 Th2 型免疫,从而降低过敏性疾病的风险。当内毒素诱导 TNF-α 和 IL-5 的释放时,会促使 Th2 型免疫形成,并抑制与 Th1 细胞相关的细胞因子产生,进而导致局部和全身性炎症反应并伴有中性粒细胞和嗜酸粒细胞增多,最终导致哮喘或其他特应性疾病。内毒素的诱导效应存在个体差异,有研究认为可能与 CD14、Toll 样受体基因的多态性有关。CD14/-260T 等位基因对特应性疾病有保护作用,而 CD14/-651T 等位基因则会增加特应性疾病的风险。总之,内毒素对过敏性疾病的影响仍然没有定论。

由于革兰氏阴性菌广泛存在于动植物和土壤中,因而在室内环境中内毒素几乎无处不在。生物质(如农作物、木材、动物粪便)和室内空气加湿系统中都存在革兰氏阴性菌,它们是室内环境中内毒素的潜在来源。在职业环境中,一般认为农业生产产生的灰尘含有较高水平的内毒素。此外,相关工业生产(如饮料生产、棉花加工等)也可能产生高水平的内毒素。由于内毒素存在范围广,因此在许多环境中都有可能发生吸入性暴露。人吸入内毒素会引起支气管高反应性和诱发哮喘症状,如干咳、呼吸困难、胸闷、支气管阻塞等,同时有白细胞增多、气道炎症、中性粒细胞增加等症状。内毒素暴露水平与肺功能损伤(FVC、FFV1、PEF 降低)呈剂量 - 反应关系,以前未暴露于棉尘或猪舍灰尘的个体实验性吸入棉尘或猪舍灰尘会引起肺功能改变(包括可逆性的气道阻塞),且肺功能降低与灰尘的内毒素浓度有较密切的联系。

除此之外,内毒素暴露和尘螨暴露对健康的协同效应也被学者证实,即吸入内毒素会加重尘螨过敏患者的哮喘。Michel 对 3 名轻度哮喘的尘螨过敏患者家中的室内灰尘提取物进行研究之后发现,内毒素对过敏原诱导的肺功能反应有协同作用。Eldridge 对 12 名无吸烟史的成年人进行病例 - 对照研究发现,同时暴露于过敏原和内毒素是哮喘发病的一个重要因素,还发现内毒素和尘螨在环境暴露水平上也存在协同效应。Mendy 等人在对美国 6 963 名志愿者家庭地板和床上的灰尘进行采样分析之后发现,内毒素含量低的家庭室内灰尘中尘螨过敏原的含量通常也较低。

内毒素的危险性已经被许多研究证实,但有趣的是,内毒素的保护性效应也存在相关证据。Braun-Fahrlander 等对奥地利、德国、瑞士等欧洲国家的 812 名 6~13 岁的儿童进行研究之后发现,内毒素暴露水平与过敏反应的发生负相关。Gehring 等人对阿尔巴尼亚、意大利、新西兰、瑞典和英国等多个国家的哮喘儿童进行研究之后发现,起居室地板上的灰尘中的内毒素与儿童哮喘之间存在负相关关系。

建筑特征往往对室内环境有较大的影响,进而影响内毒素暴露水平。以往的研究发现,住宅类型会影响内毒素浓度, Tran 等人发现城市公寓有较低的内毒素浓度。房屋年龄也对内毒素暴露水平有较大的影响。Douwes 等人发现 1970 年以后建造的房屋的内毒素浓度是较老的房屋的 2~3 倍。Ali 等人研究发现较老的房屋通常有更高的内毒素浓度。

由于内毒素是来源于革兰氏阴性菌细胞壁的一种物质,而温湿度对革兰氏阴性菌等微生物的生长有重要作用,所以室内温湿度影响着内毒素浓度。有研究发现室内相对湿度对内毒素浓度有重要作用,存在霉菌等现象会影响内毒素浓度,室内可见的潮湿斑块与灰尘中内毒素的浓度也显著相关。

相应地,影响室内温湿度的相关因素,如空调的使用、通风情况、供暖方式等也会影响内毒素浓度。以往的研究发现使用空调的家庭有较低的内毒素水平,通过改善住宅的供暖方式降低相对湿度可以对内毒素进行有效的控制,通风不足与灰尘中内毒素的浓度升高相关。

动物是内毒素的重要来源之一,所以室内动物的存在会影响内毒素浓度。以往的研究发现宠物饲养与室内灰尘中内毒素的含量存在正相关关系,尤其是猫、狗的存在显著提高了室内灰尘中内毒素的含量。饲养家禽和家畜的家庭有更高的内毒素浓度,拥有农场的家庭有更高的内毒素暴露水平。

有研究证明,床垫、枕头、地毯等家用物品的使用也会影响内毒素浓度。Douwes、Giovannangelo 等人均发现床垫灰尘中内毒素的浓度比客厅地板灰尘中内毒素的浓度低。Nam 等人发现枕头类型也会影响内毒素浓度,采自荞麦枕头的灰尘含有较多的内毒素。Ali 等人在对叙利亚的 457 户家庭床垫上的灰尘进行采样分析之后发现,内毒素水平随着床垫使用时长增加而降低。Salonen 等人的一项研究发现地毯的存在会影响地板灰尘中内毒素的浓度。

诸多研究发现,居住人数对室内内毒素暴露水平有很大的影响,随着人员数量增加,内毒素浓度升高。除此之外,受教育程度、经济水平和清洁习惯等因素也对内毒素浓度有较大的影响。还有研究发现吸烟和燃烧生物质燃料的家庭有更高的内毒素浓度。

国内方面,Wu 等人在台湾的一项研究发现,每天对床垫进行真空清洁可以显著降低室内内毒素浓度。Yao 等人对中美住宅建筑室内环境中内毒素和尘螨过敏原的暴露水平进行了研究,发现美国纽黑文和中国南京室内环境中存在类似的内毒素和尘螨过敏原分布。Leung 对香港的 115 例哮喘患者家庭中的床垫、卧室和客厅地板灰尘进行采样分析之后发现,室内内毒素暴露受许多家庭特征的影响,如床上用品的材质(羽毛被褥、荞麦枕头)、清洁方法和频率等。

研究案例:家庭环境内毒素暴露研究

天津大学的崔连旺等人对天津地区的一些家庭进行了入户环境检测和灰尘采集,测定了灰尘样本中内毒素的浓度,分析了影响灰尘中内毒素浓度的因素。如表 2-26 所示,天津地区内毒素浓度中位数为 3 689.10 EU/g 灰尘,最小值为 60.13 EU/g 灰尘,最大值为 11 625.30 EU/g 灰尘,城市的内毒素浓度高于农村的内毒素浓度。

表 2-26　天津地区城市和农村的内毒素浓度分布

采样地点	户数	内毒素浓度/(EU/g)					
		最小值	平均值	最大值	25% 分位数	中位数	75% 分位数
总体	352	60.13	3 590.57	11 625.30	2 075.21	3 689.10	4 870.36

续表

采样地点	户数	内毒素浓度/(EU/g)					
		最小值	平均值	最大值	25% 分位数	中位数	75% 分位数
城市	284	93.71	3 638.42	11 625.30	2 312.73	3 782.88	4 893.05
农村	68	60.13	3 390.74	9 857.85	1 857.46	3 501.55	4 649.54

表 2-27 汇总了不同国家和地区的室内灰尘中内毒素的浓度。从中可以发现,不同国家的内毒素浓度不同,相同国家不同地区的内毒素浓度也不尽相同,大部分国家和地区的内毒素浓度为 10^4 EU/g 灰尘,我国南京、台湾、香港的内毒素浓度分别为 1.5×10^5 EU/g 灰尘、9.1×10^4 EU/g 灰尘、2.42×10^4 EU/g 灰尘,本研究内毒素浓度与其他国家的内毒素浓度水平相比较低,与台湾、南京、香港等地区相比,内毒素浓度水平也较低。

表 2-27　不同国家和地区的室内灰尘中内毒素的浓度

地点	研究开展年份	灰尘样本数	内毒素浓度/(EU/g)	数值类型
越南(胡志明)	—	100	1.26×10^5	几何平均数
新西兰(惠灵顿)	1994	77	2.27×10^4	几何平均数
新西兰(惠灵顿)	2007—2008	29	1.10×10^4	中位数
丹麦	1999—2000	317	3.11×10^4	几何平均数
荷兰(乌德勒支)	2005—2008	527	1.07×10^4	几何平均数
美国(全国)	2005—2006	6 963	1.55×10^4	几何平均数
美国(全国)	1998—1999	831	3.53×10^4	几何平均数
叙利亚(阿勒颇)	2002—2003	435	2.37×10^4	几何平均数
德国(埃尔福特、汉堡)	1994	25	7.30×10^3	几何平均数
德国(埃尔福特、汉堡)	1995—1996	405	3.27×10^4	几何平均数
德国(埃尔福特、汉堡、泽布斯特、比特费尔德、赫特斯特德)	1995—1998	745	2.78×10^4	中位数
意大利(罗马) 瑞典(林克平、奥斯特桑德)	—	49 293	3.56×10^4 6.53×10^3	中位数
瑞典(韦姆兰)	2001—2002	390	5.32×10^3	中位数
瑞典(斯德哥尔摩) 荷兰 德国(慕尼黑)	2002—2003	364 347 358	1.30×10^4 1.80×10^4 2.00×10^4	中位数
中国(香港)	—	115	2.42×10^4	中位数
中国(南京)	—	—	1.50×10^5	—
中国(台湾)	—	20	9.10×10^4	几何平均数
中国(天津)	2013—2015	352	3.59×10^3 3.69×10^3	几何平均数 中位数

多因素回归分析发现,通风量、房屋年龄和荞麦枕头的使用会显著影响内毒素浓度,具体结果如表 2-28 所示。房屋年龄每增加 10 年,内毒素浓度增加 364.05 EU/g 灰尘;通风量每增

大 1 L/(s·人),内毒素浓度下降 26.41 EU/g 灰尘;使用荞麦枕头会使内毒素浓度增加 593.59 EU/g 灰尘。因此,可以通过增大通风量和减少荞麦枕头的使用来控制室内内毒素浓度。

表 2-28　多因素回归分析内毒素浓度的影响因素

影响因素	取值	定义	非标准化系数[c]	标准化系数[d]	P[a]
通风量	连续性变量	—	-26.41	-0.086	0.204
房屋年龄/年	<10 10~20 20~30 30~40 40~50	1 2 3 4 5	364.05	0.162	0.017[b]
荞麦枕头的使用	否 是	0 1	593.59	0.113	0.092[b]

[a] 多元线性回归分析。
[b] 统计结果达到显著性水平,即 $P<0.05$。
[c] 非标准化系数:带有原来量纲的系数,可以定量分析自变量对因变量的影响。
[d] 标准化系数:量纲为一的系数,使得自变量的影响之间具有可比性。

2.8.3　霉菌和细菌

霉菌在大多数条件下都存在,无论是在室外还是在室内。大量不同种类的霉菌和细菌已经被鉴定出来。在室外和室内检测出的霉菌和细菌的数量都有季节性变化,在不同的家庭环境中也有很大的不同。

室内霉菌的种类和浓度主要与室外条件相关。室内空气中细菌最主要的来源是人,因此细菌的浓度主要随居住水平变化而变化。人的活动水平和灰尘的存在也对室内空气中微生物的浓度有作用。因此,在大多数情况下,学校和住所的微生物浓度高于办公室的微生物浓度。

防止霉菌损坏的措施花费很高,而且对建筑物有较大的干扰。人们发现,结合一些简单的方法,如提高开窗率、不在室内晾晒衣物、修补漏水处、提高清洁标准、增强浴室通风、减少室内植物等,可以大大减少住宅空气中霉菌的含量。

与霉菌相关的健康问题主要与在霉菌孢子繁殖最严重的季节暴露在户外有关。据我们所知,只有少数几种霉菌会引起过敏反应,但很可能许多霉菌都存在引起过敏反应的条件。据估计,瑞典 1% 的人口对链孢霉和枝孢霉等霉菌敏感。在患有哮喘的儿童中,大约三分之一的儿童对霉菌过敏。对霉菌过敏越常见,呼吸道疾病越严重,越容易对其他过敏原过敏。相关接触是否发生在室内尚不清楚。用于过敏试验的提取物只能用于少数几种霉菌,因此真正的致敏率可能很高。

必须特别注意室内的某些霉菌,如葡萄穗霉、黄曲霉、杂色曲霉、扩展青霉,一旦检测到应立即设法除去,因为它们会产生毒素。

如果发现建筑中存在发霉的味道,有霉菌和细菌,就需要对建筑的潮湿、漏水和通风不足等问题进行调查。被微生物侵蚀的和有发霉的气味的材料必须被除去。

建筑潮湿是 20 世纪 80 年代末 90 年代初的热门话题,其与霉菌有关。20 世纪 90 年代发表了许多关于建筑潮湿与健康的关联性的文章。但潮湿从来没有被很好地定义过,它可以是空气中的水分、冷表面的凝结、漏水、霉菌的生长等。

2.8.4　尘螨

尘螨是最常见的过敏原,能引起哮喘、鼻炎和湿疹。在瑞典,20%~75% 的哮喘儿童对尘螨过敏,南部比北部比例高。

尘螨属于珠形纲里的蜱螨亚纲,广泛地分布在室内环境中,但是因为尺寸太小而经常被忽视。尘螨中会诱发人类疾病的螨类主要有粉尘螨(*Dermatophagoides farinae*)、屋尘螨(*Dermatophagoides pteronyssinus*)和欧宇尘螨(*Eurolyphus maynei*)。它们最适宜的生存条件是高湿度、适当的温度、充足的食物(主要来自人体脱落的皮屑)。尘螨过敏原主要分为第一类过敏原和第二类过敏原。第一类过敏原主要包括 Der f 1、Der p 1 和 Der m 1,它们主要来自尘螨的消化道和粪便;第二类过敏原主要包括 Der f 2 和 Der p 2,它们主要来自尘螨的粪便和身体。

在生物性污染物中尘螨被认为是最重要的污染物之一,并且自从 1964 年尘螨被证实是一种过敏原以后,各个国家陆续发现了尘螨与哮喘之间的联系,而且认为是哮喘最主要的过敏原。现代家居环境密闭性大大加强,使得室内环境的换气次数减少,多余的水汽不能有效地排出;家庭环境中毛绒物品较多,如毛绒地毯、毛绒玩具、毛绒床上用品等,这些物品给皮屑等物质的积累提供了良好的场所。这两个因素同时作用使得现在家庭环境中的尘螨浓度有了明显的提高。

因为尘螨适宜的生存条件之一是高湿度,因此尘螨在不同季节、不同国家和地区、不同的室内环境的浓度并不一致。Murray 等在 1977—1978 年对北美城市的室内环境尘螨浓度随季节的变化进行研究后发现,相对湿度与尘螨浓度之间有着显著的联系,活螨出现在相对湿度高于或等于 50% 的环境里,并且尘螨浓度的峰值并不是固定出现在每年的某一个时间段。Koragaard 在 1978 年对丹麦室内环境的尘螨暴露进行研究后发现,如果冬天室内环境的绝对湿度很低,那么即使在高湿度的夏季和秋季室内的尘螨浓度也处于不可检测的低浓度范围。Kalra 等在对英国曼彻斯特地区的尘螨浓度进行调查研究后发现,过敏原 Der p 1 的浓度在 10 月会增加 2~3 倍,并且在秋季尘螨浓度的上升伴随着湿度的上升。1992 年 Bigliocchi 等对意大利罗马的尘螨浓度进行调查研究后发现,室内环境尘螨的滋生率与相对湿度显著相关,在相对湿度为 46%~50% 时,尘螨的滋生率为 50%,当相对湿度达到 73%~78% 时,尘螨的滋生率则达到了 100%。1996 年 Carswell 等在对英国布里斯托尔北部家庭环境的尘螨浓度进行调查研究后发现,过敏原 Der p 1 随着季节的改变有显著的变化,浓度的几何平均数从 0.98 μg/g 灰尘变化到 11.00 μg/g 灰尘,研究还发现安装有双层玻璃的家庭室内环境的过敏原 Der p 1 浓度显著高于没有安装双层玻璃的家庭。Arbes 等在对美国家庭床上尘螨过敏原的浓度进行调查后发现,床上尘螨过敏原的浓度大于 2.0 μg/g 灰尘和大于 10.0 μg/g 灰尘的家庭分别有 46.2% 和 24.2%,并且卧室的高湿度与高尘螨浓度显著正相关。Pagán 等在对西班牙地中海地区的尘螨浓度进行调查后发现,靠近海岸的地区有更丰富的尘螨种类,高浓度尘螨过敏原也发现在靠近海岸的地区,研究还发现室内环境的湿斑迹象显著地与高尘螨过敏原浓度相关联。Dallongeville 等在法国的调查研究发现,室内环境的相对湿度对尘螨过敏原的浓度有显著的影响。

国内方面，20 世纪 70 年代温廷桓等在上海发现了尘螨过敏原。之后在我国各个地区尘螨研究逐渐展开。1979 年 12 月赖乃撰等对广州市区以及部分县城居民家庭环境中的尘螨进行调查后发现，床尘、屋尘和毛衣中的尘螨种类较丰富，主要种类为屋尘螨和粉尘螨。在广东，尘螨一年四季均可繁殖，并且以 1、5、6、10 四个月尘螨浓度最高。王福彭等在对南京城区的 50 户普通家庭住宅进行尘螨分布调查后发现，床垫中尘螨浓度最高，门楣、窗楣的灰尘里也有尘螨存在。在对武汉地区的尘螨进行调查后钟立厚等发现，在武汉地区 4 月至 7 月尘螨的检出率最高，为 67.4%；11 月至次年 3 月尘螨的检出率最低，为 10.2%。2005 年王永存等对海南 4 所高校的学生宿舍进行尘螨浓度检测后发现，枕头灰尘和床垫灰尘中尘螨浓度最高，并且尘螨浓度随着楼层增高而递减。张伟等对我国南北方城市的尘螨滋生情况进行调查后发现，夏季南方城市的尘螨阳性率为 37%，北方城市为 3%，两者之间的差异达到了显著性水平。为了解我国不同地理区域内尘螨的分布，刘晓宇等在 2006 年 8 月对我国不同地理区域的室内环境尘螨进行了调查，结果表明不论是尘螨阳性率还是尘螨密度，我国南部和中部地区都高于北部地区。继续对尘螨的致敏危险性进行分析发现，随着楼层增高，尘螨的致敏危险性显著下降。一项针对我国 9 个城市尘螨过敏原的研究显示，南方和中部城市尘螨过敏原的含量比北方和西部城市尘螨过敏原的含量高。Feng 等在对上海地区 30 户家庭室内环境的尘螨污染进行调查后发现，在上海有多种因素影响着尘螨过敏原的浓度，其中相对湿度的影响最显著。2011—2012 年，向莉对北京市的部分哮喘儿童家庭环境尘螨过敏原的浓度进行调查后发现，尘螨过敏原在冬季具有最高的浓度水平，室内环境过敏原 Der f 1 的浓度显著高于过敏原 Der p 1 的浓度。

室内环境的尘螨浓度不仅受空气温湿度的影响，室内通风量、建筑特征、家居用品的使用和人员的日常行为等因素也会对尘螨浓度产生显著的影响。1984 年 Harving 等对丹麦地区室内环境的尘螨浓度和影响尘螨浓度的室内环境因素进行调查后发现，过敏性疾病患者家庭室内环境的尘螨浓度高于健康家庭。室内环境的湿度与尘螨浓度显著性正相关，但是室内通风量与尘螨浓度却显著性负相关。荷兰的一项研究发现来自地毯灰尘的过敏原 Der p 1 的浓度是来自光滑地面灰尘的过敏原 Der p 1 的浓度的 14 倍；过敏原 Der p 1 的浓度会随着建筑的年龄、地面覆盖物的使用年限和室内人员数的增加而增加；具有机械通风措施的家庭床垫中过敏原的浓度比没有机械通风措施的家庭床垫中过敏原的浓度低 2 倍。加拿大的一项研究显示季节、房屋类型、房龄、供热方式、羽绒枕头的使用和家庭人员数会对室内环境的尘螨浓度产生影响。Luczynska 等发现厨房里排风扇的使用、地毯的使用时长、床垫的使用时长与过敏原浓度显著相关。Vanlaar 等在对澳大利亚干燥地区的尘螨浓度进行调查后发现，在干燥地区使用蒸发冷却空调系统会显著地增加尘螨浓度，长时间使用床垫与高浓度的尘螨过敏原显著性正相关。在北京向莉等发现，室内环境的高浓度尘螨过敏原不仅与室内环境的高湿度相关，而且家长陪伴儿童就寝也会显著地增加尘螨过敏原的浓度。

在尘螨浓度的控制方面，Arlian 等提出降低室内环境的相对湿度可以控制尘螨的生长。在一项实验中，尘螨在相对湿度为 75% 或 85% 的环境里生长 2 h、4 h、8 h 后，相对湿度变为 0% 或 35%。这样的变化持续 10 周以后，Arlian 等发现相较于持续生长在相对湿度为 75% 或 85% 的环境里的粉尘螨，生长在相对湿度变为 0% 或 35% 的环境里的粉尘螨的浓度分别下降了 98.2%、98.0% 和 97.3%。丹麦的 Harving 和瑞典的 Sundell 等人的研究表明，室内环境的通风量大可以降低尘螨浓度。Hill 等对不同床垫覆盖物、地板覆盖物和尘螨过敏原浓度之间的关系进行研究后发现,使用不透气材质的床垫覆盖物相较于使用羊皮、羊毛和棉花材质的床垫覆盖物,床垫灰尘中尘螨过敏原 Der p 1 的浓度显著地降低。Dallongeville 等对法国家庭的尘螨过敏原浓度进行调查后发现,经常清洗床单可以有效控制尘螨过敏原的浓度。Bischoff 等和 Luczynska 等发现使用低温水清洗床单可以有效控制尘螨过敏原的浓度。

基于如上研究,在尘螨控制方面形成一些共识。如果卧室里的空气相对湿度超过 35%,即使在最冷的冬季,尘螨也能安然度过,这大大增加了尘螨过敏的危险。如果卧室内窗户上的凝水高度超过 5 cm,就存在螨虫繁殖的风险。决定卧室湿度的主要因素是通风和室内人口密度。如果换气次数达到 0.5 次/h,就会降低螨虫繁殖的风险。在瑞典寒冷、干燥的气候下,最简单的除螨措施就是加强通风、开窗、晾晒被褥。尘螨也对低温(-18 ℃)和高温(寝具必须至少在 60 ℃以上洗涤)敏感,但是过敏原不会被冻死和热死。如果床单和枕套是干燥、清洁的,并有特殊的防尘螨材料覆盖,那么尘螨过敏原含量会大大减少。用杀虫剂只会产生短暂的积极影响。铺床的时候,尘螨过敏原会被搅动起来,但很快又沉降下来;床铺好后,空气媒中的过敏原也增加了 1 000 倍。空气净化器在这方面的用处不是太大,因为通过空气传播的螨过敏原含量较低。

研究案例:家庭和宿舍环境尘螨暴露研究

(一)家庭环境中尘螨暴露

天津大学的罗述刚等人对天津城市和沧州农村的 410 户家庭进行了入户环境检测和灰尘采集,测定了粉尘螨的第一类过敏原 Der f 1 和屋尘螨的第一类过敏原 Der p 1。研究发现,天津地区住宅建筑内粉尘螨的第一类过敏原 Der f 1 的浓度远大于屋尘螨的第一类过敏原 Der p 1 的浓度(表 2-29);尘螨过敏原 Der 1 和 Der f 1 的浓度主要集中在小于 5 000.0 ng/g 灰尘的区间段,Der p 1 的浓度主要集中在小于 500.0 ng/g 灰尘的区间段(图 2-20);尘螨过敏原的浓度有显著的季节性差异,秋冬季节达到最高值,最低值则出现在夏季(图 2-21);尘螨过敏原的浓度随着室内空气相对湿度的增加而上升(图 2-22),随着室内通风量的增加而下降(图 2-23);人员报告的家庭环境潮湿可以增加尘螨过敏原的浓度,尤其是发霉、污斑或褪色两种潮湿问题与高浓度的过敏原显著相关,每天清洁房间、经常开窗通风和经常晾晒、换洗被褥等习惯可以降低过敏原浓度(表 2-30)。

表 2-29 天津地区尘螨过敏原的浓度

单位:ng/g

尘螨过敏原	Der 1	Der f 1	Der p 1
平均值	2 277.1	2 125.4	136.2
最小值	100.0	100.0	10.0
最大值	43 527.4	43 411.9	5 000.0
25% 分位数	220.1	179.8	10.3
50% 分位数	799.4	689.4	24.4
75% 分位数	2 384.1	2 172.4	60.3

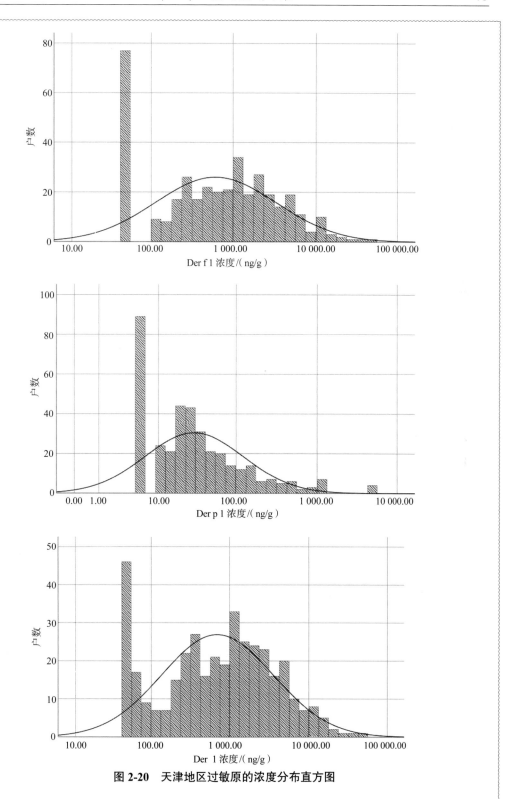

图 2-20　天津地区过敏原的浓度分布直方图

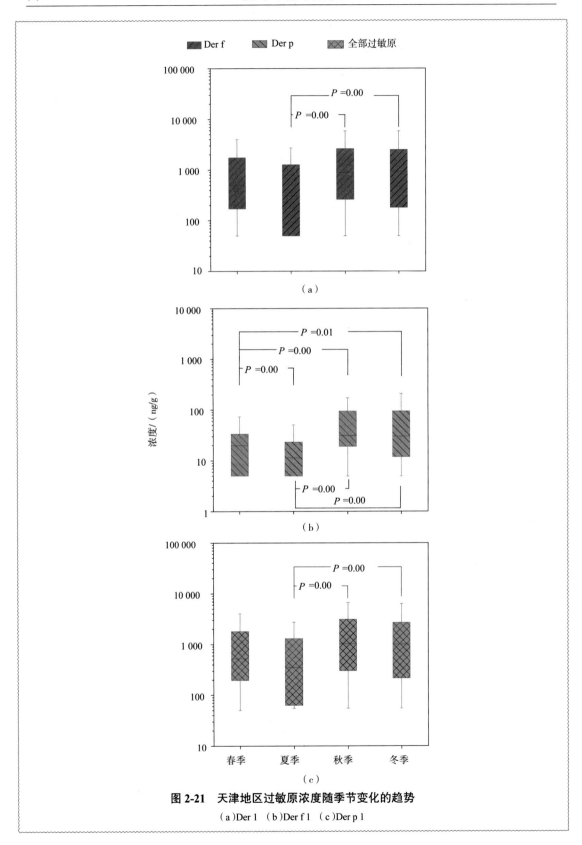

图 2-21　天津地区过敏原浓度随季节变化的趋势

（a）Der 1　（b）Der f 1　（c）Der p 1

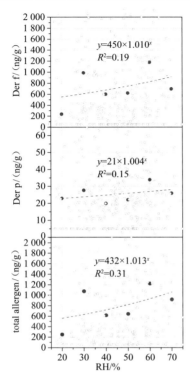

图 2-22　天津地区住宅建筑内尘螨浓度随
室内空气相对湿度变化的趋势

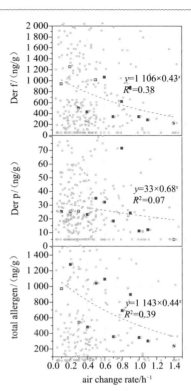

图 2-23　天津地区住宅建筑内尘螨浓度随
室内通风量变化的趋势

表 2-30　室内潮湿表征和清洁习惯与尘螨暴露风险的分析

因素	相对危险度（95% 置信区间）		
	Der f 1	Der p 1	total
霉斑湿斑	3.83（1.37,10.68）*	2.92（1.14,7.44）*	3.03（1.21,7.58）*
晾晒被褥	1.04（0.86,1.25）	0.85（0.67,1.09）	1.03（0.87,1.22）
清洁房间	0.87（0.64,1.18）	1.22（0.91,1.62）	0.86（0.65,1.13）
换洗被褥	0.66（0.50,0.87）**	0.75（0.58,0.97）*	0.70（0.55,0.90）**

（二）宿舍环境中尘螨暴露

　　天津大学的马燕迪对天津某高校的 239 间代表性宿舍进行了环境测试和灰尘样本收集，并采用酶联免疫法检测粉尘螨的第一类过敏原 Der f 1 的浓度（表 2-31）。研究发现宿舍内尘螨过敏原 Der f 1 浓度的中位数是 91.0 ng/g，最小值是 51.0 ng/g，最大值是 201.0 ng/g。分析尘螨过敏原暴露与不同影响因素之间的关联性，发现温度、相对湿度与尘螨过敏原浓度之间存在显著的正相关性（表 2-32）；通风量与尘螨过敏原浓度之间存在负相关性（表 2-32）；可疑潮湿对尘螨过敏原浓度的影响达到了显著性水平（表 2-33）。

表 2-31　尘螨过敏原 Der f 1 浓度的总体分布　　　　单位：ng/g

最小值	51.0
平均值	100.4
最大值	201.0
25% 分位数	77.0
50% 分位数	91.0
75% 分位数	125.0

表 2-32　温度、相对湿度和通风量对尘螨过敏原浓度的影响

影响因素	统计数据	
温度	相关系数	0.206
	P^a	0.003[b]
相对湿度	相关系数	0.393
	P	0.001
通风量	相关系数	−0.116
	P	0.078

[a] Speraman 分析。

[b] 相关性达到显著性水平，即 $P<0.05$。

表 2-33　环境潮湿表征对尘螨过敏原浓度的影响

环境潮湿表征		尘螨过敏原浓度中位数/（ng/g）	P^a
发霉迹象	有 无	112.5 94.0	0.221
潮湿污点	有 无	97.0 95.0	0.615
可疑潮湿	有 无	101.0 93.0	0.046[b]
水泛滥现象	有,明显 有,不明显 无	86.0 101.5 95.0	0.699
窗户凝水	>25 cm 5~25 cm <5 cm 无	136.5 106.5 101.5 95.0	0.339

[a] 非参数检验。

[b] 统计结果达到显著性水平，即 $P<0.05$。

　　图 2-24 展示了尘螨过敏原 Der f 1 的浓度随温度、相对湿度、通风量改变而变化的趋势。

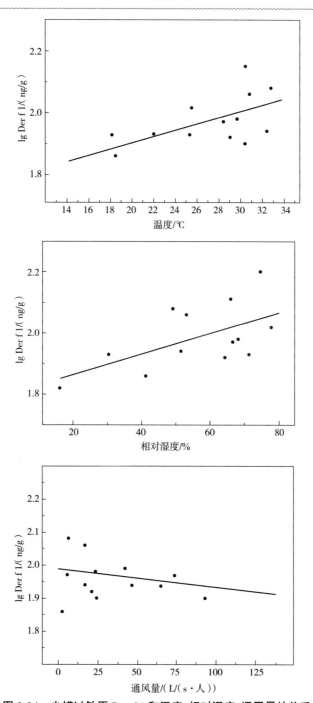

图 2-24　尘螨过敏原 Der f 1 和温度、相对湿度、通风量的关系

　　图 2-25 所示为相对湿度和通风量的关系。由图可知,相对湿度与通风量负相关,通风量增加,相对湿度降低。通风量通过影响相对湿度影响尘螨过敏原的浓度。

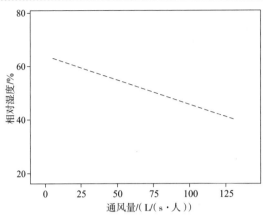

图 2-25 相对湿度和通风量的关系

鉴于通风量与尘螨过敏原浓度之间的关系,可以通过式(2-1)确定在天津地区抑制尘螨滋生的最小通风量。

$$\frac{3\,000 \times 1.3h}{2 \times (\text{indoor AH} - \text{outdoor AH}) \times Q \times 3.6 \times 24} = 1 \qquad (2\text{-}1)$$

式中　h——房间高度;

　　　indoor AH——室内空气绝对湿度临界值(通常设为 7.0 g/kg);

　　　outdoor AH——室外空气平均绝对湿度(天津地区设为 2.5 g/kg);

　　　Q——通风量。

通过计算得出在天津高校宿舍内抑制尘螨滋生的最小通风量 Q 为 10 L/(s·人)。而在 ASHRAE 标准中,宿舍内通风量标准为 8 L/(s·人)。这说明在天津地区,即使建筑通风达到标准的要求,仍无法抑制尘螨滋生。

参考文献

[1] 张庆男. 住宅建筑室内邻苯二甲酸酯暴露与健康效应的研究 [D]. 天津:天津大学,2016.

[2] 刘雨晴. 家庭环境中挥发性有机污染物暴露特征及风险评估 [D]. 天津:天津大学,2019.

[3] 程荣赛. 天津市住宅建筑室内空气质量与健康效应的研究 [D]. 天津:天津大学,2018.

[4] 王攀. 宿舍通风量与传染性呼吸道疾病空气传播机理的研究 [D]. 天津:天津大学,2016.

[5] 张庆浩. 邻苯二甲酸酯人体内暴露研究及其对儿童过敏性疾病的影响 [D]. 天津:天津大学,2019.

[6] 杨飞虎. 学校教室空气品质及通风与呼吸道感染的关联性研究 [D]. 天津:天津大学,2021.

[7] 刘伟. 高校宿舍室内邻苯二甲酸酯暴露与健康风险评估 [D]. 天津:天津大学,2022.

[8] 崔连旺. 住宅建筑室内内毒素暴露及其与儿童过敏性疾病关系的研究 [D]. 天津:天津大学,2021.

[9] 王汉军,杨旭. 21 世纪室内环境与健康学科研究的热点问题 [J]. 公共卫生与预防医学,

2007,18(3):5-7.

[10] 杜茜,温占波,李劲松.病毒气溶胶飞沫在室内环境中传播扩散机制的研究进展 [J]. 军事医学,2011,35(8):631-633,638.

[11] 罗述刚.住宅建筑室内尘螨过敏原暴露与健康效应的研究 [D]. 天津:天津大学,2017.

[12] 马燕迪.天津高校宿舍中的尘螨暴露与健康评估 [D]. 天津:天津大学,2022.

第3章　室内热环境

随着人们生活质量的提升,室内热环境对人体舒适和健康的重要性不言而喻,因此室内热环境在各个层面上越来越受到重视。ASHRAE 55—2013 和 ISO 7730—2005 是当前国际上广泛采用的衡量室内热环境质量的标准。国内普遍采用《民用建筑供暖通风与空气调节设计规范》(GB 50736—2012),其中规定人员长期逗留区夏季空调室内计算参数在22~26 ℃。传统热舒适理论认为人们仅仅被动地感知和接受室内热环境,忽略了人类长期在自然环境中生活而形成的各方面的适应能力。而适应性热舒适理论则认为,人本身具有积极的主动性,即人们不是被动地感知和接受室内热环境,而是作为主动参与者,人们能够通过自身生理、心理和行为上的调节积极适应周围的热环境。适应性热舒适模型(adaptive thermal comfort model)于 2004 年首次被引入 ASHRAE 55 标准,并用于评价和预测自然通风房间的室内热环境。

3.1　热环境和热舒适基本原理

3.1.1　影响热感觉的环境因素

当我们处在室内环境中时,室内热环境的优劣(比如空气温度、空气湿度、空气流速)可能是我们第一个感知的因素。相较于室内空气环境的健康效应,对室内热环境的感知往往是即时的,人们对室内热环境变化的感知也更加迅速。比如随着室内温度的升高、风速的提升,室内人员的舒适度、吹风感会发生基于当下的变化。

室内人员对热环境的敏感程度取决于受其行为模式影响的新陈代谢率、其衣着的热阻。人们感知的温度客观地取决于空气温度,同时包括周围建筑结构(如墙壁、地板和窗户)的表面温度。

大多数人了解其自身对热环境的真实需要和什么热环境使人觉得愉快。一个房间里的所有人并非都会对最适温度感到愉悦,个人的新陈代谢率、服装热阻和心理因素会导致不同的环境热感知。因此,探究大多数人在普遍情况下可接受的室内热环境成为学术研究和实际应用的主要目标。影响热环境的因素不可忽视,下面介绍室内热环境的评价指标。

1. 空气温度

空气温度是对人体生理变化起主要作用的环境因素,会直接影响到环境与人体的对流和辐射换热。当环境温度较高时,为维持人体体温的平衡,皮肤中的血管会随着温度升高而扩张,血流量增加,这会增强人体与环境之间的换热,从而使得机体的产热与散热达到平衡。随着环境温度继续升高,人体的立毛肌开始舒张,汗腺活动加强,此时排汗变为人体散热的主要方式。但环境温度过高时,人体的排汗机能会受到限制,汗液无法从身体中排出并带走热量,从而导致中暑。研究表明,当环境温度达到 32 ℃时,人体开始排汗,当温度升至 33 ℃时,排汗成为人体散热的唯一方式。当环境温度较低时,皮肤表层的血管会收缩,血流量减少,血压升高,人体与环境的换热减弱。环境温度继续降低时,人体的骨骼肌会不自主地战栗,以增加产热来维持人体的热平衡。在寒冷条件下,人体甲状腺激素和肾上腺激素的分泌均会增加,以增强人体代谢。

2. 操作温度

操作温度是用人的感知去量度的概念。操作温度可以根据空气温度的平均值和周围表面的辐射温度计算得到经验值。其将室内热辐射对人体热感知的影响纳入考虑,例如农村的炕和透过大窗户的阳光辐射等。在房间内没有特殊辐射(冷、热)源时,操作温度接近空气温度。

差异较大的热辐射往往被居住者认为是不愉快的。地面、玻璃、墙面的辐射温度对热环境的塑造是很重要的,其将影响室内温度的感知和室内热环境的建筑能耗。较低的温度和气流引起的直接健康问题有:关节和肌肉疼痛,抑制肌肉的功能。过高的温度可能让人感到疲倦、身体不适,注意力降低。热环境也能间接影响人的免疫能力。

经验表明,人们不接受吹风感,人们宁愿没有合理的通风(关闭通风口),以避免吹风感导致的过冷。该问题的解决方案是将空调末端装置放置在更适当的位置(窗口的顶部)或预热供气。

3. 空气湿度

相对湿度表示在特定的温度下空气含有的水分与在此温度下空气可能含有的最多水分的比值。空气相对湿度会直接影响人体皮肤表层的蒸发散热。在高温时,人体散热以排汗为主。室内空气相对湿度过高会严重影响汗液的排出,使人体的热量无法散出而导致产热大于散热,易使人体内积热而出现过热不舒适或中暑。在低温时,过高的空气相对湿度会加速机体的散热,同时高湿度会使衣物吸收空气中的水分,从而使人体与环境的导热性增强。此外,人体的辐射热会被空气中的水蒸气带走,人体的冷感会增强。寒冷会给人体的生理调节机能造成障碍,使人体热平衡失调。但在室内温度适中时,空气相对湿度对人体的影响并不大,湿度改变 50% 仅类似于空气温度改变 1 ℃。

寒冷的室外空气含有极少量的水,但其相对湿度较高。当此类空气进入建筑物被加热时,其相对湿度下降。例如, 1 m³ 空气中有 1 g 水,在建筑物室内温度为 20 ℃时,相对湿度为 6%,在建筑物室内温度为 -15 ℃时,相对湿度则为 80%。

在大多数室内环境中,室内湿气最重要的来源是人,人在低水平活动时每小时散发出40 g 水。如果室内有吸湿的表面,室内湿度可以稳定在一个小范围内。室内湿度高是有害的,会促进微生物和螨生长。43% 的女性和 17% 的男性认为办公室中的空气干。研究表明,产生这种感受常因为空气受到污染或太热而非物理上的干。干空气抱怨和病态建筑综合征之间有很密切的关系。

除非生产所需,否则不建议对室内空气进行加湿。1988 年的健康建筑会议对空气加湿有如下描述:"出于健康原因一般不推荐加湿。加湿会引起副作用,例如尘螨的繁殖、军团病、超敏症状。'干燥空气'症状应该用加湿以外的其他方法处理。若对特殊的个体、环境、工艺,选择性加湿是必需的,那么选择一种安全的技术是很重要的。"

4. 空气流速

空气流速会对人体与环境的对流换热和蒸发换热产生影响,高温时可以适当加大送风,低温时则需要减少吹风感。在高温情况下,风速对过高的温度有一定的补偿作用,能加快机体的散热、散湿,从而增强人体的舒适感;在低温环境下,过大的风速同样会增加机体的散热,让人产生吹风感,不利于人体热舒适。风速过小时,较暖的环境会让人产生皮肤紧绷、眼睛干涩、呼吸不顺畅等不舒适的感觉。适宜的风速更利于房间的通风,有利于营造健康的室内空气环境。

流动的空气(气流)可能以自然或机械方式进入房间。人们运动和启用设备(如风扇等)也会引起空气流动。

当空气温度低于 24 ℃时,在室内可以接受的最高空气流速是 0.15 m/s。当空气温度高于 24 ℃时,较高的空气流速也是可以接受的。在办公环境中,16% 的女性和 4% 的男性抱怨有吹风感。

3.1.2 热感觉和热舒适

热感觉是人对周围环境是冷还是热的主观描述。热感觉不能采用任何直接的方法测量,只能采用主观评价的方式描述。主观评价方式要求被测人员按照某种等级化的标度进行调查,这种方法称为热感觉投票(thermal sensation vote,TSV)。表 3-1 列出了目前国际国内广泛应用的两种热感觉标度。1936 年,英国人 Thomas Bedford 提出了第一种标度——贝氏标度,这种标度认为热舒适和热感觉没有区别。此后,ASHRAE 提出了七级热感觉标度。这种标度的优点在于不仅能够定性地研究热感觉,而且能够定量地对热感觉进行评价。其准确地衡量热感觉,从而把空气干球温度等环境参数与人体的热感觉结合起来,了解主观热感觉和客观环境参数之间的关系。ASHRAE 热感觉标度中的中性指的是处于不冷不热的状态,此时人体的产热量和散热量相等,体温保持恒定。

表 3-1　贝氏标度和 ASHRAE 热感觉标度

贝氏标度		ASHRAE 热感觉标度	
7	过分温暖	3	很热
6	太温暖	2	热
5	令人舒适的温暖	1	有点热
4	舒适(不冷不热)	0	中性
3	令人舒适的凉快	-1	有点冷
2	太凉快	-2	冷
1	过分凉快	-3	很冷

ASHRAE—55 2013 中对热舒适的定义为:人体对周围的热环境满意,这种意识状态即热舒适。热舒适的感觉不仅是生理上的,同时也是心理上的,人体通过自身生理和心理上的综合作用评价周围的热环境是否舒适。对热感觉和热舒适之间的关系,学界有两种不同的看法。一种观点以 Gagge 和 Fanger 等为代表,其认为:热舒适和热感觉是相同的,人体达到

不冷不热的中性状态为舒适,贝氏标度和这种观点吻合。另一种观点则认为:热舒适和热感觉不相同,热舒适是伴随着热不舒适的消失而产生的,当人体获得一个外来快感的刺激时,其并不一定处在中性环境中,比如当人从严寒的室外进入室内时会感觉到很舒服。因为热感觉和热舒适分离现象的存在,研究人员在现场测试中通常通过热舒适投票(thermal comfort vote, TCV)来评价热环境是否舒适,如表 3-2 所示。

表 3-2　热舒适投票

3	十分舒适
2	舒适
1	有点舒适
0	还好
−1	有点不舒适
−2	不舒适
−3	十分不舒适

3.1.3　人体热平衡方程

人体热调节是热舒适研究的重要组成部分,其发展基础是人体与外界环境的热量交换。人体热调节模型将环境因素和生理因素对人体热舒适的影响结合起来,可以预测出不同热环境条件下人体的生理反应,并可以由此判断人体的热舒适情况;此外,该模型还能反映出人体与外界环境的换热情况。人体由于自身的新陈代谢会不断产热,维持机体功能,同时人体又会通过多种方式(对流、辐射、蒸发等)向周围环境传递热量,人体为了自身的体温正常,必须使产热和散热基本保持平衡,式(3-1)为人体热平衡方程。

$$M - W - C - R - E - S = 0 \tag{3-1}$$

式中　M——人体能量代谢率(W/m^2);

　　　W——人体所做的机械功(W/m^2);

　　　C——人体外表面向周围环境通过对流方式散发的热量(W/m^2);

　　　R——人体外表面向周围环境通过辐射方式散发的热量(W/m^2);

　　　E——汗液蒸发和呼出的水蒸气带走的热量(W/m^2);

　　　S——人体蓄热量(W/m^2)。

1. 人体能量代谢率

人体四周气温的变化会影响到人体的新陈代谢,虽然在一定的温度区间内人体的新陈代谢率保持不变,但是只要超过这个范围,无论四周空气温度是上升还是下降,人体的新陈代谢率都会提高。人体的新陈代谢率还会受到其他非环境因素的影响,例如肌肉活动强度、性别、神经紧张程度等,其中影响最明显的是肌肉活动强度。可以通过式(3-2)来计算人体能量代谢率。

$$M = 21 \times (0.23RQ + 0.77) V_{O_2} / A_D \tag{3-2}$$

式中　RQ——呼吸熵,单位时间内呼出二氧化碳和吸入氧气的物质的量之比;

　　V_{O_2}——0 ℃、101.325 kPa 下单位时间内消耗氧气的体积(mL/s)；

　　A_D——人体皮肤表面积(m^2)。

表 3-3 给出了成年男子在不同活动强度下的新陈代谢率，其中 1 met= 58.2 W/m^2。

表 3-3　成年男子在不同活动强度下的新陈代谢率

活动类型	新陈代谢率	
	W/m^2	met
睡眠	40	0.7
躺着	46	0.8
静坐	58.2	1.0
站着休息	70	1.2
在办公室打字	65	1.1
站着，偶尔走动	123	2.1
步行，0.9 m/s	115	2.0
步行，1.2 m/s	150	2.6
步行，1.8 m/s	220	3.8
打网球	210~270	3.6~4.6

2. 人体机械效率

人体活动强度同样影响人体机械效率。人体对外做功的机械效率可用式(3-3)表示。

$$\mu = W/M \tag{3-3}$$

式中　μ——人体机械效率。

在大部分情况下人体机械效率较低，只有 5%~10%，很少超过 20%，对很多活动，人体机械效率为 0。

3. 人体对流换热量

人体外表面向周围环境通过对流方式散发的热量可以用式(3-4)表示。

$$C = f_{cl}h_c(t_{cl} - t_a) \tag{3-4}$$

式中　f_{cl}——服装面积系数；

　　　h_c——对流换热系数(W/(m^2·K))；

　　　t_{cl}——衣服外表面温度(K)；

　　　t_a——人体周围空气温度(K)。

4. 人体辐射换热量

在一般建筑室内环境中，大多数表面只发射长波辐射。在长波辐射范围内，可将人体与环境表面均按照灰体表面进行处理。人体和环境表面的长波辐射换热方程如下：

$$R = \epsilon f_{cl}f_{eff}\sigma(t_{cl}^4 - t_r^4) \tag{3-5}$$

式中　ϵ——人体表面发射率；

f_{eff}——人体姿态影响有效表面积的修正系数；

σ——斯蒂芬 - 玻尔兹曼常数（5.67×10^{-8} W/（$m^2 \cdot K^4$））；

t_r——环境的平均辐射温度（K）。

5. 人体蒸发换热量

1）人体皮肤的蒸发散热量

人体皮肤的潜热散热量和环境空气的水蒸气分压 p_a、皮肤表面的水蒸气分压 p_{sk}、服装的潜热换热热阻 $I_{e,cl}$ 等有关。人体皮肤能达到的最大潜热换热量 E_{max} 可用式（3-6）表示。

$$E_{max} = \frac{p_{sk} - p_a}{I_{e,cl} + 1/(f_{cl}h_e)} = h_{e,t}(p_{sk} - p_a)$$（3-6）

式中　E_{max}——人体皮肤能达到的最大潜热换热量（W/m^2）；

p_{sk}——皮肤表面的水蒸气分压（kPa）；

p_a——环境空气的水蒸气分压（kPa）；

$I_{e,cl}$——服装的潜热换热热阻（$m^2 \cdot kPa/W$）；

h_e——服装表面的对流质交换系数（W/（$m^2 \cdot kPa$））；

$h_{e,t}$——综合考虑了服装的潜热换热热阻和服装面积系数的总潜热换热系数（W/（$m^2 \cdot kPa$））。

式（3-6）反映的是完全被汗液润湿的人体皮肤的潜热散热量，只有在总排汗量远超过蒸发量时才能保证人体皮肤的每一部分都是湿润的，因此除了在一些极端条件下，实际人体皮肤的蒸发散热量 E_{sk} 小于 E_{max}，可用式（3-7）表示。

$$E_{sk} = E_{rsw} - E_{dif} = \omega E_{max}$$（3-7）

式中　E_{sk}——人体皮肤的蒸发散热量（W/m^2）；

E_{rsw}——汗液蒸发散热量（W/m^2）；

E_{dif}——皮肤湿扩散散热量（W/m^2）；

ω——皮肤湿润度。

皮肤湿润度表示实际人体皮肤的蒸发散热量与在同一环境中由于皮肤完全湿润而产生的最大散热量的比值，相当于湿皮肤表面积与皮肤表面积之比。在舒适条件下皮肤湿润度可用式（3-8）表示。

$$\omega = \frac{M - W - 58.2}{46h_e[5.733 - 0.007(M - W) - p_a]} + 0.06$$（3-8）

2）人体的呼吸散热量

人体的呼吸散热量主要包括显热散热量和潜热散热量两部分。其中显热散热量 C_{res} 可用式（3-9）表示。

$$C_{res} = 0.0014M(34 - t_a)$$（3-9）

潜热散热量 E_{res} 可用式（3-10）表示。

$$E_{res} = 0.0173M(5.867 - p_a)$$（3-10）

6. 人体蓄热量

人体生理性体温波动的上限值为 40 ℃，下限值为 35 ℃。在稳态条件下，人体的散热量和产热量相等（即人体蓄热量为 0）。当人体的余热量难以排出时，便会在体内蓄存起来，导致体温上升。当体温超过 38.3 ℃时，人体会发生轻度中暑；当体温超过 40 ℃时，停止出汗，出现重度中暑。当人体散热过多时，也会感到不适，核心体温下降的症状是呼吸和心率加快，出现头痛等不适反应。

3.2　传统热舒适模型

根据 Fanger 的研究成果，ASHRAE 在 20 世纪 80 年代提出了新的标准化测量与评价室内热环境的方法（ISO 7730）。该方法使用指标 PMV（predicted mean vote，预期平均投票）和 PPD（predicted percentage of dissatisfaction，预期不满意百分率）描述和评价热环境。ISO 7730 标准综合地考虑了人体活动强度、衣服热阻、空气温度、平均辐射温度、空气流速和空气湿度等 6 个因素的影响。人体为满足对热环境的需求，主要进行热量交换，以感知周围的热环境；同时为了使得体温处于正常范围内，人体在生理调节范围内需要维持产热与散热平衡。

1976 年，Fanger 教授在美国与丹麦收集了 1 396 名受试对象的热感知数据，提出了在稳态环境中表征人体冷热感的评价指标 PMV，其计算方法如式（3-11）所示。

$$PMV=[0.303\exp(-0.036)M+0.028]\{M-W-3.05\times10^{-3}[5\ 733-6.99(M-W)-p_a]-$$
$$0.42(M-W-58.15)-1.7\times10^{-5}M(5\ 867-p_a)-0.001\ 4M(34-t_a)-$$
$$3.96\times10^{-8}f_{cl}[(t_{cl}+273)^4-(t_r+273)^4]-f_{cl}h_c(t_{cl}-t_a)\}$$

（3-11）

PMV 是在稳态环境（在实验室内模拟的空调环境）下研究得到的，其仅能用来预测在该环境下人员的热感觉。由于个体之间存在着生理上的差异，人与人对相同环境的感知存在差异，故 Fanger 教授又提出了一个用于评价环境的指标 PPD。

PPD 和 PMV 之间的定量关系如式（3-12）所示。

$$PPD=100-95\exp[-0.033\ 53PMV^4+0.217\ 9PMV^2)]$$

（3-12）

PPD 和 PMV 之间的函数关系如图 3-1 所示。

由图 3-1 可见，当人体的热感知为不冷不热，即 PMV=0 时，对应的 PPD 为 5%，这意味着即使人体主观感知到周围环境处于热中性状态，仍有 5% 的人认为周围的热环境不能使他们满意。ISO 7730 中对 PMV-PPD 评价指标的推荐值为 PPD<10%（-0.5 ≤ PMV ≤ 0.5），这意味着按照该标准进行热环境营造，仍有 10% 的人觉得不满意。我国相关标准中规定，采暖与空气调节室内热舒适性指标为 PPD≈26%（-1 ≤ PMV ≤ 1）。

Fanger 教授提出的 PMV-PPD 评价指标适用于稳态条件，与实际建筑中的热环境有较大的差异。因此，国内外均有研究者进一步研究真实环境下的热感觉评价指标。

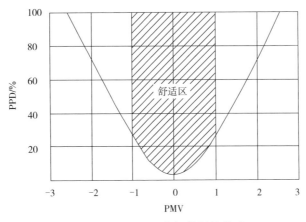

图 3-1　PPD-PMV 之间的函数关系

3.3　适应性热舒适模型

　　Fanger 教授提出的 PMV-PPD 评价指标在预测稳态建筑热环境和提供设计标准方面取得了很大的成就，但已有研究表明其在预测自然通风建筑时出现了较大的偏差。造成这一现象的主要原因为稳态热舒适模型忽略了人的生理、心理和行为对热环境的适应能力。1976 年，Humphreys 和 Nicol 根据大量的现场实测数据分析结果提出了适应性热舒适模型，并解释了 PMV-PPD 模型在自然通风建筑中失效的原因。他们认为如果室内环境让人们不舒适，人们会积极适应室内环境，以达到舒适状态。Humphreys 还提出，在自然通风房间和空调房间中，热中性温度和室外气候之间存在线性关系。

　　20 世纪 80 年代，de Dear 和 Brager 进一步研究了适应性热舒适原理，提出人不再是周围环境的被动接受者，人能够通过自身反馈来积极适应周围的环境。他们还将热适应机理分为生理适应、心理适应、行为适应三个部分。

　　在适应性热舒适理论中，以往的热经历使得人员产生对相应环境的热期待是适应性热舒适不可忽视的作用因素之一。例如在四季分明的地区，尽管春、秋季的室内环境较接近，但由于春、秋季的前一季度冬、夏季的气候特征差异较大，导致春季与秋季人们的热期待存在差异，秋季的热中性温度高于春季。当环境偏离人体可接受的范围时，人们往往会主动采取一些适应性行为（增减衣物、开关门窗、操作空气调节设备等），以改变环境达到舒适状态。人体的生理适应往往指的是人体强制性的反射活动，比如血管扩张、出汗等行为，是无意识的不受控制的活动。

　　自 1998 年首次发布自适应模型并提出 ASHRAE 55 自适应舒适性标准，有较多研究团队试图通过建立预测模型修正实际热感觉与预测热感觉的偏差，以期更加准确地预测人员的热感知，其中包括 Fanger 等人的 ePMV、Gao 等人的 eSET 和 aSET、Yao 等人的 aPMV、Schweiker 等人的 ATHB 模型。澳大利亚学者 de Dear 在其适应性热舒适模型的综述中，将上述努力称为试图消除经典 PMV 模型的预测舒适温度和现场研究中实际观察到的舒适温度之间的"剪刀差"，如图 3-2 所示。下面对各适应性模型进行深入的介绍和分析。

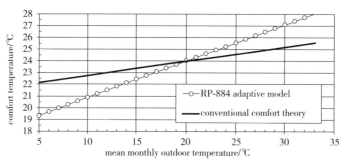

图 3-2　适应性热舒适模型与传统热舒适模型的结果对比

3.3.1　ePMV 模型

Fanger 和 Toftum 提出了 PMV 模型的扩展模型——ePMV(expected percent of dissatisfaction to mean vote)模型。它是根据人体的热舒适感受和环境因素来评估室内热舒适性的,其核心思想是人体具有适应能力,即人体适应了某种环境条件后,对该条件的感受将相应地发生变化。该模型将人体适应能力分为两个方面:适应幅度和适应速度。适应幅度是人体在适应某种环境条件后,感受到的热舒适度相对于初始状态的改变量;适应速度是人体适应某种环境条件所需的时间。该模型减小了输入的代谢参数,并引入了一个期望系数 e,更适用于位于暖热气候区的非空调建筑。

Fanger 等人在 ASHRAE RP-884 项目的测试地点中选择了 4 个城市(曼谷、布里斯班、雅典和新加坡)进行 ePMV 模型的重新计算。该研究对重新计算结果与传统模型结果进行对比发现,传统 PMV 指标中偏向温暖侧投票人员的新陈代谢率比重新计算结果高 6.7%。根据这一发现对传统模型进行修正,将原始 PMV 模型乘以期望系数得到中间 PMV 模型,即 ePMV 模型。其核心思想为当室内环境偏向温暖时,人员的新陈代谢率将下降。对非空调建筑的居住者来说,期望系数的数值通常被认为在 0.5~1,其大小取决于人员在温暖环境中暴露的时间长短和建筑与空调建筑的区别大小,e 值越大,意味着人员对室内环境的舒适度预期越高。如果该地区全年都很温和,而且有空调的建筑很少,那么 e 可以下调到 0.5;如果使用空调在当地是一种常见的现象,则 e 可能上升到 0.7。如果在有空调建筑的地区,夏季有短暂的温暖期,e 将被假定为 0.9~1.0。在该研究中对温暖地区非空调建筑的预期系数进行了规定,具体如表 3-4 所示。

表 3-4　温暖地区非空调建筑的预期系数

期望程度	非空调建筑分类		期望系数 e
	空调	温暖时期	
高	空调普遍存在	在夏季短暂存在	0.9~1.0
中	有一些空调	夏季	0.7~0.9
低	空调很少	全年	0.5~0.7

然而,de Dear 在其对适应性热舒适模型的综述文章中对 ePMV 模型提出了质疑。他认

为居住者感到温暖时非自主性降低身体活动强度从而导致新陈代谢率降低的前提条件在以往的研究中并未得到证实;当热感觉投票为 +3(热)时,人员至少需要降低 20% 的新陈代谢率,以达到热舒适状态,而在 ePMV 模型中均采用相同的新陈代谢率。尽管该模型存在争议,但作为适应性热舒适的初始研究,不能否认其在生理习服研究方面的奠基作用。

3.3.2 aPMV 模型

Yao 等人在适应性热舒适研究中引入了反馈的概念,利用黑箱控制方法计算得到 aPMV(adaptive predicted mean vote)模型。该研究并未进行原理性研究,而是聚焦于模型的修正,复杂的人体生理、心理和行为适应导致的实际与预测热舒适的差异仍然包含在适应性热舒适原理的黑箱中。

黑箱控制方法(其具体原理和完整操作细节仍然未知)的具体操作为根据进入黑箱的信息与反馈得到的指令之间的逻辑和统计关系来研究黑箱。其具体实施方法为对黑箱给予刺激(系统输入),然后观察黑箱的反应(系统输出),从而建立系统输入与系统输出之间的统计关系,最后用数学方法来表达这种关系并开发黑箱的数学模型。在 aPMV 模型中,黑箱理论被应用于适应性热舒适模型的研究,其对稳态热舒适模型的描述如图 3-3 所示。

图 3-3 稳态热舒适模型

人体暴露于热环境时会通过生理习服等方式作出反应。人体的温度调节系统将帮助人体在变化的环境中达到热平衡,同时人员可以主观地表达热感觉。当居住者在环境中感到不适时,居住者会应用适应性行为实现热舒适。Yao 提出了自适应预测平均投票指数,该指数将人们的心理和行为适应作为表达人员的热感觉的主要影响因素。与传统热舒适模型类似,aPMV 模型对身体中生理变化的过程并未进行原理性研究,生理适应包含在黑箱模型中,同时心理和行为刺激会给出负的适应性反馈,例如穿/脱衣服、打开/关闭窗户、打开/关闭风扇或加热器和喝热/冷饮等行为。模型预测的热感知和真实的热感知之间的差异被标记为心理和行为的影响,并作为一个负的适应性反馈返回 PMV 模型的计算中。该调整被量化为适应性系数 λ,在温暖或炎热的环境中 λ 为正数,而在寒冷的条件下 λ 为负数。λ 的绝对值越大,表明心理和行为适应对 PMV 模型的修正作用越大。对 PMV 模型进行修正的自适应预测平均投票模型的公式如下:

$$aPMV = \frac{PMV}{1 + \lambda \times PMV}$$ (3-13)

该方法构成了中国室内热环境评价标准的基础,GB/T 50785—2012 以大规模的现场问卷调研与环境检测为基础,确定了中国不同气候区的适应性系数。但 aPMV 模型与 ePMV 模型具有相同的弊端,即采用实际平均投票修正 PMV 模型,对适应性热舒适机理的研究缺位导致其逻辑的可靠性降低。

3.3.3 ATHB 模型

Schweiker 和 Wagner 提出了一个适应性热平衡框架 ATHB 模型,其使用服装热阻来代表行为适应和人体的新陈代谢率。ATHB 模型的核心思想为对生理和心理适应过程进行量化,将适应性热舒适方法与现有热平衡模型相结合。该模型除了根据三个适应性过程调整 PMV 模型中服装热阻与新陈代谢率的输入值,还引入了室内环境和室外环境对人员感知的影响。评估结果表明,对自然通风建筑和空调建筑,ATHB 模型能够更加准确地预测人员的热感知。

该模型建立在适应性行为可以直接影响室内环境参数(如空气温度、湿度、流速等)这一理念上。在 PMV 模型中该理念已经被纳入考虑范围,因此这些行为适应并不属于该框架对传统热舒适模型的调整因素。该模型根据室外平均温度与服装热阻的关系确定直接影响热平衡模型的服装热阻输入量。由于研究的缺位和尚未形成定论,该模型未考虑下意识或有意识地调整姿势对服装热阻的影响。在 ATHB 模型中,依据标准 EN 15251 中的室外平均温度 T_{rm} 调整 CLO,公式如下:

$$CLO_{behavioural\ adaptation} = a + T_{rm} \times b \qquad (3-14)$$

式中: $CLO_{behaviroural\ adaptation}$ 是服装热阻; a 和 b 是根据实际环境计算得到的系数; T_{rm} 是室外平均温度。

该模型在生理适应方面的调整体现为在温暖环境中,人们可以调整到更高的出汗率,同时为降低热负荷而降低新陈代谢率,具体计算公式如下:

$$MET_{physiological\ adaptation} = (T_{rm} - c) \times d \qquad (3-15)$$

式中: $MET_{physiological\ adaptation}$ 是生理适应导致的新陈代谢率调整; c 和 d 是根据实际环境计算得到的系数; T_{rm} 是室外平均温度。

在心理适应方面,该模型对人员对环境的自由控制程度进行了量化,其逻辑为人们在感受到更少的室内环境控制机会的环境中与在认为自己拥有更多的室内环境控制机会的环境中的热感受不同,以量化热舒适环境中的心理因素,具体计算公式如下:

$$MET_{psychological\ adaptation} = (X - e) \times f \qquad (3-16)$$

式中: $MET_{psychological\ adaptation}$ 是心理适应导致的新陈代谢率调整; X 是初始新陈代谢率; e 和 f 是根据实际环境计算得到的系数。

ATHB 模型对 PMV 模型中的两个与人有关的输入参数,即衣服的隔热性和人体的新陈代谢率进行了调整。尽管该模型根据心理期望对新陈代谢率进行了调整,但心理适应对人体热舒适的影响远不只这些,这一问题尚未完全得到解决。此外,ATHB 模型的假设性和复杂性使得其在实际应用中存在较多的阻碍。

3.3.4　与室外气候相关联的适应性热舒适模型

在现场适应性热舒适研究中, de Dear 和 Brager 总结提出的与室外气候相关联的适应性热舒适理论广泛被国际学者认可,在国内的适应性热舒适研究中,该模型也被广泛应用。其核心内容为将室内热中性温度与室外气候相关联,并建立线性回归模型。该模型建立在人员与室内环境的关系反转的基础上,人员不再被认为是热环境的被动接受者,而是可通过自身的反馈系统与室内环境互动的具有主观能动性的人员。在适应性热舒适研究中,人员在生理习服、心理适应和行为调节三个方面与环境产生互动作用。在非稳态环境中,在人员对室内热环境产生的不舒适感作为适应性作用的驱动力下,适应性动作得以展开,其目的为使人员重新达到热舒适状态。下面对适应性热舒适模型的三个重要影响因素进行详细分析。

1. 生理习服

生理习服为人体的组织、器官为应对外界热湿环境的变化而相应发生的生理变化,其中体温调节系统起到主要调节作用。人体体温调节为循环反馈调节,人体感受到环境热或冷,如人体处于热不平衡状态时,身体将调动循环系统使人体核心温度维持在舒适、健康的范围内,并使人体维持正常工作状态。皮肤温度和核心温度为体温调节系统中的两个重要参数,核心温度存在正常波动范围,当室内热环境影响人体热平衡时,首先会影响到皮肤温度,然后导致核心温度变动,使得体温调节系统开始工作。

生理习服可根据过程的区别分为三类:其一为进、出室内微气候时,室内、外温度变化而导致的习服过程,比如夏季从很热的室外环境进入较凉爽的空调房间,在生理上短时间适应温度变化;其二为在季节特征转换明显的地区,人员在不同季节有不同的耐热性,其生理适应也存在季节性差异;其三为长期热经历变化导致的习服过程,人员有较长期的跨越气候区的生活经历时,由于气候背景的变化可能导致生理习服过程的差异。

2. 心理适应

在适应性模型中,心理调节和热经历形成的热期望被认为是影响人员热感知的主要因素。研究热期望等心理因素与实际热感觉之间的关系有助于解释预测热感觉投票(PMV)与实际热感觉投票(TSV)之间的差异。在现场实测的热舒适研究中,大量关于心理调节驱使的行为调节的结论具有超越地域的共性。

其一为接近原则,气候特征更鲜明的季节(时间段)会对下一个相似季节(时间段)的行为模式和环境偏好产生影响,并且在相近的季节(时间段)中适应性行为存在滞后性。比如刘红等人在对过渡季节的适应性热舒适研究中发现,尽管秋季和春季的室内外温度相似,但热经历的影响导致春季的热中性温度(21.11 ℃)低于秋季的热中性温度(23.83 ℃)。

其二为热期望效应,即热期望会影响人员的适应性行为决策,行为决策倾向于塑造环境以满足热期望。例如,针对热环境可接受度的研究发现人们对温暖环境的接受度在冬季高于夏季。在集中供暖期间,如果室内供暖不足,居民会选择投诉,以提高室内供暖温度;而当过热现象迎合了人们对冬季温暖环境的热期望时,尽管可能存在过热不适,居民也不会选择进行过热投诉。热期望是行为调节的重要驱动因素之一,对建筑环境的能耗有非常重要的影响。

其三为调节边界效应,当环境参数过度超出 80% 可接受区间时,适应性行为(包括生理、行为和心理调节)对改善热舒适的影响会减弱,除非行为调节直接作用于环境。

心理适应能力决定了人员在偏离热中性环境下采取适应性行为的驱动力,不同的群体在不同的环境场景中存在不同的心理趋势。

3. 行为调节

行为调节是当人员认为热环境超出可接受范围或环境使人感到不舒适时,主动对环境或自身作出调整,以恢复热中性感受和人体热平衡。根据作用对象,适应性行为分为作用于人员和作用于环境两种类型,前者的调整具有一定的延迟性,并且调整范围有一定的局限性,比如服装调整、喝水等行为;后者作用于热湿环境,其改变往往是更加直接、更加有效的,比如使用空调、风扇等。Humphreys 和 Nicol 提出人们对环境的掌控程度越高,自我调节的方式越多,就越容易适应周围环境。同时人员的行为调节与所处场景有较大的关联,比如办公建筑对人员的服装有所要求,导致服装热阻调整自由度降低;在住宅建筑中,人员行为的自由程度远远高于公共建筑,对环境的掌控程度也更高。因此,探究不同场景下人员的适应性行为模式有利于理解人员在该场景中的热舒适需求。

　　研究不同人员在不同场景中的生理、心理、行为适应能力与倾向,有利于营造满足人体热舒适需求的热环境,并可能在此前提下降低人员对采暖或空调的依赖,提升建筑能量利用率。

3.4　室内热环境对健康的影响

　　研究发现因病死亡率存在季节性变化,在冬季死亡率显著升高。心血管疾病(CVD)导致的死亡人数占冬季超额死亡人数的大多数(在一些国家高达 70%),老年人是心血管疾病致死的重灾区。在挪威,心血管疾病(包括缺血性心脏病和脑血管疾病)导致的死亡人数约占死亡人数的 46%。心血管疾病相关死亡约有 90% 发生在 65 岁以上的人群中。

　　我国正面临着日益严峻的人口老龄化形势,2015 年底,我国超过 65 岁的人口达到1.438 6 亿人,占全国人口的 10.5%。老年人的居住环境与个人的健康、幸福指数息息相关,良好的居住环境也能在一定程度上减轻政府的医疗保障与养老服务负担。

　　一项由欧盟参与支持的大型研究调查了温暖和寒冷地区冬季与缺血性心脏病、脑血管疾病、呼吸系统疾病相关的死亡率,主要关注点为冬季的寒冷暴露。这项研究发现,在温暖地区,在冬季住宅较冷、穿衣服较少且户外活动较少的人中,随着温度降低,死亡率升高。对挪威和爱尔兰进行的一项关于冬季超额死亡率的比较研究有类似的发现。这两个国家在人口统计学上的心血管疾病死亡率相近,但气候不同。1993 年,挪威和爱尔兰的人口分别为4 312 000 人和 3 563 000 人,1985—1993 年心血管疾病造成的死亡率分别为 45% 和 47%。爱尔兰心血管疾病造成的死亡率的季节性变化更大,最低夏季值平均比最高冬季值低45%,而挪威为 30%。

　　虽然有强有力的间接证据表明,房屋标准和室内气候可能是影响冬季超额死亡率的重要因素,但这是不是正确的仍然是一个问题。特别是像挪威这样房屋标准被认为是相当高的国家,还需要进一步的研究来确认这些因素是否真的对冬季超额死亡率有影响。考虑到人类从生理学的角度来看是热带动物,人们可能会在大多数人认为温暖的环境条件下感到寒冷,这也是非常合理的。

　　尽管房屋标准对室内气候有一定影响,但在隔热不良的房屋中也可以通过一些措施保持温暖的室内气候。同样,在隔热良好的房屋中也可以有寒冷的室内气候。因此,了解个人日常行为模式的不同方面,特别是与体温调节行为和家庭供暖习惯有关的方面变得十分重要。对在室内度过至少 95% 的时间的人,其家中的不利气候条件可能导致冬季死亡率过高。

　　老年人由于身体机能退化,对环境的适应调节能力下降。在夏季,老年人对高湿度(阴雨天气）的热适应敏感程度较高,有研究表明,如果在夏季热舒适研究中排除阴雨天气数据,老年人的热中性温度对比全数据有所降低,这说明老年人在高湿度的环境下需要更高的温度才能保证热舒适。同时有研究表明,室内昼夜温度范围会影响人体的热舒适度。对住宅建筑来说,虽然没有可接受的温度和湿度变化的标准,但室内温湿度的日变化很大也会影响老年人的热舒适度。

除了住宅热环境,教室热环境也应引起关注。中小学生大约 30% 的时间是在教室内度过的,因而教室环境与学生的身心健康和学习绩效密切相关。夏季室外温度相对较高,而教室内人员密度较大,当缺少有效的通风、降温措施时,教室内温度往往较高,舒适性较差,不利于学生学习。一些研究显示,在无空调设备的教室内,夏季平均温度可达 28 ℃,有些甚至超过 33 ℃,夏季教室环境有待改善。随着经济和技术的发展,中小学校开始逐步为教室配备分体式空调等,以改善夏季教室环境。由于未成年人的心理特征、生理发育程度与成年人有区别,学生对热环境的需求不同于成年人。一些研究结果显示,相同地区中小学生的热中性温度较成年人低,学生对偏冷的环境有较强的适应能力。

针对温度对工作效率的影响,国内外学者进行了大量研究。普遍认为适当的冷刺激可以提高人们的工作效率,当人们的热感觉为中性或稍凉时工作效率最高。22~25 ℃ 是最合适的温度区间。当温度超过 25 ℃ 后,工作效率逐步下降。

有研究表明当教室温度过高时,学生易感到闷热难受、心情郁闷,注意力难以集中,不利于学习。当教室温度由 25 ℃ 降低至 20 ℃ 后,小学生的两项数学计算和两项语言测试成绩显著提高。对生理与心理已经趋于成熟的大学生来说,教室温度对其思维表现也有一定的影响,在温度偏离 26 ℃ 时,大学生的记忆表现变差。夏季高温对学生的学习效率有一定的负面影响。

研究案例:住宅与教室适应性热舒适研究

（一）天津地区住宅热舒适和建筑空调使用行为研究

随着居民生活水平的提高,我国家用空调保有量快速增加。家用空调有效改善了住宅室内热环境,同时也影响着居民的热感觉和热舒适。一方面,相较于稳态办公环境中的人员,空调住宅内的人员可采取更多的自我调节措施,如开门、开窗、开关空调、更换服装等,因此人员的耐热力好于稳态办公环境中的人员;另一方面,相较于非空调住宅内的人员,空调住宅内的人员采用空调作为降温调节措施,人员的耐热力差于非空调住宅内的人员。

2016 年,天津大学的宋阳瑞对天津市 41 户家庭（至少装有 1 台空调）的热环境和空调使用情况进行了研究。对研究对象的选择综合考虑了住宅楼层、朝向和地理位置等因素,楼层基本位于 1~20 层,均匀分布于天津市 6 个区,所选测试对象有一定的典型性和代表性。每户家庭选择 1 位成员作为受试者参加研究,通过网络平台向其发放电子问卷,采集其主观热感受和空调使用行为等信息,同时在空调出风口放置温度传感器记录空调操作行为。

空调启停行为从一个角度反映了居民的热感觉:当室内温度超过 27.6 ℃ 时,室内人员的热忍耐力超过阈值,开启空调降温;当室内温度降到 23.3 ℃ 时,室内人员感到冷,不舒适,此时关闭空调。因此,可以将 23.3~27.6 ℃ 看作夏季空调工况下使人员感到舒适的温度区间。适应性热舒适理论认为,人员感到舒适的温度随室外温度变化而变化,为了验证这一结论,研究人员对不同室外温度下的空调启停温度进行了对比,结果如图3-4所示。

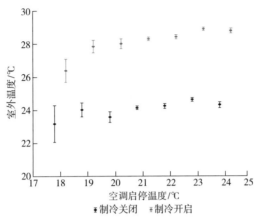

图3-4　空调启停温度随室外温度的变化

由图3-4可以看出:随着室外温度升高,空调的开启和关闭温度都在升高,说明人们的耐热力和舒适温度区间都在提高,该结果很好地验证了适应性热舒适模型。

该研究共收回有效电子问卷1 697份,在七级热感觉投票中,中性热感觉投票占比最高,为44.8%。将稍凉(−1)、中性(0)、稍暖(1)划分为对室内热环境可接受范围,得到人员对室内热环境的可接受率72.5%。对室内温度以0.5 ℃为区间进行划分,计算每个温度区间内热感觉投票的平均值,记为平均热感觉投票MTS,绘制平均热感觉投票MTS和室内温度t_i关系的散点图,如图3-5所示,拟合方程为

$$MTS = 0.226\ 1t_i - 5.589\ 1\ (R^2 = 0.913\ 4) \tag{3-17}$$

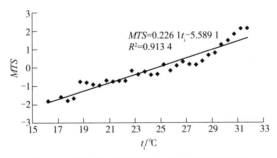

图3-5　平均热感觉投票与室内温度的关系

由图3-5可以看出:平均热感觉投票和室内温度之间存在很强的线性关系($R^2 = 0.913\ 4$),当平均热感觉投票为0时,计算得到室内温度为24.7 ℃,即天津地区居民的热中性温度为24.7 ℃。拟合直线的斜率为0.226 1,小于ASHRAE-2013标准中规定的0.27。在热舒适研究中,该斜率值越大,表示人们对环境的耐热力越差。ASHRAE-2013标准中的数值是基于大量办公环境数据得出的,因此天津地区住宅室内人员比办公建筑室内人员耐热力好。

将热感觉投票 1、0、-1 划至可接受范围,将其余热感觉投票划至不可接受范围,得到热不可接受率 TU(thermal unacceptability)和室内温度的拟合关系,如图 3-6 所示。

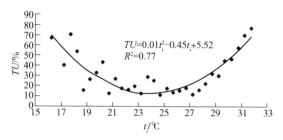

图 3-6　热不可接受率与室内温度的关系

将所有数据按月划分,采用温度区间法计算每个月室内热中性温度 t_n 和室外主导温度的平均值,回归得到天津地区适应性热舒适方程,如图 3-7 所示。

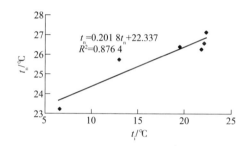

图 3-7　天津地区适应性热舒适方程

(二)天津地区小学教室热环境和热舒适研究

不同国家、地区的小学生对教室环境有不同的热需求和热感知,这些差异主要由当地的教学设施、气候背景导致。同时小学生的新陈代谢率高于相同活动水平下的成年人,这可能导致其对教室环境的要求与成年人有所不同。因此,根据小学生的真实热环境需求来构建教室热环境有利于提高其学习效率,促进其身心健康。

2021 年,天津大学的张朝琦对天津市某小学 8 间教室的热环境进行了研究,环境监测和调研涵盖夏季、秋季和冬季。环境数据包括建筑基本信息、教室热环境参数和测试期间天津室外气候参数等,其中建筑基本信息包括教室朝向、教室楼层、教室尺寸、空气调节形式、室内人员数量和位置等。

每间教室安装 5 台温湿度记录仪,仪器安装在书桌不会受到太阳直射的一侧,安装高度为 75 cm 左右。监测方式为长期 24 h 连续监测,仪器每隔 5 min 自动记录一次数据。

为不打扰正常的课堂秩序,该研究通过班主任发放纸质问卷获取学生的主观评价,发放频次为 2 次/d。问卷调查分为背景信息和热感知两个部分。背景信息部分包括受试者的身高、体重、年龄、性别等基本信息。热感知部分包括热感觉投票(thermal sensation vote)、热偏好投票(thermal preference vote)、热可接受度投票(thermal acceptability vote)和热舒适投票(thermal comfort vote),以上主观投票标度详见表 3-5。问卷也采集了学生的衣着情况、调研时的活动水平和适应性行为等数据。

表 3-5　主观投票标度

类别	投票标度
热感觉投票（TSV）	-3 很冷，-2 冷，-1 凉爽，0 刚刚好，1 有点暖，2 温暖，3 热
热偏好投票（TPV）	-1 期望凉爽，0 期望不变，1 期望温暖
热可接受度投票（TAV）	-1 可以接受，1 不可以接受
热舒适投票（TCV）	1 舒适，2 有点不舒适，3 不舒适，4 非常不舒适

受试者平均年龄为 10.2 岁，最大年龄为 13 岁；身高主要分布在 130~170 cm；体重主要分布在 25~65 kg。受试者服装热阻情况如表 3-6 所示。

表 3-6　受试者服装热阻情况

季节	mean	SD	max	min
夏季	0.29	0.08	0.79	0.15
秋季	0.93	0.29	2.08	0.4
冬季	1.1	0.3	2	0.4

测试期间室内温度变化情况如图 3-8 所示。

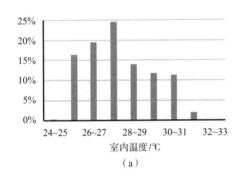

（a）

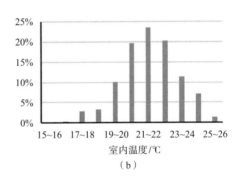

（b）

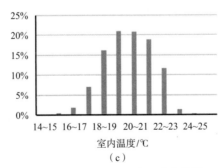

（c）

图 3-8　测试期间室内温度变化情况

（a）夏季　（b）秋季　（c）冬季

夏季平均热感觉投票与室内温度的关系如图 3-9 所示。

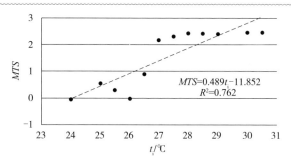

图 3-9　夏季平均热感觉投票与室内温度的关系

其拟合关系式为

$$MTS=0.489\,t_i-11.852\,(R^2=0.762)\tag{3-18}$$

由式（3-18）可见，平均热感觉投票与室内温度之间有较显著的线性关系，$MTS=0$，即平均热感觉为中性时,计算得到天津市小学教室环境夏季热中性温度为 24.24 ℃。

按照以上方法对秋季和冬季的平均热感觉投票与室内温度进行拟合,绘制两者之间关系的散点图,如图 3-10 和图 3-11 所示。

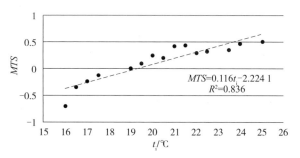

图 3-10　秋季平均热感觉投票与室内温度的关系

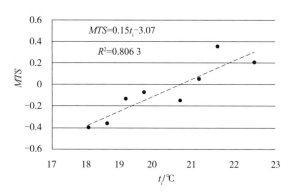

图 3-11　冬季平均热感觉投票与室内温度的关系

秋季热中性温度为 19.26 ℃,冬季热中性温度为 20.46 ℃。

将天津地区的教室环境热舒适研究与其他地区的教室环境热舒适研究进行对比,具体数据如表 3-7 所示。对比相同气候区高校（北京）与小学（天津）环境的热舒适数据可发现,无论夏季、秋季还是冬季,儿童受试者均有着更低的热中性温度,这一发现证明了成年人与儿童对教室热环境的需求存在明显的差异。该研究与类似的针对教室环境的热舒适研究均发现夏季儿童对室内温度变化更加敏感,针对成年人的研究也发现了该现象。

表 3-7　天津地区与其他地区的教室环境热舒适研究对比

研究者	研究对象	研究地点	建筑地区	季节	热中性温度/℃	80% 可接受温度/℃	期望温度/℃	MTS 方程系数
张朝琦	小学生	中国天津	郊区	夏季	24.24	22.5~27.4	22.67	0.489
			郊区	秋季	19.26	23~26	21.37	0.116
			郊区	冬季	19.78	18.53~23.52	20.41	0.15
de Dear 等	小学生	澳大利亚	郊区、市区	夏季	22.58	21~28.1	22.22	0.38
李百战等	小学生	中国重庆	市区	冬季	19.12	14.04~24.2	—	0.167
罗明智等	小学生	中国重庆	市区	夏季	27.2	25.5~29.8	—	0.392
蒋婧	小学生	中国西北地区	农村	冬季	13.9	12.8~16.9	—	—
李敏等	高校生	中国北京	市区	夏季	26.9	25.4（90% 下限）	—	0.341
				秋季	23.5	20.7~26.3（90% 区间）	—	0.177
				冬季	22.9	19.9~25.8（90% 区间）	—	0.172

　　将测试得到的天津地区小学教室环境现场实测调研问卷按照夏、秋、冬季进行划分(测试月份为 6、10、12 月),计算得到各月测试期间的室外 7 天加权平均温度,其值分别为 25.3 ℃、14.2 ℃、0.9 ℃。将室内热中性温度与室外 7 天加权平均温度对应,可回归得到天津地区小学教室环境适应性热舒适方程,如图 3-12 所示。

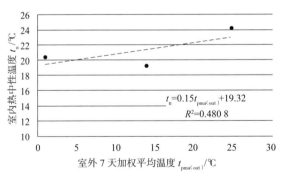

$$t_n = 0.15 t_{pma(out)} + 19.32$$
$$R^2 = 0.480\,8$$

图 3-12　天津地区小学教室环境适应性热舒适方程

　　该模型强有力地揭示了室内人体热舒适与室外气候之间的关联,与传统模型相比,该模型中的室内热中性温度随着室外气候改变而改变。该模型的成立进一步说明了传统热平衡类型的热舒适的局限性,对室内适应性热舒适的营造具有重要意义。

3.5　建筑能耗与热环境

3.5.1　集中供暖实际情况与标准对比

《民用建筑供暖通风与空气调节设计规范》（GB 50736—2012）只对严寒地区、寒冷地区和夏热冬冷地区进行了供暖室内设计温度规定，而对温和地区和夏热冬暖地区没有进行集中供暖设计规定。具体供暖设计温度和实测温度如表 3-8 所示。2018 年在哈尔滨地区进行的研究结果表明，冬季供暖期室内温度经常超过 24 ℃，过热供暖现象在严寒地区经常发生。在寒冷地区，城市住宅温度基本符合设计温度。但在没有集中供暖的夏热冬冷地区，无论城市还是农村，住宅温度都远低于设计温度。刘红等人在南京、武汉、重庆三地对非空调供暖居住建筑进行实地调研，共收集 4 000 余份样本，结果显示在 12 月至次年 2 月期间，非供暖住宅平均室温为 12~15 ℃，大多数居民感觉偏冷。可以发现在有供暖需求的建筑分区，冬季气候越恶劣，室内供暖（包括集中供暖和个人供暖）情况越好。

表 3-8　设计温度与实测温度对比

地区	设计温度/℃	城市住宅实测温度/℃	设计温度/℃	农村住宅实测温度/℃
严寒地区	18~24	23.6~25	14	13.5~15.8
寒冷地区	18~24	16.2~23.61	14	11.3
夏热冬冷地区	16~22	11.78	—	8.6

在无集中供暖但有供暖需求的住宅建筑（多集中于夏热冬冷地区）中，供暖装置的使用情况具有复杂性和灵活性，比如电暖炉、空调、壁挂炉等组合使用。清华大学的朱颖心等在北京地区对集中供暖用户与采用壁挂炉供暖用户进行研究，发现采用壁挂炉供暖用户对衣着的调节更积极，对室内环境感到更满意，希望室温保持现状的人数比集中供暖住户多，对热环境的接受度更高。近年来随着经济的发展，越来越多的住户和住宅建筑采用个人采暖（尤其在夏热冬冷地区），比如燃气源地板辐射供暖。尽管壁挂炉存在着使用成本高的缺点，但其对改善冬季室内环境有着显著的作用，因此壁挂炉供暖将成为未来夏热冬冷地区冬季供暖的主要途径之一。

在严寒地区，居民集中供暖常出现过热现象，居民的舒适要求得到过度满足后反而产生了过热不舒适的情况，但过热满足了居民的热期待，使居民缺少改变过热不舒适现状的动机与意愿，倾向于通过适应性行为（开窗等）来降低室内温度，造成了资源浪费的现状。过热现象在寒冷地区没有研究报道，冬季城市住宅热环境整体与规范（GB 50736—2012）范围相一致。但有研究指出不同质量（围护结构的保温性能和供热质量）城市住宅的热环境存在差异，并且出现了住宅热环境质量与住宅质量成正比的情况。各个质量层级的居民均对环境基本满意，表明了居住者对室内微环境具有较强的适应性。

从节能的角度看，在严寒地区应根据实际室内温度来调整供热量，统筹协调规划，有效避免过热供暖造成的资源浪费。在严寒地区和寒冷地区，可对住宅建筑根据建筑质量进行分级,根据建筑达到设计温度的实际需求供热量进行分级供暖。要达到相同的室内温度,质量高的建筑需要的供暖量更少。根据建筑质量分级供暖有利于高效利用能源达到不同质量建筑内居民的热舒适。对夏热冬冷地区的居民,冬季室内环境较恶劣,而改装旧建筑和独户供暖的时间成本和金钱成本较高,这可能是阻碍居民采取行之有效的室内整体供暖措施的原因之一。尽管使用电暖炉、空调等可以提升冬季室内热舒适程度,但电暖炉具有空间限制性,空调具有热干燥性,不利于长期人体热舒适和健康。因此,燃气壁挂炉等清洁能源独户供暖将成为主流选择。

3.5.2　非供暖期人体热中性温度与室内平均温度对比

我国住宅建筑以混合模式和自然通风模式为主,这使得住宅环境在非供暖期为非稳态热环境(混合模型),居民对非供暖期民用住宅建筑具有更加自由的控制程度,各类规范对非供暖期混合模式住宅建筑的室内温度范围没有明确的建议值。天津大学的孙越霞等人综述了5个气候区住宅建筑的室内热环境,将室内平均温度值与热中性温度进行对比,以观察实际热环境与热中性环境的偏差。其结果如表3-9所示。

表3-9　热中性温度与实测温度对比

地区	热中性温度/℃	城市住宅实测温度/℃	热中性温度/℃	农村住宅实测温度/℃
严寒地区	23.7	26.9	—	—
寒冷地区	25.3	28.6	22.53	34.9
夏热冬冷地区	24.25	28.98	24	—
夏热冬暖地区	25	29	24	29.5
温和地区	22.7	23	—	—

全国各个区域之间尽管夏季气候环境差异显著,但由于居民行为调节对室内热环境起到调节作用,城市与农村、区域与区域之间室内平均温度并无明显的差异,严寒地区与夏热冬暖地区室内平均温度差值仅为2.1 ℃。这说明住宅环境为居民提供了行为高度自由化的空间,有利于居民打造更加舒适、趋于动态平衡的热环境。

虽然各个区域的夏季室内平均温度趋于一致,但室内最高温度则随着室外气候变化。与普遍认知不同,我国的严寒地区与寒冷地区夏季并不凉爽,但夏季热高峰较夏热地区短。从夏季室内温度来看,温和地区最符合居民夏季对较低室温的偏好。夏季各个气候区城市住宅的热中性温度均随着实测温度升高而升高,夏热地区夏季供冷需求较高。与此同时,各个气候区均存在夏季通过自然通风难以实现热舒适的现象,空调制冷成为实现室内热舒适不可忽视的手段。有学者通过分析夏热冬暖地区代表性城市居住建筑的现场调研数据得到夏热冬暖地区城市住宅分体空调的设定温度范围为24.5~27.8 ℃。对天津地区(寒冷地区)混合模式住户进行空调启停温度调查发现,空调供冷平均开启温度为27.6 ℃,平均关闭温度为23.3 ℃。空调设定温度不仅与居民的热舒适息息相关,也会影响空调能耗。李百战等对长江流域的热舒适研究发现,根据适应性热舒适模型将空调设定温度从26 ℃调整到27.5 ℃,将减少16.5%的空调能耗。在夏季,空调供冷对夏热地区,甚至寒冷和严寒地区是必不可少的。

应当根据实际室内热环境、现场实测研究、气候室研究建立数据库,进行居民空调供冷负荷预测,智能控制空调启闭和设定温度,在满足人体热舒适需求的前提下,避免空调温度设定过低导致的能源浪费。同时应当保留居民对环境的控制权,Humphreys 等人认为在建筑环境中人们进行主动调节的机会越多,其对周围环境的适应能力越强,这意味着居民对环境的掌控力越高,对环境的可接受区间越宽。

尽管我国的标准是根据现场研究制定的,但不同气候区的气候情况不尽相同,都存在居民热舒适性和建筑环境负荷配合问题带来的节能空间。节能空间通常出现在各个气候区气候特征最强烈的季节(供暖或供冷需求最大的季节),例如严寒地区的冬季、夏热地区的夏季等,气候比较温和的季节用于调节室内热环境的建筑负荷较低,同时热满意率比较高。改善各个区域气候较恶劣的季节,提升居民的热舒适性,在建筑能耗高峰季节合理制定、落实因地制宜的规范将成为建筑节能的重要举措。

参考文献

[1]　宋阳瑞. 天津地区住宅热舒适与人员调节行为研究 [D]. 天津:天津大学,2017.

[2]　张朝琦. 天津地区小学教室环境适应性热舒适研究 [D]. 天津:天津大学,2023.

[3]　朱颖心. 建筑环境学 [M]. 北京:中国建筑工业出版社,2015.

[4]　SUN YUEXIA, ZHANG CHAOQI, ZHAO YUXUAN, et al. A systematic review on thermal environment and thermal comfort studies in Chinese residential buildings[J]. Energy and buildings,2023,291:113134.

[5]　BRAGER G S, DE DEAR R J. Thermal adaptation in the built environment: a literature review[J]. Energy and buildings,1998,27(1):83-96.

第4章 室内电场和磁场环境

电磁场是电场和磁场的合称,既有低频的也有高频的。电场与电压相关联,其强度单位为伏特/米(V/m)。磁场与电流相关联,其强度在大多数情况下用磁通密度表示,单位为特斯拉(T)。

人们怀疑电磁场可能会增加患疾病,如白血病等的风险,但没有科研数据支持。总而言之,关于电磁场的健康效应需要更深入的研究。

即使科学研究并没有为规定电磁场强度阈值提供基础,但官方往往制定了预防原则。如果成本合理,措施有效,那么可以采取一定的措施减少电磁场暴露。至于新建电气装置和建筑,应提前规划,以限制电磁场暴露。

关于移动通信电磁辐射的问题受到广泛关注,包括移动电话及其服务基站。对移动电话的使用是否存在健康风险,人们展开了广泛的研究,但可用于风险评估的结果非常有限。需要指出的是,来自移动电话服务基站的无线电强度比移动电话的还要弱,基站附近的电磁场强度与广播电视塔是同一级别的。

4.1 电磁场的定义

任何交流电周围都会产生交变的电场,交变的电场会产生交变的磁场,交变的磁场又反过来产生交变的电场,交变的电场与交变的磁场相互垂直,并以源为中心向周围空间以一定的速度传播,即为电磁辐射。电磁辐射按其来源主要分为两类,即天然电磁辐射(如雷电、宇宙射线、火山喷发、地球磁场等)和人为电磁辐射(如各种家电、高压变电站、高压输电线、广播电视塔、通信和雷达发射设备、电力系统等)。天然电磁辐射对人体没有损害效应,真正对人体有有害健康效应的是人为电磁辐射。人为电磁辐射主要分为工频电磁辐射(50/60 Hz,即高压变电站和高压输电线)和射频电磁辐射(3 kHz~3 GHz,包括广播电视发射系统、移动通信系统等)。

4.2 电磁场暴露源

电磁场来源于两个方面:天然电磁场和人工电磁场。天然电磁场由地球磁场和宇宙射线等产生;人工电磁场由雷达、广播电视塔、通信设备、高压输电线、家用电器、电动工具和医疗设备等产生。在一般情况下,人类工作和生活的环境中天然电磁场的强度远低于人工电磁场,且人类是在天然电磁场的环境中进化的,所以人工电磁场是影响人类健康的主要因素,下文提及的电磁场均指人工电磁场。

在科学技术快速发展的背景下,我国民众受电磁辐射呈现出以下三个特点。第一,广泛性。电力设施工频电磁场、广播电视和手机基站射频电磁场等已经覆盖了全国的各个城镇和农村,电器设备也已成为人们工作、生活的必需品,从而使得民众不同程度地暴露于人工电磁场中。第二,不可避免性。电磁辐射在传播中具有反射、折射、衍射、散射等传播规律和一定的穿透能力,除远离暴露源外,人们很难通过其他主观行为来减少电磁场暴露。第三,持久性。迄今为止,人们周围的电磁场暴露源有增无减,加上缺乏有效的防护措施,使得民众持续地暴露于电磁场中,且暴露甚至可以持续终生。

电磁场暴露的广泛性和不可避免性造成暴露人群基数非常大,电磁场暴露的持久性使其潜在的累积效应可能被不断放大。在巨大的暴露人群基数下,即使电磁场暴露只有轻微的健康损害,也会对公众健康产生极大的影响。

4.2.1 工频电磁场

工频电磁场是一类由交变电流产生的极低频电磁场,主要来源于各种电压等级的输电线和用电设备。输电线产生的工频电磁场的强度取决于输电线的电压、半径和与输电线的距离。高压输电线会产生几十微特斯拉量级的工频电磁场,但是随着与输电线距离的增大,电磁场强度急剧降低。

各种电器设备是人们在建筑物中受到的工频电磁场辐射的主要来源。与输电线产生的工频电磁场相比,电器设备产生的工频电磁场具有能量低、波动大的特点,但是其与人们的工作、生活关系密切,且距离近、接触时间长,已成为影响人体健康的主要电磁场暴露源。在一般情况下,带有电动马达的电器(如剃须刀和吹风机等)表面会产生很强的工频电磁场,强度最高可达几十微特斯拉。

4.2.2 射频电磁场

射频电磁场指波段为一的电磁场,主要来源于雷达、广播电视发射台、手机基站等。目前我国手机基站的信号电磁场已覆盖全国多个省区、市、县,成为最主要的射频辐射源。但是距离基站越远,电磁辐射强度越小。在理想的情况下,某一点的电磁辐射强度与该点到天线的距离的平方成反比。民众距离基站超过几十米,处于基站的远场辐射区,受到的电磁辐射非常小。

手机的使用人数呈不断上升的态势,目前全球有几十亿人使用手机。手机是低功率射频发射器,其功率峰值为 0.1~2 W。它的辐射只在使用时才产生,并且在信号接通前达到最大值。在使用手机时天线紧贴着耳朵,头部距离天线只有 2~5 cm,处于手机的近场辐射区,受到的电磁辐射比较大。

4.3 电磁场对人体各方面的影响

研究表明,长期的电磁场暴露对人的免疫系统、血液系统均有一定的影响;儿童肿瘤的发生与居住地有高强度电流设施有显著的相关性;另外,有实验将仓鼠的肺细胞暴露于电磁场数小时,发现细胞受到损伤。

4.3.1 对内分泌系统的影响

相关研究表明,电磁辐射对垂体、甲状腺和肾上腺等内分泌器官的激素分泌有一定的影响。有研究发现,在无线电广播发射塔、电视转播站等地工作的人群血清中甲状腺素、三碘甲状腺原氨酸、促甲状腺素的含量较一般人群高。还有调查显示,高电磁场暴露的人群肾上腺素、皮质醇和去甲肾上腺素的含量较一般人群高。

4.3.2 对神经系统的影响

国内外职业卫生调查报告显示,电磁辐射对神经系统的影响可能表现为对人们社会行为和学习记忆能力的改变,甚至会导致暴露者出现神经衰弱症候群等神经行为。有报道指出,记忆力减退和神经衰弱是电磁场高暴露人群的常见症状。调查显示,高电磁场暴露人群神经行为测试的疲惫 - 惰性、紧张 - 焦虑、困惑 - 迷茫得分较非暴露人群高很多。研究表明,儿童自闭症的发生与镜像神经元发育受损有相关性,而电磁辐射对婴儿的镜像神经元发育影响较大。有学者对长期电磁场暴露人群的心理状况进行跟踪调查,发现长期电磁场暴露的受试者不同程度地出现各种不适,同时其记忆力、理解力和注意力均有所降低。这些研究可能提示电磁场暴露对人们的心理状态、学习能力和行为能力等均有一定的影响,往往表现为对手部作业能力和作业效率的影响。

国内外已有关于电磁场暴露对暴露人群神经症状发生情况影响的研究。有学者选择在高压输电线附近生活的 73 名居民作为研究对象(电磁场暴露组),同时随机选择 37 名不在高压输电线附近生活的居民作为对照组,通过实验室检测和问卷调查分析发现,电磁场暴露组的神经衰弱阳性率显著高于对照组,问卷调查结果显示电磁场暴露组的记忆力减退发生率显著高于对照组。

1992 年,美国劳工部的一个有关家用电器、电线和视频显示终端电磁场与健康相关性的研讨会指出,目前还没有证据证明家用电器设备产生的极低频电磁场对人们有明确的健康风险。1994 年,美国医疗协会发布的有关电磁辐射对健康影响的风险评估报告称,日常剂量的电磁辐射不会对健康产生显著性危害。但是目前国外也有相关报道认为,家庭来源的工频电磁场,如家庭取暖设备等产生的电磁场可能影响居民健康。

4.3.3 对免疫系统的影响

许多流行病学调查报道,电磁场暴露会对机体的免疫系统产生相应的影响,具体影响包括白细胞数量、白细胞介素活性和相应受体的表达、血清免疫球蛋白活性等的改变。有学者对长期在高电压环境中工作的某铁路分局的 192 名职工进行观察发现,与对照组相比,观察组血清 IgG、IgA 含量,淋巴细胞、白细胞数量均较低,差异有统计学意义($P<0.05$)。

研究发现,长期电磁场暴露的人群免疫球蛋白与补体(如 IgM、IgG、IgD)水平都显著低于对照组,且补体水平与暴露时间负相关,补体 C3 和 IgA 均值与暴露时间高度负相关($P<0.05$)。

白细胞计数是反映机体免疫功能的指标,有学者进行人群流行病学调查发现,环境电磁辐射强度较高的地区 14~18 岁中学生的外周血白细胞总数下降,但并未发现环境电磁辐射与心电活动的明显相关性,这提示电磁辐射暴露可能影响人们的免疫功能。

4.3.4　对血液系统的影响

电磁辐射对血液系统的主要影响是对血细胞数量和质量的影响。由于血液系统较敏感，长期电磁场暴露后影响较明显。朱绍忠等对高压输电线的相关工作人员进行血细胞检测发现，这些人员的红细胞、血红蛋白和血小板水平均高于对照组，比较有统计学意义（$P<0.05$）。英国有研究者对居住在高压输电线 200 m 以内的儿童进行调查发现，这些儿童的白血病发病风险显著高于距离为 200~600 m 组的儿童（RR 值分别为 1.69 和 1.23），这提示高压输电线工频电磁场暴露可能导致儿童患白血病的风险增加。

4.3.5　对心血管系统的影响

电磁场对心血管系统影响研究的主要对象是职业暴露人群，如电气化作业工人、电力公司工人、电力机车司机等。目前已有的研究表明，电磁场暴露对职业暴露人群心血管系统的影响主要表现为心血管相关指标异常，循环系统症状加重，相关疾病发生率升高。

近年来人们心血管疾病的患病率逐年升高。血脂异常是心血管疾病（如心绞痛、心肌梗死等）的重要危险因素，血脂异常可导致动脉粥样硬化，从而发生各种心血管疾病。血脂异常往往比较隐匿，许多患者在出现临床症状之前血脂就已经异常了。有研究表明，电磁场暴露可改变细胞膜上的离子分布，从而干扰体内的脂质代谢通路。电磁辐射对机体的血脂代谢的影响，各研究结果差异较大，有研究报道暴露于电磁场的钢厂职工的血脂水平和胆固醇水平均较低。电磁辐射对心血管系统的影响还表现为对心脏电生理活动的影响。有学者监测无线电发射站工作人员的心脏电活动情况时发现，监测对象的 24 h 心率变异性低于对照组，动脉血压高于对照组。也有学者研究发现，人们在 900 MHz 的环境中心电图、心率、收缩/舒张压、皮肤温度等与对照组相比没有明显的改变。

4.3.6　对生殖系统的影响

生殖系统对电磁辐射比较敏感。电磁辐射可能损伤睾丸的结构和功能，降低精子的密度和活力，提高畸形率等。睾丸和附睾精子的损伤主要与氧化应激、细胞凋亡和能量代谢异常等有关。研究表明，家用电器产生的工频电磁场对孕妇的畸胎、自然流产率、胎儿发育迟缓等均有一定的影响，电磁场职业暴露对男性精子的数量、质量和畸形率等均有一定的影响。流行病学调查显示，电磁辐射可能降低人的性功能和生育能力。丁晓萍等进行生殖健康调查发现，从事短波和雷达相关工作的人员精子畸形率高于对照组，且畸形率与接触电磁波的距离、频率和强度有关，结果显示出一定的剂量 - 反应关系，接触时间长、频率高、距离近，防护措施不当等是精子畸形的危险因素。

研究发现手机辐射可导致精子功能退化，研究认为手机发出的射频电磁波可增强精子的氧化应激性；研究还发现暴露于极低频电磁场环境的女性早产、自发性流产、低出生体重儿、先天畸形儿的发生率较高。有学者提出微波暴露会增加孕妇分娩低出生体重儿的风险性；但也有学者提出了不同的看法，认为微波理疗可降低先天畸形与流产的发生率。

4.4 电磁辐射的防护

电磁辐射防护的根本目的是在保护公众健康的同时,促进电磁技术健康发展。在进行电磁辐射防护时,最优化是一项重要原则,它的基本思想是既要考虑降低辐射剂量带来的益处,还要考虑随之增加的防护代价。因此,需以最优化原则建立包括防护限值和相关法规的电磁辐射防护体系。

4.4.1 辐射源防护

辐射源防护是减小辐射对人体和环境的危害的最根本的防护措施,主要包括辐射源屏蔽接地、滤波吸收等技术防护和合理安排辐射源的发射时间。

4.4.2 公众防护

公众防护就是使环境中的公众电磁辐射暴露值处于比较低的水平,最好能达到对人体无影响的程度。

对工业集中城市(特别是电子工业集中城市)或电气、电子设备密集使用地区,可以使电磁辐射源相对集中在某一区域,远离一般工作区或居民区,并对这样的区域设置安全隔离带,从而在较大的区域范围内控制电磁辐射的危害。区域控制大体分为以下四类。

(1)自然干净区:要求基本上不设置任何电磁设备。

(2)轻度污染区:只允许某些小功率设备存在。

(3)广播辐射区:指电台、电视台附近的区域,因辐射较强,一般应设在郊区。

(4)工业干扰区:属于不严格控制辐射强度的区域,对这样的区域要设置安全隔离带并实施绿化。由于绿色植物对电磁辐射具有较好的吸收作用,因此加强绿化是防治电磁污染的有效措施之一。

依据上述区域划分标准,合理进行城市、工业等的布局,可以减少电磁辐射对人体和环境的污染。

第5章　室内声环境

人们生活在充满声音的世界里,人们离不开声音。人们对外部世界信息的感受,30% 是通过听觉得到的,如语言交流、音乐欣赏等。这些声音对接收者来说是需要的,要求听得清楚。但并非所有的声音对接收者而言都是需要的,有些声音令人厌烦,对人有干扰,甚至是有害的,称之为噪声。噪声会干扰休息和睡眠,干扰语言交流,干扰学习和工作,强烈的噪声会损害人的听觉和身体健康,因此需要控制噪声,减小危害。

5.1　声环境基本知识

5.1.1　声音的定义和传播

声音是人耳感受到的弹性介质中振动或压力的迅速而微小的变化。弹性介质的质点在受到振动波干扰后立即回到其原来的位置。连续的振动传到人耳将引起耳膜振动,最后通过听觉神经产生声音的感觉。在研究室内声学时,主要考虑经由空气传播的声音;在研究噪声控制时,除了考虑经由空气传播的声音,还要考虑经由固体材料传播的振动。受外力作用而发生振动的物体称为声源。除声源产生声音外,空气剧烈膨胀会导致空气压力的变化,从而产生声音。

声音的传播需要媒介,媒介可以是气体、液体、固体,声音在真空中无法传播。声音在同一时间到达的球面称为波阵面。声音的传播是振动能量的传播,而不是振动质点的传播。例如声音在空气中传播时,传播的只是振动的能量,空气质点并不传到远处去。以振动的扬声器膜向外辐射声音为例,扬声器膜向前振动,引起临近空气质点的压缩,密集的质点层依次传向较远的质点;扬声器膜向后振动,扬声器膜另一侧的空气层压缩,临近质点的稀疏状态依次传向较远的质点。膜片的持续振动使密集与稀疏状态依次扰动空气质点,这就是所谓的行波。声音传播途径中任何一处的空气质点都只是在其原有静止位置两侧来回运动,即仅有行波经过时的扰动而没有空气流动。

5.1.2　噪声的定义和来源

噪声的定义为不需要的声音,它几乎影响到每个人。对噪声的看法是高度个人化的。声音的音量是它被视为噪声的很重要的因素,但音色也是重要的。低频率的声音和单调的声音往往更恼人。噪声暴露的影响是非常复杂的,包括对听力器官产生直接的物理损害,干扰睡眠和语音的清晰度,造成人体不适,甚至产生严重的疾病症状。

噪声的最大来源是交通和邻居。在瑞典有 5%~10% 的人对交通噪声不满,2%~6% 的人对邻居噪声非常恼火。一项 1996 年的调查表明,10% 的学校将整顿噪声列为最迫切的环境改造问题。同期,26% 的学校安全检查报告中至少有一项是关于声环境的负面评论。办公环境中有 10% 的女性和 7% 的男性对声环境感到不满。

5.2　声音的计量

5.2.1　分贝

所谓贝尔是两个相同的物理量(A_1 和 A_0)之比取以 10 为底的对数,它是无量纲的。由于这样得到的数值都很小,因而更常用的量是贝尔的 1/10,称为分贝,符号为 dB。A_0 是基准量(或参考量),A_1 是被量度量。被量度量与基准量之比取对数称为被量度量的级。在声学领域中,分贝是用来表示声音强度的单位。分贝(A):声级用加权滤波器 A 测量,该滤波器努力模拟人类的听觉。分贝(C):声级用加权滤波器 C 测量,该滤波器考虑了更低的频率。

5.2.2　声功率和声功率级

声功率是在单位时间内声源向外辐射的声音能量,记作 W,其单位是瓦(W)。一个声源所辐射出的声功率应当通过包围声源的所有表面。所有声源的平均声功率都是很微小的。一个人在室内讲话,自己感到音量比较合适时,声功率大致是 10~50 μW, 400 万人同时大声讲话产生的声功率只相当于一只 40 W 灯泡的电功率,独唱或一件乐器辐射的声功率为几百至几千微瓦。充分而合理地利用人们讲话、演唱时发出的有限声功率,是建筑声环境设计关注的要素之一。

声功率级是声源声功率与基准声功率之比的以 10 为底的对数的 10 倍,即

$$L_W = 10\lg\frac{W}{W_0} \qquad\qquad (5\text{-}1)$$

式中　　L_W——声功率级(dB);

　　　　W——声源声功率(W);

　　　　W_0——基准声功率,值为 10^{-12} W。

5.2.3　声强和声强级

在声波传播过程中,单位面积波阵面上通过的声功率称为声强,记作 I,其单位是瓦每平方米(W/m²)。

声强级是声源声强与基准声强之比的以 10 为底的对数的 10 倍,即

$$L_I = 10\lg\frac{I}{I_0} \qquad\qquad (5\text{-}2)$$

式中　　L_I——声强级(dB);

　　　　I——声源声强(W/m²);

　　　　I_0——基准声强,值为 10^{-12} W/m²。

5.2.4　声压和声压级

空气质点由于声波作用而发生振动所引起的大气压力起伏称为声压,记作 p,其单位是牛顿每平方米(N/m²)。在自由平面或球面波的情况下,设有效声压为 p(Pa),传播速度为 c

（m/s），媒介密度为 ρ（ kg/m^3），则在传播方向上的声强是

$$I = \frac{p^2}{\rho c} \tag{5-3}$$

声压级是声源声压与基准声压之比的以 10 为底的对数的 20 倍，即

$$L_p = 20\lg\frac{p}{p_0} \tag{5-4}$$

式中　　L_p ——声压级（ dB ）；

　　　　p ——声源声压（ N/m^2 ）；

　　　　p_0 ——基准声压，值为 2×10^{-5} N/m^2。

在一般的建筑声环境条件下，忽略空气特性阻抗（ ρc ）的影响，认为声强级和声压级的数值近似相等。

5.2.5　声级的组合

对由多个声源构成的声环境，通常需要根据声源的测量数值计算总的声级；在某一声环境中，当消除一个或几个已知声级的声源后，需要知道声环境改善结果。所叠加的声级不能简单地认为只是各个声级的代数和，这是因为用分贝表示的声级并不是线性标度，而是对数标度，并且声音的组合也与各个声音的特性有关。

当 n 个不同的声源同时作用时，总有效声压是各有效声压的均方根值，即

$$p_{总} = \sqrt{p_1^2 + p_2^2 + \cdots + p_n^2} \tag{5-5}$$

当 n 个相同的声源同时作用时，总有效声压级为

$$L_p = 20\lg\frac{\sqrt{n}\,p}{p_0} = 20\lg\frac{p}{p_0} + 10\lg n \tag{5-6}$$

当 2 个相同的声源同时作用时，总有效声压级为

$$L_p = 20\lg\frac{\sqrt{2}\,p}{p_0} = 20\lg\frac{p}{p_0} + 10\lg 2 \tag{5-7}$$

5.3　声音在围蔽空间内的传播

5.3.1　声音传播方式

房屋建筑中声音的传播方式有两种类型，一种是空气传声，另一种是固体传声。

1. 空气传声

空气传声是以空气为媒介进行声传播。在日常生活中经常见到空气声声源，如当我们听演唱会的时候，歌手发出的声音就是通过空气传播进入我们的耳朵的。

2. 固体传声

固体传声也叫撞击传声，其声音是通过建筑结构或机械振动产生的。如在安静的夜晚女士的高跟鞋踏在地板上的声音，在墙面上钉钉子的声音，机械振动发出的声音，其最后仍

作为空气声传至人耳。

5.3.2 声音传播原理

1. 干涉

频率相同的两列波同时传播时,介质中某点的振幅是两列波振幅的和,这就是线性系统中的叠加原理。因此,两列波在同相位处相遇时,振幅增大;两列波在异相位处相遇时,振幅减小。两列或两列以上的波叠加而形成新的波形,称作干涉。房间内发出的纯音发生多重反射沿不同方向传播,在空间中将产生复杂的干涉模式。

2. 驻波和房间共振

当两列频率相同的波向相反的方向传播时,离参考点越远,两列波的相位变换次数越多。在某一处,声波同相位,振幅最大,形成波腹;而在另一处,声波异相位,振幅最小,形成波节。因此,可交替观察到波腹和波节,也就是在间隔的点位上将重复相同的运动,而波形不移动。这种现象称作驻波,是一种最简单的干涉。

垂直入射到硬质墙上的平面波声压的表达式为

$$p_i = A\sin(\omega t + kx) \tag{5-8}$$

反射波可表示为

$$p_r = B\sin(\omega t - kx) \tag{5-9}$$

两式相加得

$$p = p_i + p_r = A\sin(\omega t + kx) + B\sin(\omega t - kx) = (A+B)\sin\omega t\cos kx + (A-B)\cos\omega t\sin kx$$

为计算方便,假设声音全反射,即 $A = B$,则

$$p = 2A\sin\omega t\cos kx \tag{5-10}$$

$\cos kx$ 是空间内声波波形的表达式,如图 5-1 所示,当 $kx = x(2\pi/\lambda) = n\pi$,即 $x = n(\lambda/2)$($n=0,1,2,3,\cdots\cdots$)时,声压最大;当 $kx = x(2\pi/\lambda) = (2n+1)\pi/2$,即 $x = (2n+1)\lambda/4$ 时,声压为 0。这就是驻波的声压波形。

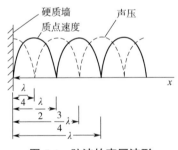

图 5-1 驻波的声压波形

围蔽空间是复杂的共振系统,不只有上述一维驻波(也称简正波),还可能产生二维的切向驻波和三维的斜向驻波。对一个矩形围蔽空间,其简正频率的计算式为

$$f_{nx,ny,nz} = \frac{c}{2}\sqrt{\left(\frac{n_x}{L_x}\right)^2 + \left(\frac{n_y}{L_y}\right)^2 + \left(\frac{n_z}{L_z}\right)^2} \tag{5-11}$$

式中　$f_{nx, ny, nz}$——简正频率（Hz）；

　　　c——空气中的风速（m/s）；

　　　n_x, n_y, n_z——任意正整数；

　　　L_x, L_y, L_z——房间三个方向的长度（m）。

3. 混响和混响时间

当声源开始向室内提供声能时，声压级达到稳态需要一些时间。声源停止发声后，在一段时间内我们依旧能够听到声音，直至其完全消失。这种声源停止发声后声音由于多次反射和散射延续的现象称作混响。弹性介质中有声波存在的区域称为声场。如果在围蔽空间里发出一个连续的声音，人们首先听到直接传来的声音，其声压级与在户外空间听到的声音一样；然而由于还接收到随之而来的一系列反射声波，声音就立即加强了。声场由直达声和不同延时的混响声建立起来，直至房间对声能的吸收与声源发出的能量相等，这时室内的声能达到稳定状态。混响最重要的特征是连续反射的声能平滑地减少，因而察觉不出单个反射声，并且有助于加强直达声。

人们的听觉系统把连续的反射声整合在一起的能力有限，大小和时差都大到足以与直达声区别开的反射声就是回声。回声干扰听闻，是在室内音质设计中不希望出现的声学缺陷。比如音乐演出时，回声使节奏不易跟准，还会造成演奏困难。

评价混响的数值量是混响时间，其定义为声能密度从稳态衰减 60 dB 所经历的时间，自 1900 年研究混响这种现象以来，混响时间就被当作房间听觉环境或声学特性最重要的指标。赛宾（Sabine）通过诸多实验发现，房间的容积 V 越大，混响时间 T 越长；房间内吸声材料和吸声体越多，混响时间越短。

$$T_{60} = K \frac{V}{A} \tag{5-12}$$

$$A = S_1\alpha_1 + S_2\alpha_2 + \cdots + S_n\alpha_n = \sum S_i\alpha_i \tag{5-13}$$

式中　T_{60}——混响时间（s）；

　　　K——系数（s/m）；

　　　V——房间的容积（m³）；

　　　A——房间的总吸声量（m²）；

　　　S_i——房间各表面的面积（m²）；

　　　α_i——房间各表面的吸声系数。

混响时间反映了声波在房间内衰减的快慢，大致反映了直达声与反射声的比例。混响时间越长，反射声比例越大，声音清晰度越差；混响时间越短，反射声比例越小，声音清晰度越好。

4. 稳态声压级

一个声源在室内连续发声，声功率级为 L_W，声场达到稳定状态时，距离声源 r 处的稳态声音由两部分组成——直达声与混响声。其中，直达声声强与 r 的平方成反比，混响声声强主要取决于室内吸声状况。室内距离声源 r 处的稳态声音的声压级按下式计算：

$$L_p = L_W + 10\lg\left(\frac{Q}{4\pi r^2} + \frac{4}{R}\right)$$ （5-14）

式中 L_p——距离声源 r 处的稳态声音的声压级（dB）；

       L_W——声源的声功率级（dB）；

       Q——声源的指向性因数，与声源的方向性和位置有关，取值见表 5-1，通常把无方向性声源放在房间中心，则 $Q=1$；

       r——与声源的距离，m；

       R——房间常数，取决于室内总表面积 S（m²）与平均吸声系数 $\overline{\alpha}$，$R = S\overline{\alpha}/(1-\alpha)$。

表 5-1   点声源的指向性因数

点声源位置		指向性因数 Q
A	整个自由空间	$Q=1$
B	半个自由空间	$Q=2$
C	1/4 个自由空间	$Q=4$
D	1/8 个自由空间	$Q=8$

5.4   噪声的危害

按照物理学的观点，噪声是频率和声强杂乱无序组合的声音；按照心理学的观点，凡是人们不需要的声音都称为噪声；按照医学的观点，超过 60 dB 的声音是噪声；在环境工程中，噪声通常定义为不需要的声音，属于一种环境现象；在通信领域，干扰信号传输的能量场称为噪声。下面讨论噪声对健康和各种活动的影响。

5.4.1   噪声对健康的影响

噪声的危害首要的是引起耳聋，耳聋分为三种：一是暂时性耳聋，二是永久性耳聋，三是最严重的暴振性耳聋。我们从噪声源比较强的地方，如 KTV、迪厅出来以后感觉自己的耳朵像塞了棉花似的，很多声音都听不清，交谈要用很大的音量，这种耳聋是暂时性耳聋，如果这种状态持续时间比较久，称作永久性耳聋。噪声会潜移默化地引起多种身心疾病，如心血管系统疾病、中枢神经系统疾病、消化系统疾病等。

高强度噪声会损伤人们的听觉器官。噪声对听力的影响取决于两个因素：噪声强度和持续暴露时间。听力损伤有一个从听觉适应、暂时性听阈偏移到噪声性耳聋的发展过程。短时间的高声级噪声会导致暂时性听力损伤，可观察到听阈升高，称为 TTS（暂时性阈值偏移），但一段时间后可恢复。长时间在噪声极大的工厂中工作的人可能面临永久性听力损伤的风险，即 PTS（永久性阈值偏移）。

听力损伤首先表现为高频率范围受影响，进而扩展到较低频率范围甚至重要的语言频率范围受影响，以至交谈困难甚至听不见。

5.4.2　噪声对各种活动的影响

噪声会对语言造成干扰。人们对语言听闻的好坏取决于语言的声功率和清晰度。在噪声环境中,人们往往试图选择自己想听到的声音而排斥噪声。当环境噪声过大时,需要的声音就会被掩蔽。表 5-2 所示为噪声干扰谈话的最大距离。

表 5-2　噪声干扰谈话的最大距离

噪声级 L_A/dB	正常声交谈/m	大声交谈/m	电话通信效果
45	7.0	14.0	满意
50	4.0	8.0	
55	2.2	4.5	稍困难
60	1.3	2.5	
65	0.70	1.4	困难
75	0.22	0.45	
85	0.07	0.14	不能

噪声会影响效率。噪声对人们工作效率的影响因工作性质而异。即使较小的噪声,也会对那些要求思想集中、创造性地思考、依信号作出反应和决定的工作产生影响。对熟练的体力劳动者和脑力劳动者来说,噪声可能使他们出现差错的概率增大,也有可能引发事故。噪声对学习效率也会产生明显的影响,例如在课堂上学生对知识的理解往往有赖于循序渐进的连续思考,但是偶尔出现的飞机噪声或者警车鸣笛声可能打断学生的思考。

噪声会对人们欣赏音乐、戏剧等文化活动产生影响。其影响程度取决于人们所听声音的范围、室内环境的噪声级和噪声的特点。例如,在音乐厅欣赏乐器演奏需要很安静的环境,而在戏剧院欣赏舞蹈对减小噪声干扰的要求就低一些。

噪声会使人烦恼。通过广泛的社会调查,可以得到一些对噪声干扰程度起决定性作用的因素。病人和性格焦虑的人易烦恼;老年人比青年人易烦恼;相较于听惯了的噪声,新噪声易使人烦恼;高频噪声、音调起伏的噪声和突发噪声易使人烦恼。

噪声会对社会产生影响。在吵闹的干道或繁忙的机场附近,土地需求下降,造成土地贬值。噪声不但会影响人的健康,也会影响家畜和家禽的生长,造成奶牛不产奶,鸡不下蛋。

5.4.3　不同分贝的噪声干扰

虽然来自音乐、风扇的低频噪声几乎听不见,但它们可能会扰乱人们的感知。暴露在低频的音乐或风扇声中的居住者通常表示他们在 25 dB 左右就感到被打扰了。

在学校,高背景噪声可能导致学生学习能力下降。听力受损的人群、儿童和使用非母语的人们在学习时对噪声的干扰特别敏感。为了确保这些学生能正常学习,教学场所需要将背景声音降到 25 dB 以下,以使语音清晰度可接受。

睡眠是人们恢复体力和脑力的重要手段。强噪声会缩短人们的睡眠时间,影响人们的入睡深度,一般来说噪声级超过 45 dB 将明显影响正常人的睡眠。除了降低睡眠质量,噪声还会对人产生长期影响,如头痛、疲倦、神经性胃疼、抑郁,这些都与道路交通噪声有关。人处于睡眠状态时,噪声水平超过 45 dB 就可能被唤醒。即使噪声水平较低,也可能使人难以入睡或影响睡眠质量。此外,噪声也可能导致注意力不集中,听不清别人说话,从而增加事故风险。

暴露在声音超过 75 dB 的环境中可能导致暂时性听力损伤。长时间接触高于 85 dB 的噪声会有永久性听力损伤的危险。听力损伤会随着暴露时间增加而加重。噪声越大,听力障碍发生需要的时间越短。然而个体的敏感性有巨大的差别,敏感的人长期暴露在低于 85 dB 的噪声里就有发生听力障碍的风险。暴露在低于 75 dB 的噪声里,永久性听力损伤的风险较小。听力障碍常伴有耳鸣,处于耳鸣状态时,有声音不断出现,并可能使人感到悲伤。儿童是一个特殊的高危人群,因为他们的耳道更短,一个瞬时的强噪声也可能造成永久性听力损伤,这样的强噪声可能是撞击声或玩具枪的声音。如果噪声的峰值超过 140 dB,就会有发生瞬时听力障碍的危险。短期超过 115 dB 的噪声也可能导致永久性听力损伤。

综上,睡眠时受到噪声干扰可能导致清醒后人的行为表现变差。在学校高水平背景噪声可能导致学生表现变差、学习效果下降。低频率的声音也被认为是一种干扰。儿童不应该连续暴露于声音超过 90 dB 的环境。

5.5　声环境的影响因素

5.5.1　声压级或声级

随着噪声强度增大,被干扰的感觉也会增强。除了噪声声级外,干扰噪声声级与背景噪声声级的差也会对人们感受到的刺激强度产生很大影响。在安静环境中居住多年的人很难忍受新的吵闹的居住环境;而在吵闹环境中居住多年的人会随着居住时间的增加逐渐习惯这种环境。

5.5.2　声音的持续时间

听觉实验表明,噪声的 A 声级超过 40 dB 时,就会对听觉产生干扰,当噪声强度增大时,干扰加剧,当人暴露在噪声环境中的时间增加时,干扰也会加剧。噪声的 A 声级超过 90 dB 时,就会对人的听觉器官造成损伤,并且人在噪声环境中暴露的时间越长,听觉器官受到的损伤越严重。如前所述,听力损伤包括 TTS(暂时性阈值偏移)和 PTS(永久性阈值偏移)。

由此可以推断,声压级较高的噪声的短时间刺激量可能与声压级较低的同类型噪声的长时间刺激量相同。

5.5.3　声现象随时间的变化情况

声现象出现得越突然,也就是噪声级的增长时间越短,干扰程度越高,如火车通过时的轰鸣声、矿山的爆破声等。当噪声的出现与人们的记忆、联想等联系在一起时,引起的干扰更大,定时出现的噪声(如按固定时刻通过的火车的轰鸣声)和间隔时间很短的连续噪声

（如机床的冲击噪声）引起的干扰都比较大。

5.5.4　复合声的频谱成分

当声级相同时,中、高频噪声引起的干扰比低频噪声引起的干扰大。峰值超过噪声级平均值 10 dB 左右的噪声使人感觉特别刺耳。

5.5.5　声音的信息量

许多居住在公寓中的人都有这样的体会:夏天中午室外的蝉鸣声对午睡没有影响,而隔壁电视机播放节目的声音却让人难以入睡。两个人对话或一组人交谈的声音往往给不愿听到这些声音的人带来强烈的刺激,不论这些声音多么微弱,都难以摆脱。

5.5.6　声环境中人与噪声源的关系

声环境中人与噪声源的关系也会对干扰的感觉产生很大影响。比如,过年时邻居燃放烟花爆竹发出的强烈噪声不会对我们产生很大的干扰;有些人很喜欢驾驶摩托车,而居住区的居民非常讨厌摩托车发出的轰鸣声;居住区新入住的住户可以接受自己房屋的装修施工噪声,而已入住的住户无法忍受邻居装修施工传来的噪声。

人们的年龄、心情、健康状况等也会影响对噪声干扰的反应。对人居声环境日益重要的影响因素有:强噪声源数量日益增加,噪声源分布范围更广,在全部时间里都可能出现噪声干扰,因经济收入、文化水平提高增加了对声环境品质的需求。

5.6　在建筑设计中对声环境的评价

噪声和振动对人的影响是多方面的。当噪声强度大到一定程度时,就会干扰工作与生活,影响私密性,干扰睡眠,引起烦恼,损害听觉与健康。此外,噪声还会妨碍某些设备的正常工作,如激光成像,精密天平和声、振动的测量等。

5.6.1　稳态噪声评价

噪声的影响是变化的,不仅取决于噪声的强度,还取决于噪声的频谱和时间谱。就频率而言,以高频成分为主或含有纯音成分的噪声更显吵闹;就时间域而言,中断脉冲的噪声往往比稳态噪声更易使人烦恼。即使物理刺激完全相同,由于生理、心理状态不同,噪声的影响也会因人而异、因时而异。

理想的噪声评价体系应该将所有因素反映在一个评价尺度内,并适用于所有类型的噪声。然而将物理和心理的噪声反应统一起来是极困难的,因此根据使用目标,目前应用了如下评价方法。

1. 响度级（方）和 A 计权声级（dBA）

测量稳态声音频谱的物理振幅时,有两个主观评价指标,一个是响度（宋）,另一个是响度级（方）。对评价而言,两者都还需要进行很多处理,而 A 声级 L_A（dBA）仅需用声级计进行测量,且在很大的声级范围内,其值与响度级的数值一致。因此,现今普遍采用 A 计权声级。表 5-3 给出了各种空间的推荐 NCB 曲线和 dBA 限值。

表 5-3　各种空间的推荐 NCB 曲线和 dBA 限值（Beranek，1988）

空间类型	NCB 曲线	dBA
广播室、录音室（使用远场传声器）	10	18
音乐厅、歌剧院、演奏厅	10~15	18~23
大剧院、教堂、礼堂	<20	<28
录音室（使用近场传声器）	<25	<33
小剧院、礼堂、教堂、音乐排练室、大会议室	<30	<38
卧室、医院、宾馆、住宅、公寓、教室、图书馆、小办公室、会议室	25~40	33~48
客厅	30~40	38~48
大办公室、接待区、零售商店、餐厅	35~45	43~53
大堂、实验室、制图室、普通办公室	40~50	48~58
厨房、洗衣房、计算机房、维修站	45~55	53~63
商店、车库（可使用电话）	50~60	58~68
不需要语言交流的工作场所	55~70	63~78

2. 噪度和 PNL（PNdB）

克里脱尔（Kryter，1970）提出了一个新的主观评价指标（主要用于飞机噪声评价），将吵闹度以纳为单位分级，遵循了史蒂文（Steven）的响度以宋为单位的方法。用新指标得出的噪声级为 PNL（感觉噪声级），其单位是 PNdB。因为该方法需要大量计算，1976 年提出了 D 声级的简化方法，可用声级计的 D 档频率计权测得，但是现在已经不再使用了。例如，喷气式飞机的噪声级为

$$PNL=dBD+7$$

用常规 A 计权测得

$$PNL=dBA+13$$

后者被认为是感觉噪声级的更佳近似值。

5.6.2　随时间变化的噪声测量与评价

噪声通常是随时间而波动的，它的影响主要取决于其随时间变化的图谱。间歇噪声比连续噪声更加令人烦恼。使用声级计的 S 档时间计权读数时，起伏范围小于 5 dB 的噪声可视作稳态噪声，可取声级计波动的平均值。

1. 采样或统计测量

1）具有相对稳定峰值的离散噪声

如火车产生的噪声，需要若干次测量求平均值，每次在指定的时间段内按指定的时间间隔进行测量。

2)峰值范围较宽的独立噪声

如飞机产生的噪声,需要用测量期间的峰值数量进行表述。例如,在 1 h 内 80 dBA 以上 13 次,90 dBA 以上 10 次,100 dBA 以上 3 次,最大值为 105 dBA。

3)幅度变化范围较大的无规则起伏噪声

如街道上的噪声,可用百分声级 $L_{An,\,T}$ 表述,即在 T 时间内,超过 S 的时间计权百分比 n,如图 5-2 所示。例如,按时间间隔 $\Delta t = 5\,\text{s}$ 读取 50 个瞬间声级的采样值后,对这些声级进行排序,如图 5-3 所示,中间值 L_{50} 位于积累曲线的中线,横坐标上的 L_5 和 L_{95} 分别表示 90% 变化范围的下限和上限。

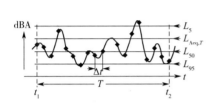

图 5-2　幅度变化范围较大的无规则起伏噪声

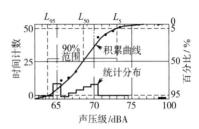

图 5-3　大范围起伏噪声的积累声级与百分声级

2. 基于声剂量的测量

一般地,噪声对人们生活的影响可以近似地认为与已有噪声刺激的总能量成正比。环境噪声往往是多声源的组合,而且不同类型声音的分布也随时在发生变化。市场上有售测量总噪声暴露级的剂量计。国际标准(ISO 1996-1)已经定义了基本量 $L_{\text{Aeq},T}$ 和 L_{AE} 用于描述社区环境的噪声,定义如下。

1)等效连续 A 声级

等效连续 A 声级是在给定时间 T 内,与振动噪声具有相同等效 A 计权能量的连续稳态噪声的 A 计权声级,其单位为 dB,定义式为

$$L_{\text{Aeq},T} = 10\lg\left[\frac{1}{t_2 - t_1}\int_{t_1}^{t_2}\frac{p_A^2(t)}{p_0^2}\mathrm{d}t\right] \tag{5-15}$$

式中: $T = t_2 - t_1$; $p_A(t)$ 是瞬时的 A 计权声压; p_0 是参考声压(20 μPa)。

测 $L_{\text{Aeq},T}$ 最简单的方法是使用可自动计算和显示 $L_{\text{Aeq},T}$ 和 T 值的积分声级计(IEC 61672-1),也可以用普通声级计进行采样。 $L_{\text{Aeq},T}$ 可以用下式计算:

$$L_{\text{Aeq},T} = 10\lg\left[\frac{1}{n}\left(10^{L_{A1}/10} + 10^{L_{A2}/10} + \cdots + 10^{L_{An}/10}\right)\right] \tag{5-16}$$

式中: n 是采样总数; $L_{A1}, L_{A2}, \cdots, L_{An}$ 是测量的 A 计权声级。

当采样周期 Δt 比测量系统的时间常数短时,采样处理所得结果与用积分声级计测得的结果几乎是相同的。在实际应用中推荐值如下。

在时间计权 F 条件下: $\Delta t \leqslant 0.25\,\text{s}$;

在时间计权 S 条件下: $\Delta t \leqslant 2.0\,\text{s}$。

当噪声起伏不大时, Δt 可延长至 5.0 s,因此仍然可以采用普通声级计测量。

如果噪声级的起伏为正态分布,那么其与百分声级的关系如下:

$$L_{Aeq} = L_{A10} - 1.3\sigma + 0.12\sigma^2 = L_{A50} + 0.12\sigma^2 \tag{5-17}$$

式中: σ 是标准偏差。

对高速公路的交通噪声,可以认为 L_{Aeq} 与 $L_{A25} - L_{A30}$ 是等效的。

2)离散噪声的声级

离散噪声的声级定义式如下:

$$L_{AE} = 10\lg\left[\frac{1}{t_0}\int_{t_1}^{t_2}\frac{p_A^2(t)}{p_0^2}dt\right] \tag{5-18}$$

式中: t_0 是参考时间,为 1 s; t_2-t_1 是规定的时间间隔。

积分声级计适于测量离散噪声。对脉冲噪声,使用普通声级计的 S 档时间计权测量,得到的峰值可近似地看作 L_{AE} 的值。

当噪声持续时间很长(达几秒),且采样间隔 Δt 足够短时,可跟踪噪声的波形变化,使用普通声级计的 S 档时间计权测得 L_{AE} ,计算式如下:

$$L_{AE} = 10\lg\left[\frac{\Delta t}{t_0}\left(10^{L_{A1}/10} + 10^{L_{A2}/10} + \cdots + 10^{L_{An}/10}\right)\right] \tag{5-19}$$

式中: n 是采样总数; $L_{A1}, L_{A2}, \cdots, L_{An}$ 是测量的 A 计权声级。

3)昼夜等效声级

昼夜等效声级由美国环境保护署提出并定义,是 24 h 平均值,计算式如下。考虑到夜间噪声烦恼度更高,夜间声级加权 10 dB。

$$L_{dn} = 10\lg\frac{1}{24}\left[15\times10^{L_d/10} + 9\times10^{(L_n+10)/10}\right] \tag{5-20}$$

$$L_d = L_{eq}(7:00\text{—}22:00), L_n = L_{eq}(22:00\text{—}7:00) \tag{5-21}$$

L_{dn} 和 $L_{Aeq,24h}$ 的限值如表5-4所示。

表5-4　L_{dn} 和 $L_{Aeq,24h}$ 的限值

活动类型	限值	应用范围
户外活动	$L_{Aeq,24h} \leqslant 70$	全部区域
	$L_{dn} \leqslant 70$	居住区和安静区域
	$L_{Aeq,24h} \leqslant 55$	校园、公园及相关空间
户内活动	$L_{dn} \leqslant 45$	居住区
	$L_{Aeq,24h} \leqslant 45$	学校

4)昼间、傍晚、夜间声级

昼间、傍晚、夜间声级是在有关欧洲环境噪声控制的某欧盟规范中定义的,为 24 h 平均值,傍晚声级加权 5 dB,夜间声级加权 10 dB,计算式如下:

$$L_{den} = 10\lg\frac{1}{24}\left[t_d\times10^{L_d/10} + t_e\times10^{(L_e+5)/10} + t_n\times10^{(L_n+10)/10}\right] \tag{5-22}$$

式中：L_d 为昼间 L_{Aeq}（积分时间为 t_d）；L_e 为傍晚 L_{Aeq}（积分时间为 t_e）；L_n 为夜间 L_{Aeq}（积分时间为 t_n）。

不同国家对时间段的定义可能略有不同。例如，昼间为 7：00—19：00，傍晚为 19：00—22：00，夜间为 22：00—7：00。

L_{den} 可作为评价噪声烦恼度的一个指标，能用于各种环境噪声。就交通噪声而言，$L_{Aeq,24h}$ 和 L_{den} 之间的关系依赖于交通流量的分布。

$$L_{den} = L_{Aeq,24h} + 10\lg\frac{1}{100}\Big[p_d + p_e\sqrt{10} + p_n10\Big] \tag{5-23}$$

式中：p_d、p_e 和 p_n 分别为昼间、傍晚和夜间交通流量的百分比。

5.7　噪声控制

可根据房屋建筑中声波的传播方式（空气传声与固体传声）进行噪声控制。

5.7.1　空气声隔声

1. 墙体隔声

根据质量定律，房间内的反射波和透射波激发墙体发生振动，这种振动与墙体的惯性（质量）有关。因此墙体面密度越大，隔声性能越好。但是单层匀质墙体单从质量定律方面研究隔声量是不够的，需要考虑到吻合效应、共振等现象进行共同控制。

2. 门窗隔声

除了墙体外，建筑构件还有很重要的构件门窗。门窗在建筑围护结构中的特点是轻便、灵活，起到连接交通空间的作用，但在连接处有很多缝隙，隔声能力比较差，所以在提高门窗的隔声能力的同时要对门窗缝隙进行处理。

1）隔声门

隔声门一般由门扇和门框组成。根据隔声等级门内会填放吸声棉等隔声材料。由于门相对于墙体隔声性能较差，面密度较小，而且门缝易传声、漏声，导致隔声门的制作要求较高。一般采用先进技术、独特密封做法达到隔声门的理想要求。常用隔声门有木质和钢质两种，未做隔声处理的木门隔声量在 15 dB 左右，高隔声门可以达到 50 dB 以上。

2）隔声窗

隔声窗一般由两层甚至多层玻璃制作而成。玻璃的四周用隔声垫固定，同时具有吸声和防止振动的作用。相邻两层玻璃要不平行布置，并且玻璃的厚度也要不一样，从而减弱共振和吻合效应。单层玻璃可以通过增大厚度实现隔声效果的提高，但考虑到经济性、搬运安装，这种做法是不可取的。人们发现在玻璃之间加隔声膜变成夹层玻璃，像双层墙一样在玻璃之间添加气体层形成中空玻璃，在玻璃之间抽真空变成真空玻璃，不仅可以提高窗户的隔声效果，还可以节省材料和提高保温隔热能力。

5.7.2 固体(撞击)声隔声

根据质量定律,楼板与重质墙体一样面密度较大,因此有较强的隔绝空气声的能力。但是楼板是钢筋混凝土结构,具有一定的刚度和强度,遭受撞击时容易发生振动,并且材料的阻尼较小,声波在其中传播得很远,因此撞击声噪声大大降低了住宅室内声环境的质量。墙体和楼板是一个整体且刚性连接,建筑围护结构作为振动能量传递载体,导致楼板的其他连接部件也辐射声能,所以隔绝撞击声噪声显得尤为重要。

楼板是建筑中的承重结构,它既起到承载上方建筑结构的作用,又起到分隔上下空间的作用,并把室内物体的荷载和楼板自身的重量通过墙体、梁、柱传给基础。目前隔声楼板有三种构造做法,一是在楼板上铺设弹性面层,二是在楼板上加弹性垫层,三是在楼板下挂隔声吊顶。

楼板的撞击声隔声能力受楼板的密度、弹性模量、厚度等因素影响,主要因素是楼板的厚度。在其他条件不变的情况下,如果楼板的厚度翻倍,楼板的撞击声隔声量可以提高10 dB。

1)弹性面层法

在刚性楼板上铺软质橡胶布、地毯等弹性材料,可以提高楼板的撞击声隔声能力,此种方法可以很好地改善楼板隔绝中、高频撞击声的性能。

2)弹性垫层法

弹性垫层法楼板实则是浮筑楼板,其使用弹性垫层来减弱、缓冲楼板和连接部件的振动,从而增强整体楼板的隔声能力。弹性垫层可以选用聚苯板、橡胶、无机玻璃棉等多种材料。

3)隔声吊顶法

为了减少楼板振动辐射的空气声,可以在楼板下安装封闭的隔声吊顶。此种方法对提高楼板隔绝撞击声和空气声的性能都有显著的效果,但要注意的是这种吊顶是封闭式的,不能有缝隙和孔洞存在,不然噪声就会通过吊顶直接透射到下层房间。

参考文献

[1] 秦佑国,王炳麟.建筑声环境 [m]. 北京:清华大学出版社,1999.

[2] 朱颖心.建筑环境学 [M]. 北京:中国建筑工业出版社,2015.

[3] 丁研,田喆,孙越霞.人工环境构建原理与技术 [M]. 天津:天津大学出版社,2020.

第6章　室内光环境

一般而言,室内光环境是通过自然采光和人工光源营造的。室内自然采光随季节、时间和天气变化而变化,同时还与周围的建筑布局和室内装饰等因素有关。采光系数用于确定室内光线占室外的比例。

设计不当的光环境会导致眼睛疲倦、头痛、颈部和背部紧张,甚至可能增加意外风险。荧光灯照明中的闪烁能激起中枢神经系统中的压力反应,导致疲劳和抑郁等症状,这些症状与病态建筑综合征相似,新的研究结果表明两者之间可能存在某种联系。

光线通过生物钟来控制一个人的日夜节奏和季节变化,如果长时间没有接触阳光,人们可能会感到身心不适。冬季的普遍疲劳、秋季和春季的低迷状态都被认为是缺乏日照所致。

良好的视觉功能依赖于避免长时间的眼睛疲劳,这需要多个因素的支持,如光照、亮度分布、显色性、无眩光和闪烁。不同的视觉活动对光线的要求也不同。相较于年轻人,老年人需要更多的光线且对眩光更敏感。视觉缺陷、视力障碍以及色盲会降低视觉功能。

人造光源主要分为一般照明和特殊照明。一般照明主要用于补充阳光,尤其是在冬季的早上和晚上。它必须足够亮,显色性好,无闪烁。照明设备必须安装得当,避免眩光以及不希望的反射和不希望的阴影。暂时性的设备也提供向上的照明,但需要较高的天花板。个人或自动化的一般照明系统越来越普遍。特殊照明的职责是当需要时提供额外的照明,所用设备必须是可调节的并有很好的屏幕性。常用的光源有白炽灯、紧凑型荧光灯管和卤灯,卤灯在使用较长一段时间后容易引起眼睛的问题。

照明还可以产生不同的情感体验。精心设计的灯光可以营造出温暖和友好的氛围,而不适宜的照明则可能让人感到寒冷和不愉快。进入房间的阳光可以给人带来积极的感觉,不会产生不舒适的眩光或过多的热量。

颜色方案影响房间被感知的方式。浅色的墙壁、天花板和地板可以使房间显得更大,而深色表面则会让房间显得更小。如果一个房间的配色方案过于复杂或使用强烈的暖色调,可能会使人感到不安。另外,平静的配色方案(主要是蓝绿色)似乎会给人带来放松的感觉,浅色的地板有助于阳光在房间内传播。窗户的大小、形状和安置方式,以及玻璃透光率和框架的设计都影响进入房间的光量。现在的玻璃在光线和色彩的通过率、能量平衡、降噪和消防安全方面具有不同的特性。

在照明设计中,应避免温暖的灯光与冷色调相结合。在大多数情况下,白色的天花板、浅色的墙壁和较暗的地板可营造出自然、舒适的氛围。深色的天花板或墙壁容易引起眩光,令人不快。地板太暗会消耗过多的阳光,使整个房间变得黑暗。没有完美的阳光替代品,因此应避免没有窗户的房间。

6.1　室内光环境简介

在漫长的建筑发展历史上,光环境的营造一直是设计过程中不可忽略的要点。一方面,光作为客观的存在参与建筑设计,另一方面,光也是很多建筑艺术设计中的表现主题。随着科学技术的提高,人工光源的出现,光环境的营造变得更加复杂。

人对光环境的需求和他从事的活动有密切关系。进行生产、工作和学习的场所中,适宜的照明可以振奋人的精神、提高工作效率、保证产品质量、保障人身安全与视力健康。因此,充分发挥人的视觉功能是营建这类光环境的主要目标。而在居住、休息、娱乐和公共活动的场合,光环境的首要作用则在于创造舒适优雅、活泼生动或庄重严肃的特定环境气氛,使光环境对人的精神状态和心理感受产生积极的影响。

建筑光环境营造领域中使用的光源按照其来源不同主要可以分为两大类,一类是自然光源,一类是人工光源。自然光源是人们最习惯也是使用时间最长的光源,通过合理设计将自然光引入室内,满足人员看清室内物品的需要,为人们的工作生活创造了良好的氛围。在建筑室内空间中,能否最大限度利用自然采光是人们在生理上和心理上能否长期感到舒适、满意的关键因素。充分利用自然光照明,不仅能够获得良好的视觉效果,还能节约能源。另外,多变的自然光又是表现艺术造型、材料质感、渲染室内环境气氛的重要手段。所以,无论从环境的实用性还是美观的角度,都要求设计师对自然光的利用进行认真的规划,并且恰到好处地设计。相对于自然光,人工光源不受气候等方面的影响,控制方便,更可以弥补建筑设计中自然采光的不足。

6.2　光对人的影响

光环境质量应该符合人体工程学和环境心理学的要求。人眼的视力、视野、光觉、色觉是视觉的要素,人体工程学从有利于人体健康和提高工作效率的角度出发,通过对视觉要素的研究为室内光照设计提供了科学的依据。环境心理学则是以心理学的方法对环境进行探讨,即在人与环境之间是"以人为本",从人的心理特征来考虑研究问题。如卧室需要温馨、私密的气氛,则在其照明方式的选择、照度的确定和光色的选用上都应满足人的心理要求,以利于整体氛围的营造。在室内光环境设计中,应综合考虑人体工程学和环境心理学的要求。

6.2.1　照度与亮度

高质量的光环境首先要求光照度满足人的视觉及生理需求。一方面要保证人们各种活动正常进行时所需要的光量,因为无论是工作或休息,都必须具备相应的光照条件才能展开适当的活动;另一方面要有利于人的身体健康,尤其要注意保护眼睛。照明度过低,人们为了辨清物体的形状细节,就不得不缩短眼睛与物体的距离,这样会造成眼睛的睫状肌过度紧张、疲劳,会使眼睛丧失调节机能,导致眼睛中的水晶体变凸。长期在这种不良的光线下工作、学习会造成近视。根据人体工程学的测定,刚能辨别出物体形象的照度为 20 lx;适合娱乐的照度为 150~300 lx;看书学习的照度为 500~1 000 lx;交通区域的照度为 100 lx 时照明效果好。对此,我国《民用建筑照明设计标准》都做了明确规定。

室内环境中各表面的亮度决定了整个空间光环境的质量和效果,在同样的照度下,各表面的反射比不同所形成的光环境也就不同,从而对人的生理和心理也会产生不同的影响。

据测定,墙、顶棚、作业区域、人脸的最佳亮度为:墙 50~150 cd/m²,顶棚 100~300 cd/m²,作业区域 100~400 cd/m²,人脸 250 cd/m²。

照明的均匀性也是影响光环境质量的一个重要因素。对于工作的作业面而言,背景的亮度无论什么位置都应低于作业面的亮度,但不应低于作业面亮度的 1/3。光源的亮度过高或明暗对比强烈容易产生眩光,引起眼睛的不适感和视觉功能减弱。因此,在光环境设计中应尽量避免眩光。办公室、阅览室等空间一般照明照度的均匀度,按最低照度与平均照度值比确定,其数值不应小于 0.7。为了得到均匀的照度,灯具的布置间距应考虑所选灯具允许距离比。

6.2.2　灯光与色彩

灯光与色彩密不可分,处理得好,相得益彰。环境心理学研究表明,人的心理对色彩的感觉很敏锐,在光环境气氛的营造上,灯光色彩的合理选择显得尤为重要。光有两种:暖色光与冷色光。比较明亮的暖色光可以振奋人的情绪;弱光、冷色光可以缓和人的情绪。如卧室为了创造一种温馨、舒适、和谐的气氛,可选择黄色调或者粉色调的暖色光,为了创造合适睡眠的空间气氛,也可选择蓝色调的光,蓝色调起到安定情绪的作用。书房宜选择白色的荧光灯,可以提高工作效率。餐厅宜选择柔和的暖色光(如橙黄色),以增加食欲,配合营造和睦温馨的家庭气氛。另外,要求光源具有良好的显色性,使人们易于辨清事物的颜色。

居室的墙面色彩与灯光效果有着密切的关系。如果室内墙壁是蓝色或绿色,就不宜用日光灯,而应该选择带有阳光感的黄色为主调的灯光,这样就可以给人以温暖感;如果墙面是淡黄色或米色,则可使用偏冷的日光灯,因为黄色对冷光源的反射最短,不刺激人的眼睛;如果室内摆了一套栗色或褐色家具,适宜用黄色灯光,可以形成一种广阔的气氛。

灯光色彩应根据室内功能的不同进行选择。如果是公共娱乐空间,可以选择丰富多彩的灯光颜色,以创造活泼、富有动感的氛围。如果是居住空间,则不宜选用过多的灯光色彩,以免给人太强的感官刺激。长期待在这样的房间里,会造成视觉疲劳和精神紧张,损害人体健康。

6.3　人工照明方式

在照明设计中,照明方式的选择对照明效果、经济性和光环境氛围等都有重要的影响,因此要根据照明区域的使用功能和建筑结构形式合理地选择照明方式。一般来说,人工照明的设计方式可以分为:一般照明(或称周围照明)、特殊照明(或称任务照明)和装饰照明(或称重点照明)这三类。

(1)一般照明是指向某一建筑区域提供的整体照明,也就是常说的环境照明。一般照明的目的是为建筑空间提供舒适的亮度以确保人员活动安全。环境照明在灯具方面一般采用花灯、壁灯、嵌入式灯具、轨道灯具等。这种照明方式是室内光环境设计中最基本的设计要素,其对于整个室内光环境的基调和氛围起着主导作用。

(2)特殊照明的目的是满足人们某种特定活动的需要,比如说书房中书桌上的阅读活动,洗衣间洗衣服以及学习、娱乐等活动所需要的灯光。特殊照明在灯具上可以采用嵌入式灯具、轨道灯具、吸顶式灯具、移动式灯具等。但在设计这些灯具时,要注意避免产生眩光和阴影,而且要求设计足够的亮度以避免视觉疲劳。

（3）重点照明能够给空间增加特殊的氛围和强烈的效果,营造出一个视觉焦点和空间中心,是多种类型建筑物室内装饰中必需的元素。重点照明可以用于对展品、陈设品、雕塑和其他艺术品等进行照明,也可以用于强调局部界面材质和室内局部景观的照明。在室内重点照明设计中,中心点所需的照度约为周围环境的三倍,可以使用可调角筒灯、轨道灯具、嵌入式灯具或者壁灯等照明灯具。

6.4 光环境的影响因素

影响室内光环境的因素主要有目标建筑所在地区、楼间距、建筑窗地比、内外遮阳形式、建筑外窗等。

6.4.1 光气候分区

室外的光照环境对建筑光环境的影响是十分显著的,影响室外地面照度的气象因素主要有太阳高度角、日照率、云量、云状等。我国地域辽阔,同一时刻南北方的太阳高度角相差很大。从日照率来看,由北、西北往东南方向逐渐降低,以四川盆地一带最低;从云量来看,自北向南逐渐增多,以四川盆地最多;从云状来看,南方以低云为主,向北逐渐以高、中云为主。这些均说明,南方的天空扩散光照度较大,而北方以太阳直射光为主,并且南北方室外平均照度差异较大。显然,在采光设计中若采用同一标准值是不合理的,因此在采光设计标准中,根据室外天然光年平均总照度将全国划分为五个光气候分区,具体划分标准如表 6-1所示。

表 6-1　光气候分区划分标准

光气候分区	I	II	III	IV	V
室外天然光年平均总照度 E_q/klx	$E_q \geq 45$	$40 \leq E_q < 45$	$35 \leq E_q < 40$	$30 \leq E_q < 35$	$E_q < 30$

6.4.2 楼间距

楼间距也是影响建筑室内采光的一大因素,如果建筑楼间距过小,靠北一侧的建筑可能会被靠南一侧建筑的影子遮挡,进而影响北侧低楼层住户的采光。鉴于我国拥有辽阔的土地,从最北边的漠河到最南边的南沙群岛,南北跨越地球纬度近 50°,而同一时刻不同纬度地区的太阳高度角是不同的,故不能用统一的标准去衡量不同地区的楼高与楼间距问题。

在我国强制性标准《城市居住区规划设计规范》中规定,一般普通小区居民住宅楼高比楼间距应满足 1：1.2 的比例关系。但是由于我国南北跨度较大,南方与北方在同一时期的太阳高度角相差较大,如果用统一的标准去衡量会产生浪费土地的情况,所以应当根据不同地区建立不同的楼间距管理规定。

6.4.3　窗地比

窗地比全称窗地面积比,指该房间窗洞口面积与该房间地面面积的比值,符号为 A_c/A_d,在设计中,窗地比指标通常用来估算室内采光水平。在《建筑采光设计标准》(GB 50033—2013)中,给出了几类光气候分区的窗地比和采光有效进深的限值,如表 6-2 所示。

表 6-2　窗地比和采光有效进深的限值

光气候分区	侧面采光		顶部采光
	窗地比 (A_c/A_d)	采光有效进深 (b/h_s)	窗地比 (A_c/A_d)
I	1/3	1.8	1/6
II	1/4	2.0	1/8
III	1/5	2.5	1/10
IV	1/6	3.0	1/13
V	1/10	4.0	1/23

窗地比的计算条件要求如下。窗的总透射比 τ 取 0.6。室内各表面材料的反射比取加权平均值:I ～ III 级取 $\rho_j = 0.5$;IV 级取 $\rho_j = 0.4$;V 级取 $\rho_j = 0.3$。

6.4.4　建筑内、外遮阳

外遮阳作为遮挡太阳直射辐射的有效手段,能有效地阻挡太阳直射光进入室内,降低室内过高的照度水平,并减小室内自然光眩光的发生概率。外遮阳的种类繁多,建筑师为了立面效果的需要,外遮阳的形状也越来越多,但都离不开其中的五种基本形式,即水平遮阳、垂直遮阳、综合遮阳、挡板遮阳以及百叶遮阳。对于这五种基本遮阳形式,都有其不同的遮阳特性和不同的遮阳效果,也各有其使用条件。

1. 水平遮阳

水平遮阳可以有效地遮挡从窗口上方投射下来的高度角较大的太阳直射,适合布置在南向或接近南向的窗口上,在北回归线以南则适宜安装在北向或接近北向的窗口上。此时能形成较理想的阴影区。对于水平式遮阳,合理的遮阳板设计参数和位置能有效地遮挡夏季日光,同时又能尽可能小地影响冬季日光的进入。

水平遮阳设置的位置不同会带来不同的遮阳效果。如将遮阳板放置于窗户最上方,则需要设置较大的外挑长度才能够达到良好的遮阳效果。如果将遮阳板的位置下移,则可以减小遮阳板挑出的长度,利于节省制作材料。此时遮阳板亦可以将上表面接受的太阳辐射反射至室内顶棚,再经过顶棚反射至室内深处,增加室内深处的亮度,提高室内光环境的均匀度和舒适性。

2. 垂直遮阳

垂直遮阳适合设置于东北向或西北向,用于遮挡高度角较小的太阳辐射,如从窗侧面斜射过来的阳光。而且由于在夏季太阳从东北方升起,在西北方落下,因此,在北向上设置垂直遮阳也可以很好地遮挡早上和傍晚的太阳斜射辐射。但垂直遮阳对从窗口上方投射下的阳光或者接近日出、日落时正对窗口照射的阳光都起不到遮阳的作用。

3. 综合遮阳

综合遮阳一般由水平式及垂直式遮阳板组合而成,它可以有效地遮挡中等太阳高度角从窗前斜射下来的阳光,遮阳效果相对较为均匀。适用于从东南向至西南向范围内的窗口遮阳。建筑中常见的花格窗就是典型的综合遮阳措施,由于花格尺度较小,利用花格的密度和深度就能阻挡大部分的太阳辐射。

4. 百叶遮阳

百叶遮阳是现今研究较多的遮阳形式之一,也是遮阳效果较好的一种遮阳形式。百叶遮阳可以分为垂直百叶遮阳和水平百叶遮阳。另外,根据百叶遮阳的百叶板片是否可移动又可以分为固定百叶遮阳和移动百叶遮阳。百叶遮阳基本适合于各个方向上的遮阳,在各个方向上都有较好的遮阳效果。

当太阳直射光照射到百叶上时,光线被分散成四部分:被百叶反射至室外空间的太阳辐射;透射至室内的太阳辐射;经过百叶叶片之间的多次反射,最终进入室内的太阳辐射;经过叶片间多次反射,最终被反射至室外的太阳辐射。

6.4.5 建筑外窗

1. 外窗玻璃透光率

天然光通过建筑外窗将日光引入建筑内部,并经过窗口和建筑构造的各种方式形成光线在建筑物内部的分配,从而达到光线强度、光线分布以及视觉舒适度。光是辐射线的一种,其中光辐射和热辐射的波长不同,所以从室内光环境和热环境平衡的角度改善窗户采光形式的思路在于:保证充分的光辐射的同时,可以根据需要控制热辐射量,达到室内适度的照明度和照明均匀分布状态的舒适性目标。玻璃对不同波长的太阳辐射有选择性,图 6-1 反映了普通玻璃的透光特性。普通玻璃对可见光和波长在 3 μm 以下的短波红外线来说几乎是透明的,但却能有效地阻隔长波红外线辐射。因此,当太阳直射在玻璃上时,绝大部分可见光和短波红外线将会透过玻璃,只有长波红外线会被玻璃反射和吸收。

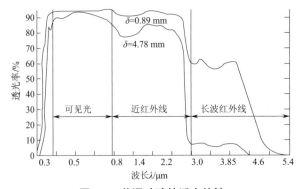

图 6-1　普通玻璃的透光特性

此外,玻璃的透过特性还与玻璃的组分以及表面是否涂膜有关。为了让玻璃具有对太阳光的透过具有选择性,通常会在玻璃表面镀上一些金属或者其氧化物的薄层来改变太阳光的透过率,比较典型的膜层有热反射膜、低辐射率 low-e 膜。

对于玻璃透光率而言,增大采光窗玻璃透光率可提高室内远窗处照度,观景窗降低玻璃透光率可解决近窗处照度过大的问题,从而有效控制眩光的产生,提高室内光舒适度和热舒适度。

2. 外窗形式

窗的面积越小,获得天然光的光通量就越少。但相同窗口面积的条件下,窗户的形状和位置对进入室内的光通量的分布有很大的影响。如果光能集中在窗口附近,可能会造成远窗处照度不足需要进行人工照明,近窗处因为照度过高造成不舒适眩光而需拉上窗帘,结果是仍然需要人工照明。这样就失去了天然采光的意义了。因此,对于一般的天然采光空间来说,尽量降低近采光口处的照度,提高远采光口处的照度,使照度尽量均匀化是有意义的。

1)建筑侧窗

对于建筑外窗中的侧窗,无论侧窗的形状如何,随着侧窗高度的增大,室内工作面的平均照度和远窗处照度会增大,同时近窗处照度降低,室内照度均匀度会逐渐增大。但当窗台高度低于工作面时,照度随侧窗高度变化不明显,说明低于工作面的侧窗部分对工作面照度影响不大。

在侧窗面积相等、窗台标高相等的情况下,正方形窗口获得的光通量最高,竖长方形次之,横长方形最少。但从照度均匀性角度看,竖长方形在进深方向上照度均匀性好,横长方形在宽度方向上照度均匀性好。

除了窗的面积以外,侧窗上沿或者下沿的标高对室内照度分布的均匀性也有着显著影响。

2)建筑天窗

建筑的天窗一般设置在公共建筑中的大厅或中庭部位屋顶上,以增强采光和通风,改善室内环境。随着玻璃工艺和幕墙技术的发展,采光天窗在现代建筑中的应用越来越广泛,组合样式也越来越多。

建筑的采光天窗形式多种多样,按进光途径的不同可分为顶部进光天窗和侧面进光天窗。前者主要用于气候温暖和阴天较多地区,后者多用于炎热地区。按建筑造型可分为圆穹形、斜坡形、锥形、拱形等基本形式;按照天窗的形状可以分为平天窗、矩形天窗和锯齿形天窗等类型。

从采光效率上来看,平天窗最高,其次是锯齿形天窗,矩形天窗最差;从照度均匀度上来看,平天窗最好,其次为锯齿形天窗。在设计天窗的时候,其不同的排布方式对室内的照度均匀度也有一定的影响,需要根据实际情况具体分析。

6.5 光环境的评价指标

6.5.1 照度

照度是指单位面积上所接受可见光的光通量,简称照度,通常用 E 表示,单位勒克斯

（lux 或 lx）。用于指示光照的强弱和物体表面积被照明程度的量。

$$E = \frac{\mathrm{d}\varphi}{\mathrm{d}A}$$

式中　E——照度（lx）；

　　　φ——照射到受照平面的光通量（lm）；

　　　A——受照平面的面积（m²）。

由上式可定义，1 lx 等于 1 lm 的光通量均匀分布在 1 m² 表面上所产生的照度，即 1 lx =1 lm/m²。勒克斯是一个较小的单位，例如：夏季中午日光下，地平面上的照度可达 10 lx；在装有 40 W 白炽灯的书写台灯下看书，桌面照度平均为 200~300 lx；月光下的照度只有几勒克斯。

不同工作性质的场所有不同的照度需要，但并不是越高越好。有研究表明，提高照度水平对视觉功效只能改善到一定程度。适宜的照度水平指的是在某种环境下，大多数人都能感觉比较满意且可以保证工作效率的照度值。我国《建筑照明设计标准》（GB 50034—2013）中给出了具体的值。除了要满足相应的照度值，适宜的照度水平还包括室内照度分布要均匀。

6.5.2　光亮度（亮度）

光亮度是表示发光面明亮程度的，指发光表面在指定方向的发光强度与垂直且指定方向的发光面的面积之比，单位是坎德拉/平方米（cd/m²）。对于一个漫散射面，尽管各个方向的光强和光通量不同，但各个方向的亮度都是相等的。电视机的荧光屏就是近似于这样的漫散射面，所以从各个方向上观看图像，都有相同的亮度感。

光亮度简称亮度（图 6-2），用 L_θ 表示，单位是尼特（nit，nt），1 nt=1 cd/m²。

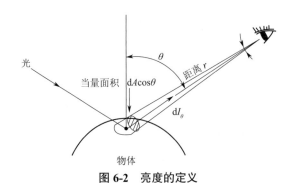

图 6-2　亮度的定义

亮度的定义式为

$$L_\theta = \frac{\mathrm{d}I_\theta}{\mathrm{d}A\cos\theta}$$

式中　L_θ——亮度（nt）；

　　　I_θ——物体在指定方向上的发光强度（cd）；

　　　$A\cos\theta$——物体在指定方向上的当量面积（m²）。

人的视野很广，在工作房间里，除工作对象外，作业面、顶棚、墙、窗和灯具等都会进入视野，它们的亮度水平构成了周围视野的适应亮度。如果它们与中心视野亮度相差过大，就会加重眼睛瞬时适应的负担，或产生眩光，降低视觉功效。此外，房间主要表面的平均亮度，形成房间明亮程度的总印象；亮度分布使人产生对室内空间的形象感受。所以，室内主要表面还必须有合理的亮度分布。

在工作房间，作业近邻环境的亮度应当尽可能低于作业本身亮度，但最好不低于作业亮度的 1/3。而周围视野（包括顶棚、墙、窗户等）的平均亮度，应尽可能不低于作业亮度的 1/10。灯和白天窗户的亮度，则应控制在作业亮度的 40 倍以内。墙壁的照度达到作业照度的 1/2 为宜。为了减弱灯具与其周围顶棚之间的对比，特别是采用嵌入式暗装灯具时，顶棚表面的反射比至少要在 0.6 以上，以增加反射光。顶棚照度不宜低于作业照度的 1/10，以免顶棚显得太暗。

6.5.3　光的显色性

光源对物体颜色呈现的程度称为显色性，也就是颜色的逼真程度，显色性高的光源对颜色的再现较好，我们所看到的颜色也就较接近自然原色；显色性低的光源对颜色的再现较差，我们所看到的颜色偏差也较大。原则上，人造光线应与自然光线相同，以使人的肉眼能正确辨别事物的颜色，当然，这要根据照明的位置和目的而定。光源对物体颜色呈现的程度称为显色性，通常叫作“显色指数”（*Ra*）。显色性是指事物的真实颜色（其自身的色泽）与某一标准光源下所显示的颜色关系。*Ra* 值的确定，是将标准 DIN 6169 中定义的 8 种测试颜色在标准光源和被测试光源下进行比较，色差越小则表明被测光源颜色的显色性越好。*Ra* 值为 100 的光源表示事物在其灯光下显示出来的颜色与在标准光源下一致。CIE（国际照明委员会）推荐的适用于不同场合的光源显色性如表 6-3 所示。

表 6-3　CIE 推荐的适用于不同场合的光源显色性

<table>
<tr><th colspan="3">适用场合</th><th>光源显色性能</th><th colspan="2">适用场合</th><th>光源显色性能</th></tr>
<tr><td rowspan="5">室内照明</td><td rowspan="2">工业照明</td><td>高顶棚</td><td>$60>Ra\geqslant 40$
$40>Ra$</td><td rowspan="3">室内照明</td><td>餐厅、旅馆</td><td>$90>Ra\geqslant 80$
$Ra\geqslant 90$</td></tr>
<tr><td>低顶棚</td><td>$60>Ra\geqslant 40$
$80>Ra\geqslant 60$</td><td>音乐厅</td><td>$90>Ra\geqslant 80$
$Ra\geqslant 90$</td></tr>
<tr><td rowspan="2">商场照明</td><td>普通照明</td><td>$90>Ra\geqslant 80$
$80>Ra\geqslant 60$</td><td>住宅</td><td>$90>Ra\geqslant 80$
$80>Ra\geqslant 60$
$Ra\geqslant 90$</td></tr>
<tr><td>橱窗照明</td><td>$90>Ra\geqslant 80$
$Ra\geqslant 90$</td><td rowspan="2">室外照明</td><td>住宅区和休息区</td><td>$60>Ra\geqslant 40$
$40>Ra$</td></tr>
<tr><td colspan="2">办公室、学校照明</td><td>$60>Ra\geqslant 40$
$90>Ra\geqslant 80$</td><td>公园、广场和住宅区</td><td>$40>Ra$
$60>Ra\geqslant 40$
$80>Ra\geqslant 60$</td></tr>
</table>

6.5.4　光的色温

作为光环境设计中常用的概念，色温可以理解为将一块概念上的纯黑色金属进行加热，该金属在不同的温度下呈现出不同的颜色,我们将这些颜色称为色温。由于人眼对于太阳光色温的感知为适中,因此不同色温的光线在与日光色温的比较下产生了冷暖之分,不同色温的光线可以营造具有不同氛围的室内空间,带给使用者不同的感觉。

色温是表示光线中包含颜色成分的一个计量单位。从理论上说,黑体温度指绝对黑体从绝对零度(-273 ℃)开始加温后所呈现的颜色。黑体在受热后,逐渐由黑变红,转黄,发白,最后发出蓝色光。当加热到一定的温度时,黑体发出的光所含的光谱成分,就称为这一温度下的色温,计量单位为"K"(开尔文)。

在一般情况下,正午10点至下午2点,晴朗无云的天空,在没有太阳直射光的情况下,标准日光在5 200~5 500 K;新闻摄影灯的色温在3 200 K;一般钨丝灯、照相馆拍摄黑白照片使用的钨丝灯以及一般的普通灯泡光的色温大约在2 800 K;由于色温偏低,所以在这种情况下拍摄的照片扩印出来以后会感到色彩偏黄。而一般日光灯的色温在7 200~8 500 K,所以在日光灯下拍摄的照片会偏青色。

人所需求的舒适照度和色温有密切的关系,色温越高,舒适度越高。光源色温及适用场合如表6-4所示。

表6-4　光源色温及适用场合

光源	色温	空间感觉	表达氛围	适用场合
白炽灯、卤钨灯、暖白色荧光灯、高压钠灯、低压钠灯	3 300 K以下	温馨、柔和(暖色调)	舒适、温暖的安详美	客房、卧室、病房、酒吧、餐厅等
冷白色荧光灯、金属卤化物灯	3 300~5 000 K	清爽、纯净(白色调)	明净、舒畅的轻松美	办公室、教室、阅览室、诊所、实验室等
日光色荧光灯、荧光高压汞灯、金属卤化物灯、氙灯	5 000 K以上	寒冷、冷漠(冷色调)	权威、严肃的气势美	热加工车间、高照度场所等

6.5.5　光照强度

光照强度定义是将单位面积上的光通量称为照度(lx 或 lm/m^2),是表达被照物体表面明亮程度的间接指标。合适的室内照度值设计在保护人眼视力的同时可以提高人员工作效率,为设计满足视觉可视度要求的合理照度,设计师需要同时考虑设计光环境中物体的尺度、工作平面对比度、工作种类、人员差异等多种因素的制约。在《建筑照明设计标准》(GB 50034—2013)中对居住建筑、公共建筑、办公建筑等不同建筑类型的照度标准值进行了规定,表6-5中给出了规范中的建筑照度标准值。

表6-5　建筑照度标准值

房间或场所		参考平面及其高度	照度标准值/lx	显色指数 Ra
起居室	一般活动	0.75 m水平面	100	80
	书写、阅读		300	

房间或场所		参考平面及其高度	照度标准值/lx	显色指数 Ra
卧室	一般活动	0.75 m 水平面	75	80
	床头、阅读		150	
餐厅		0.75 m 餐桌面	150	80
厨房	一般活动	0.75 m 水平面	100	80
	操作台	台面	150	
卫生间		0.75 m 水平面	100	80
电梯前厅		地面	75	60
走道、楼梯间		地面	20	60
公共车库	停车位	地面	20	60
	行车道	地面	30	60

注:宜用混合照明。

6.5.6 亮度比(反射比)

对于均匀照明的无光泽材料的背景和目标,亮度比用反射比表示。通过给出工作空间光环境表面反射比,使视野内亮度分布控制在眼睛能适应的水平上,平衡良好的适应亮度可以提高视觉敏锐度、对比灵敏度和眼睛的视觉功能效率,避免由于视野内不同的亮度分布而影响视觉舒适度,避免由于眼睛频繁地适应而引起的视觉疲劳。对长时间工作空间,表面反射比宜按表 6-6 选取。

表 6-6 工作空间的表面反射比

表面名称	反射比
顶棚	0.6~0.9
墙面	0.5~0.8
地面	0.2~0.4
作业面	0.2~0.6

6.5.7 不舒适眩光指数

当视野中出现了强烈的亮度对比时候,我们能够感受到眩光。眩光会损坏视觉,使人产生不舒适感,因此控制不舒适眩光很重要。为了更好地量化眩光的影响,通常采用不舒适眩光指数来计算,我国的《建筑采光设计标准》中给出了窗的不舒适眩光指数(DGI)的计算公式和办公室的不舒适眩光指数标准值。

$$DGI = 10\lg\sum G_n$$

$$G_n = 0.478 \times \frac{L_s^{1.6}\Omega^{0.8}}{L_B + 0.07\omega^{0.5}L_s}$$

$$P = \exp\left[\left(35.2 - 0.318\,89\alpha - 1.22e^{\frac{2\alpha}{9}}\right) \times 10^{-3}\beta + (21 + 0.266\,67\alpha - 0.002\,963\alpha^2) \times 10^{-5}\beta^2\right]$$

式中　　G_n——眩光常数；

　　　　L_s——窗亮度，通过窗所看到的天空、遮挡物和地面的加权平均亮度（cd/m^2）；

　　　　Ω——考虑窗位置修正的立体角（sr）；

　　　　L_B——背景亮度，观察者视野内各表面的平均亮度（cd/m^2）；

　　　　ω——窗对计算点形成的立体角（sr）；

　　　　α——窗对角线与窗垂直方向的夹角（°）；

　　　　β——观察者眼睛与窗中心点的连线与视线的夹角（°）。

　　窗的不舒适眩光指数是评价采光质量的重要指标，表 6-7 中给出了《建筑采光设计标准》（GB 50033—2013）中窗的不舒适眩光指数的限值。实测调查表明，窗亮度为 8 000 cd/m^2 时，其累计出现概率达到了 90%，说明 90% 以上的天空亮度状况在对应的标准中，实验和计算结果还表明，当窗面积大于地面面积一定值时，眩光指数主要取决于窗亮度。表中所列眩光限制值均为上限值。关于顶部采光的眩光，据实验和计算结果表明，由于眩光源不在水平视线位置，在同样的窗亮度下顶窗的眩光一般小于侧窗的眩光，顶部采光对室内的眩光效应主要为反射眩光。

表 6-7　窗的不舒适眩光指数的限值

采光等级	眩光感觉程度	窗亮度/(cd/m^2)	窗的不舒适眩光指数 DGI
Ⅰ	无感觉	2 000	20
Ⅱ	轻微感觉	4 000	23
Ⅲ	可接受	6 000	25
Ⅳ	不舒适	7 000	27
Ⅴ	能忍受	8 000	28

6.6　建筑光环境控制技术

　　据统计，在影响建筑能耗的设备和系统中，照明能耗占我国建筑总能耗的 30%~50%，同时照明设备所产生的热量通常可占到空调制冷负荷的 15%~20%，可见照明的使用不仅直接影响了建筑的照明能耗，还间接对建筑的空调负荷产生了较大的影响，尤其当人员不在建筑内时，建筑照明的无效运行可能导致大量的能量浪费。因此，这就要求对照明控制系统进行合理设计，制定出高效节能的照明控制策略。这里提到的照明控制不仅是指对室内人工照明的控制，同时也包含着对自然采光的控制。因为自然采光作为一种重要的建筑采光方式不仅对建筑光环境质量有着决定性作用，而且对建筑物的能耗、峰值负荷以及视觉效果和热舒适性也有着显著的影响。因此本节以下部分将分别对目前比较新颖的人工照明控制技术和自然采光与人工照明联合控制技术进行简要介绍。

6.6.1　人工照明控制技术

人工照明控制技术本质上就是对建筑中的人工光源进行控制,使其满足照明舒适性和艺术性的要求。人工照明控制技术是随着科技的进步和人们需求的改变而不断发展的,在发展过程中依次出现了传统照明控制技术、自动照明控制技术和智慧照明控制技术。

1. 传统照明控制技术

传统照明控制技术多以手动控制为主,常见的有以下几种:一是利用设置在灯具配电回路上的手动开关元件,如面板开关,来控制配电回路的通断,从而实现灯具的开关控制;二是利用设置在灯具配电回路中的手动调节元件,如传统调光控制柜和灯光控制台等,来调节配电回路的电压、电流和频率等电气参数,从而实现灯光的调光控制。传统的照明控制方式简单、有效、直观,但它的节能控制效果多依赖于控制者的个人节能意识,控制相对分散,其实时性和自动化程度低。

2. 自动照明控制技术

自动照明控制利用数字控制技术来控制灯具的开关,通常是控制中心发出信号,通过直接数字控制器(DDC)来控制配电回路中的交流接触器的分合,从而控制配电回路的通断,实现灯具开关控制。这种控制方式解决了传统方式控制相对分散和污染难以有效管理的问题,实现了照明控制自动化,但缺点在于无法实现调光控制功能。

3. 智能照明控制技术

智能照明控制技术是随着无线通信技术的进步而发展起来的照明控制技术,它解决了传统手动照明控制方式控制功能单一、管理效率低下的问题,同时也完善了自动照明控制方式不具备调光功能、无法满足复杂环境照明要求的缺点。智能照明控制技术结合了传感采集技术、微处理器技术、网络通信技术和智能控制技术,使得照明的自动控制不再依赖于人工或楼宇设备管理,真正实现了照明的独立控制,该技术不仅具备简单的开关控制,而且还能对光源进行调光控制,更加有利于照明空间艺术效果的营造。

目前,国内外已经出现了相关研究,其提出了许多智能照明控制方式,按照其通信方式的不同可以划分为有线照明控制、电力载波照明控制和无线智能照明控制三种方式。有线照明控制系统一般通过总线结构将本地的照明控制系统连接成个本地网络,来实现智能的控制与管理,它的优点在于相对安全和可靠,缺点在于布线施工复杂,维护成本高昂,扩展性差;电力载波照明控制系统的优点在于不需要安装额外的网络线,缺点在于易受干扰,不稳定;无线智能照明控制系统使用的技术很多,有 NB-IOT 技术、LoRa 技术、Wi-Fi 技术、Zig-Bee 技术等,它的优点在于安装方便,通信灵活,缺点在于易受干扰,不稳定。

从自动控制的角度看,人工照明的控制方式又可以分为阈值自控、优化自控和自适应自控。阈值自控主要是设定控制照度阈值,根据实际参数与阈值的关系触发控制;优化自控主要是以能耗或者舒适性为目标,通过优化手段实现最终控制;自适应自控主要是根据人员的自适应偏好,通过控制提供一个舒适的室内环境。对于阈值控制来说,由于其触发条件是一个固定的值,在很多时候并不符合人员的需求,因此在过程中往往会引起人员的满意度下降,而对于优化以及自适应控制来说,由于考虑了人员的舒适性因素,因此一般满意度较高。

但由于自适应自控和优化自控在设计之前需要对照明区域人员的照明需求、行为习惯等进行大量的调研,设计过程烦琐,实际智能控制系统一般不采用这两种照明控制方式。

智能照明控制系统框架如图 6-3 所示。

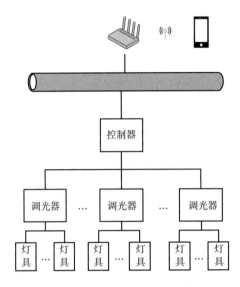

图 6-3　智能照明控制系统框架

在实际设计过程中,一个智能照明系统的设计应该包含以下几个步骤。

1)照明控制系统技术方案的确定

根据照明控制系统的需求,对现有的主流照明控制系统技术方案进行研究和对比,选择出适合该系统的系统架构,在架构层级确定的基础上制定可靠的通信协议。以手机端、控制器、调光器构建分布式系统架构,其中控制器通过以太网与路由器进行连接,调光器通过总线与控制器进行数据交互。针对两种通信方式及系统需求制定详细的通信协议,并对系统的调光方式进行分析和选择。

2)照明控制系统硬件的设计

根据系统需求,围绕通信方式及核心的灯光控制功能,设计控制器和调光器的硬件电路。在低成本情况下实现稳定可靠的灯光控制效果,为后续的软件开发奠定基础。

3)照明控制系统软件的设计

分别对控制器和调光器展开软件设计,运用层次化及模块化的软件设计思路,完成系统中各部分的功能及业务逻辑。通过对多种智能照明控制技术进行对比,可以发现目前实际应用的智能照明控制均采用阈值控制,阈值的选择依据主要包括三个方面:光照度依据、人数依据和时间依据。光照度依据指的是使照明控制区域的照度值下限值满足《建筑照明设计标准》的规定,同时要注意选择合适的上限值保证控制过程稳定;人数依据是指根据控制区域人员的照明需求进行照明控制;时间依据是指根据照明区域的工作时间表控制照明,在非工作时间段不进行照明。

4)照明控制系统的测试与分析

从性能测试和功能测试两部分对照明控制系统的通信性能和调光参数展开测试与分

析。针对通信性能中的影响因素,如超时时间、波特率及通信距离进行理论分析和测试,确定系统的最优通信参数。在确保通信速率的同时对调光效果进行分析,对调光效果进行优化,使得人眼观察到的调光呈现为线性均匀变化。最终对照明控制系统的整体功能进行测试,保证智能照明控制系统达到预期控制效果。

6.6.2　自然采光与人工照明联合控制技术

自然采光与人工照明联合控制技术本质上说属于智能照明控制技术的一种,与上述智能照明控制的区别在于其还包含着对建筑自然采光的控制,但两者的目的都是为了在保证室内舒适的光环境的前提下实现建筑节能。目前常用的改变自然采光效果的设施主要是遮阳设施,遮阳设施可以分为手动遮阳、电动遮阳以及自动遮阳,因此这里的自然采光控制主要指的是对电动遮阳或自动遮阳设施的控制。

遮阳以及照明的调节状态也直接影响着室内的光环境和热环境,从而影响着室内人员的舒适性。但由于建筑遮阳和照明的使用规律多取决于人的偏好习惯,同时照明设计规范中也没有对人员的遮阳行为进行规定,因此若选择阈值控制的控制方式将难以确定遮阳控制的阈值。随着人行为相关研究的不断完善,已经建立起了室内人员照明行为和遮阳行为的相关模型,这为选择自适应控制方式建立了基础。

自然采光与人工照明联合控制技术的设计过程主要包括以下几个步骤。

1. 对要控制的建筑进行调研

调研工作包括两部分内容:一是通过实地测试的方式对建筑基本信息、建筑内外光环境参数、人员在室状态、照明及遮阳系统状态进行调研;二是通过问卷发放的形式对人员光环境偏好、人员照明及遮阳使用习惯、人员基本信息、人员光环境满意度、节能意识等情况进行调研。通过调研全面掌握待设计建筑的信息,为下面的模型建立收集数据。

2. 人员照明模型的构建

相关研究表明,人员的开灯行为的影响因素主要包括室内照度和人员的在室状态,可以用以下公式表示:

$$P_{open\_lighting} = F(L, O)$$

式中　　$P_{open\_lighting}$——人员开灯的概率;

　　　　L——照度(包含室内工作面照度、室外平均照度、室内平均照度等);

　　　　O——人员的在室状态(分为人员刚到达、人员在室期间、人员离开前三种)。

另外,人员的关灯行为的影响因素包括人员离开房间的时长和室内的照度,可以用以下公式表示:

$$P_{close\_lighting} = F(t, L)$$

式中　　$P_{close\_lighting}$——人员关灯的概率;

　　　　t——人员离开房间的时长;

　　　　L——照度(包含室内工作面照度、室外平均照度、室内平均照度等)。

在以上分析照明影响行为的基础上,建立对照明行为的数学描述。研究表明生存模型可以很好地反映出事件发生与时间之间的关系,可以用来表示出随人员离开时长增加其关灯概率的变化状况,因此这里选择 log-logistic 参数型生存模型作为照明行为模型。

log-logistic 参数型生存模型的生存函数用以下公式表示:

$$S(t) = \frac{1}{1 + \lambda t^k}$$

式中　$S(t)$——存活概率;

　　　λ——尺度参数;

　　　t——持续时长;

　　　k——形状参数。

因此可以得到其概率分布,用以下公式表示:

$$P = 1 - S(t) = 1 - \frac{1}{1 + \lambda t^k}$$

将其用作人员的关灯行为的概率模型。式中:P 表示关灯概率;t 表示离开时长, min;λ、k 为该公式的 2 个参数。

对其进行推导,由此得到的公式作为人员开灯的行为模型:

$$P = 1 - \frac{1}{1 + \left(\dfrac{x - \gamma}{\lambda}\right)^k}$$

式中　P——开灯概率;

　　　x——照明开启的驱动因素,如照度等;

　　　γ, λ, k——公式的 3 个参数。

3. 遮阳模型的构建

相关研究表明,遮阳行为的影响因素除了包括照度、太阳辐射、眩光和室内外的温度在内的环境参数之外,遮阳当前的位置还与上一个时刻的位置有一定的关联。另外,遮阳的调节还与人员的个人心理因素等有关,开遮阳的行为可能与人员户外视野的需求有关,可用以下公式表示:

$$P_{\text{shadingopen}} = F(L, S, G, T, V, s_{t-1})$$

式中　L——照度(包含室内工作面照度、室外平均照度、室内平均照度等);

　　　S——太阳辐射(分为直射辐射、总辐射和散射辐射);

　　　G——眩光因素;

　　　T——温度(室内和室外);

　　　V——对户外视野的需求;

　　　s_{t-1}——遮阳在上一时刻的位置。

关遮阳的行为不仅与环境参数、上一个时刻的遮阳位置有关,还与隐私需求这个心理因素有关,可用以下公式表示:

$$P_{\text{shadingclose}} = F(L, S, G, T, P, s_{t-1})$$

式中　L——照度(包含室内工作面照度、室外平均照度、室内平均照度等);

　　　S——太阳辐射(分为直射辐射、总辐射和散射辐射);

　　　G——眩光因素;

T——温度（室内和室外）；

P——隐私需求；

s_{t-1}——遮阳在上一时刻的位置。

考虑到马尔可夫模型具有基于当前状态预测下一时刻状态的特性，这里采用马尔可夫模型来描述遮阳系统的调节。令时间步长 k 处的马氏链 X 为时间序列 $X(t_1)$，$X(t_2)$，$\cdots$，$X(t_k)$，遮阳状态为 $S = \{S_1, S_2, \cdots, S_n\}$，其中 $n \leqslant k$。

使用马尔可夫模型时，当给定当前遮挡状态时，下一个遮挡状态与过去无关，仅依赖于当前遮阳状态，状态变化的概率由一个转移概率矩阵表示，与时间无关，其表达式如下：

$$P\left\{\left(X(t_n) = S_n \mid X(t_1) = S_1, X(t_2) = S_2, \cdots, X(t_{n-1}) = S_{n-1}\right)\right\}$$
$$= P\left\{\left(X(t_n) = S_n \mid X(t_{n-1}) = S_{n-1}\right)\right\}$$

式中　$n-1, n$——给定的时间步长；

S_{n-1}，S_n——两种状态；

P——转移概率。

如果模型参数随时间变化为常数，则马尔可夫链为时齐次马尔可夫链（或平稳马尔可夫链），即模型转换矩阵为常数时不变矩阵：

$$\boldsymbol{P} = \begin{bmatrix} p_{11} & p_{12} & \cdots & p_{1j} \\ p_{21} & p_{22} & \cdots & p_{2j} \\ \vdots & \vdots & & \vdots \\ p_{i1} & p_{i2} & \cdots & p_{ij} \end{bmatrix}$$

式中　$p_{11}, \cdots, p_{mm}$——各遮阳状态之间的转移概率。

p_{ij} 由以下公式得到：

$$p_{ij} = \frac{Ni_j}{\sum\limits_1^n N_{ij}}$$

式中　p_{ij}——由 i 位置转移到 j 位置的概率；

$\sum\limits_1^n N_{ij}$——从 i 位置开始转移的总次数；

N_{ij}——由 i 位置转移到 j 位置的次数。

4. 建立照度预测模型

在控制系统决策过程中，为了预测下一时刻人员的控制行为或使自控系统给出下一时刻照明及遮阳系统的状态，我们需要获取下一时刻的室内光环境参数。目前有许多方法都能够对房间内具体位置的照度进行近似预测，例如采用梯度增强回归器（GBR）算法对室内工作面的照度进行预测。

5. 确定照明 - 遮阳联动控制类型

结合问卷统计情况将人员联动控制类型的确定分为三个步骤，具体的步骤如下。

1）人员的光环境偏好类型的确定

根据人员在室内光线不满足要求时优先采取的措施，将人员的光环境偏好类型分为自然光偏好型（natural lighting）和灯光偏好型（lighting）两种，对于在室内光线不满足要求时优先使用遮阳来获取足够照度的人员，将其定义为自然光偏好型（N），而对于在室内光线不满足要求时优先使用照明来获取足够照度的人员，将其定义为灯光偏好型（L）。

2）先动设备使用类型的确定

如果是自然光偏好型（N），则其在室内光环境不符合自己要求时优先采用遮阳设备来改善，因此对于该类型的人在第二步的判断中要优先确定遮阳的使用类型。根据问卷调查结果，以人员对光线的敏感程度将人员的遮阳使用类型划分为光线敏感型（sensitive）、光线适中敏感型（moderate）和光线不敏感型（insensitive）三类：将对光线比较敏感，在阳光稍微刺眼时即拉上遮阳，室内光线稍微暗一点时就打开遮阳的人员定义为光线敏感型（S）；将对光线的敏感程度适中，在阳光较刺眼时拉上遮阳，室内较暗时打开遮阳的人员定义为光线适中型（M）；将对光线不敏感，阳光非常刺眼了才拉上遮阳，室内光线非常暗了才打开遮阳的人员定义为光线不敏感型（I）。

而对于灯光偏好型（L）来说，在室内光线不满足要求时优先使用照明来改善室内光环境，因此对于该类型的人在第二步的判断中要优先确定照明的使用类型。根据问卷调查结果，以人员对亮暗环境的接受程度不同将人员的遮阳使用类型划分为亮环境接受型（bright）、中等环境接受型（medium）和暗环境接受型（dark）三类：将仅能接受较亮的工作环境，室内稍微暗一点就会去开灯的人员定义为亮环境接受型（B）；将能接受适中的环境，觉得比较暗的时候会开灯的人员定义为光线适中型（M）；将能够接受较暗的工作环境，实在很暗了才会开灯的人员定义为暗环境接受型（D）。

3）后动设备使用类型的确定

自然光偏好型（N）在控制时优先调节遮阳来改善室内光环境，因此对于该类型将在第三步完成人员照明使用类型的确定；而灯光偏好型（L）则在控制时优先使用照明来改善室内光环境，因此对于该类型将在第三步完成人员遮阳使用类型的确定。

上述三步判断完成了对房间内人员联动控制模式类型的确定，理论上可以得到人员联动控制模式类型共18种，如图6-4所示。

6. 确定照明 - 遮阳联动控制逻辑

通过上述对人员照明及遮阳控制概率模型的构建、联动控制类型的确定以及室内工作面照度的预测，最终可以完成对人员联动控制行为的判断。下面将对其判断步骤进行阐述。

1）对人员的在室状况进行判断

如果人员在室，则将该时刻的时间、室外照度、室外的太阳辐射度以及初始的遮阳比例和照明状态输入室内工作面照度黑箱预测模型中，从而完成对该时刻室内工作面照度的预测，并进入下一步。如果人员不在室就保持现在状态，并进行下一时刻的判断，直到人员在室后，将上述五个变量输入黑箱模型中对室内工作面照度进行预测，并进入下一步。

2）确定在室人员照明及遮阳联动控制类型

人员联动控制类型的确定是联动控制行为判断的基础，联动控制类型包含三部分：光环境偏好类型（灯光与自然光偏好的选择）、亮暗环境接受程度（照明控制类型的选择）以及光线敏感程度(遮阳调节类型的选择)。其中,亮暗环境接受程度以及光线敏感程度的不同仅会导致其在照明或遮阳模型选择上的差异,而光环境偏好类型的不同则会导致整个判断流程的步骤差异。因此,此处仅以光环境偏好类型为区别,将联动控制模式分为自然光偏好和灯光偏好两大类,在下面的步骤中进行判断流程的介绍。

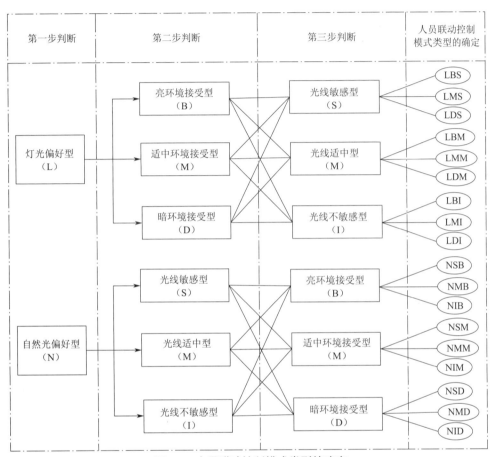

图 6-4　人员联动控制模式类型的确定

3)结合室内工作面照度预测模型,进行先动行为的判断

对于自然光偏好这一大类来说,遮阳调节是室内人员的先动行为。优先确定其遮阳使用类型,并根据遮阳使用类型确定遮阳位置转移概率模型。在此基础上,首先判断在通过黑箱模型得到的室内工作面照度下,所得到的遮阳转移概率,并通过获取随机数的方式,完成此刻人员遮阳调节行为的判断。若该时刻人员对遮阳设备进行了调节,则将所调节到的遮阳位置更新输入室内照度预测中,再进行下一步的判断。若该时刻人员没有对遮阳设备进行调节,则遮阳位置不做更新,依旧以当前的遮阳比例进行下一步的判断。

对于灯光偏好这一大类来说,照明控制是室内人员的先动行为。优先确定其照明使用类型,并根据照明使用类型确定照明概率模型。在此基础上,首先判断在通过黑箱模型得到的室内工作面照度下,所得到的照明开启概率,并通过获取随机数的方式,完成此刻人员照明开关行为的判断。若该时刻人员对照明进行了调节,则将调节后的照明状态更新输入室内照度黑箱预测中,再进行下一步的判断。若该时刻人员没有对照明进行调节,则照明状态不做更新,依旧以当前的照明状态进行下一步的判断。

4)结合室内工作面照度预测模型,进行后动行为的判断

在完成第三步先动行为的判断后,将对另一个系统进行人员后动行为的判断。对于自然光偏好这一大类来说,照明控制是室内人员的后动行为。确定其照明使用类型,并根据照明使用类型确定照明概率模型。在此基础上,判断在更新后通过预测模型得到的室内工作面照度下,所得到的照明开启概率,并通过获取随机数的方式,完成此刻人员照明开关行为的判断。若该时刻人员对照明进行了调节,则将调节后的照明状态更新输入室内照度预测中,用于该房间下一时刻联动控制行为的判断。若该时刻人员没有对照明进行调节,则照明状态不做更新,依旧以当前的照明状态进行下一时刻房间联动控制行为的判断。

对于灯光偏好这一大类来说,遮阳调节是室内人员的后动行为。确定其遮阳使用类型,并根据照明使用类型确定遮阳转移概率模型。在此基础上,判断在更新后通过黑箱模型得到的室内工作面照度下,所得到的遮阳转移概率,并通过获取随机数的方式,完成此刻人员遮阳调节行为的判断。若该时刻人员对遮阳进行了调节,则将调节后的遮阳状态更新输入室内照度黑箱预测中,用于该房间下一时刻联动控制行为的判断。若该时刻人员没有对遮阳进行调节,则遮阳位置不做更新,依旧以当前的遮阳位置进行下一时刻房间联动控制行为的判断。

7. 根据以上联动控制逻辑,确定不同照明区域的具体控制策略

之后的流程与人工智能照明的流程相同,包括系统构架和通信协议的确定、照明控制系统硬件和软件的设计、照明控制系统的测试与分析等。

参考文献

[1]　杨博. 智能家居中照明控制系统的研究 [D]. 杭州:中国计量大学,2018.
[2]　马小茹. 建筑中人员照明及遮阳控制行为的预测模型及应用研究 [D]. 天津:天津大学,2019.
[3]　丁研,田喆,孙越霞. 人工环境构建原理与技术 [M]. 天津:天津大学出版社,2020.

第7章　室内环境营造

室内空气环境与人的健康息息相关,本章重点讲述室内良好空气环境的营造。

为了有效控制室内污染、改善室内空气质量、营造良好的空气环境,需要对室内污染全过程有充分认识。

室内空气污染物由污染源散发,在空气中传播,当人体暴露于污染空气中时,污染就会对人体产生不良影响。室内空气污染控制,或者说良好的空气环境的营造可通过以下三种方式实现:①源头治理;②通新风稀释和合理组织气流;③空气净化。下面分别就这三个方面进行介绍。

7.1　源头治理

从源头治理室内空气污染,是治理室内空气污染的根本之法。室内空气污染有不同来源,除了室外源,室内的建材、设施(如复印机、激光打印机)、人体和人员活动(如吸烟、做饭、打扫卫生)均为重要的室内源。

污染源头治理有以下两种。

(1)消除室内污染源。源头治理最好、最彻底的办法是消除室内污染源,譬如,一些室内建筑装修材料含有大量的有机挥发物,研发具有相同功能但不含有害有机挥发物的材料,可消除建筑装修材料引起的室内有机化学污染;又如,一些地毯吸收室内化学污染后会成为室内空气二次污染源,因此,不用这类地毯就可消除其导致的污染。

(2)减小室内污染源散发强度。当室内污染源难以根除时,应考虑减少其散发强度。譬如,通过标准和法规对室内建筑材料中有害物含量进行限制就是行之有效的办法。我国制定了关于室内装饰装修材料中有害物质限量的国标,其中限定了室内装饰装修材料中一些有害物质的含量和散发速率,对建筑物在装饰装修方面的材料使用进行了一定的限定,同时也对装饰装修材料的选择有一定的指导意义。

7.2　通风稀释

为了改善室内空气质量,需要对室内空气污染进行控制与治理,其中通风是一种较有效的方法。

通风不足会导致建筑内部的空气污染物无法及时排出,从而可能对在室人员的身体健康造成极大危害。为满足室内人员对新鲜空气的需要,保证室内污染物浓度不超标,并避免新风量过大导致能源浪费,很多国家都制定了相应的标准,规定了最小通风量和换气次数。2022 年,我国发布国家标准《室内空气质量标准》(GB/T 18883—2022),规定住宅和办公建筑中新风量不应小于 30 m³/(h·人)。

7.2.1 建筑通风发展史

当人类将火带进住所时,他们发现需要在屋顶上开一个口来排烟,并提供空气以维持燃烧,这是通风的最初目的。因为火可以将空间加热到更舒适的温度,所以热舒适与通风密切相关。古埃及人观察到,在室内工作的石雕工更容易发生呼吸窘迫,他们认为这是由室内粉尘含量较高导致的。因此,控制灰尘是第二个公认的通风需求。到了中世纪,人们意识到建筑物中的空气会以某种方式在拥挤的房间中传播疾病。英国国王颁布法令,规定了房间的最小高度和窗户尺寸,以促进房间中的烟雾排出。随后,人们开始研究"坏空气是什么"。17 世纪,梅奥(Mayow)将小动物放进一个密闭的瓶子,并点燃蜡烛,蜡烛在动物窒息前就熄灭了,动物的存活时间是处于没点燃蜡烛的环境中的一半。Mayow 认为,"空气中的燃烧颗粒"导致了动物死亡。1777 年,拉瓦锡(Lavoisier)在拥挤的房间里对空气中的氧气和二氧化碳进行了研究,得到如下结论:导致憋闷和空气不好的因素不是二氧化碳过量,而是氧气减少。关于"坏空气"由氧气减少还是二氧化碳过量引起的争论持续了很多年。1862 年,Pettenkofer 提出氧气和二氧化碳都不是造成恶劣空气的原因,人体代谢污染才是造成空气污浊的原因。人体代谢时产生二氧化碳,从此二氧化碳作为衡量空气污浊程度的指标被普遍认同。

几个世纪以来,关于通风一直有两个思想流派,建筑师和工程师致力于提供舒适、没有有毒气体、氧气充足或二氧化碳浓度低的建筑环境,而医生关心的是尽量减少疾病的传播。19 世纪末、20 世纪初,比林斯(Billings)和他的同事基于对减少疾病传播和舒适度的考虑,建议通风量为 60 cfm(28 L/s)、30 cfm(14 L/s)。20 世纪 30 年代后期,人们对通风量的要求基本上基于 Yaglou 对人类气味的研究。Yaglou 的实验结果表明,大约 8 L/(s·人)的通风量能使室内气味处于可接受水平。

20 世纪 70 年代初,氡作为肺癌的诱因越来越受到人们的重视。不久之后,研究发现室内尘螨和过敏性疾病有关,甲醛和挥发性有机化合物与病态建筑综合征有关。1975 年,基于对氡和甲醛的考虑,由 Sundell 主笔的瑞典节能建筑规范规定了住宅最低换气次数为0.5 次/h。后来,大多数标准和建筑法规都采用此数值,仅在表达上略有不同。自 20 世纪 70 年代初以来,关于如何表达通风标准的讨论一直在进行。我们能不能不给出通风量,而规定污染物的浓度限值? 这将给予设计师更大的自由去寻找解决方案。然而在实际中,尽管我们对污染物的来源和强度有一定的了解,但从公共健康的角度来看,有关不同污染物和混合污染物在一定浓度范围内对不同人群的健康的影响的信息有限,确定浓度限值并将其纳入通风和室内空气质量标准一直是一项挑战,尤其是对办公室、学校和住宅等非工业环境。

1998 年,Fanger 开发了一种量化感知室内空气品质的方法。该方法基于居住者对来自人、材料、烟草烟雾和其他污染源的气味和空气中的刺激物的感知程度定义了两个新的量——olf 和 decipol。olf 根据污染源对感知空气质量的影响来量化污染源的强度。decipol用于描述在特定通风条件下的感知空气质量。从只考虑人体气味到考虑多种来源对室内空气质量的影响,该方法具有实质性的进步。但该方法仍存在局限性,它无法解释污染物对健康的影响,特别是一氧化碳等不易察觉的污染物,或在浓度低于气味和刺激阈值时。美国标准 ASHRAE 62 和欧洲标准 CEN 13779 以感知室内空气质量作为依据,制定针对非人员污染源的通风要求。

7.2.2　通风形式

建筑通风从实现机理上分为两种:自然通风和机械通风。

1. 自然通风

自然通风是指利用自然的手段(热压、风压等)来促使空气流动而进行的通风换气方式。它最大的特点是不消耗动力,或与机械通风相比消耗很少的动力,因而其首要优点是节能,并且占地面积小、投资少、运行费用低,其次是可以用充足的新鲜空气保证室内的空气质量。

自然通风主要依靠室内外风压或者热压的不同来进行室内外空气交换。如果建筑物外墙上的窗孔两侧存在压力差 Δp,就会有空气流过该窗孔,空气流过窗孔时的阻力就等于 Δp。

$$\Delta p = \zeta \frac{v^2}{2} p \tag{7-1}$$

式中　Δp——窗孔两侧的压力差(Pa);

　　　ζ——窗孔的局部阻力系数;

　　　v——空气流过窗孔时的流速(m/s);

　　　ρ——空气的密度(kg/m³)。

式(7-1)可改写为

$$v = \sqrt{\frac{2\Delta p}{\xi \rho}} = \mu\sqrt{\frac{2\Delta p}{\rho}} \tag{7-2}$$

式中　μ——窗孔的流量系数, $\mu = \sqrt{1/\xi}$, μ 值的大小与窗孔的构造有关,一般小于 1。

通过窗孔的空气量

$$Q = vF = \mu F\sqrt{\frac{2\Delta p}{\rho}} \tag{7-3}$$

$$G = \rho Q = \mu F\sqrt{2\Delta p \rho} \tag{7-4}$$

式中　Q——空气的体积流量(m³/s);

　　　F——窗孔的面积(m²);

　　　G——空气的质量流量(kg/s)。

由式(7-4)可以看出,只要已知窗孔两侧的压力差 Δp 和窗孔的面积 F 就可以求得通过该窗孔的空气量 G。G 的大小是随 Δp 的增大而增大的。下面将分析在自然通风条件下,Δp 产生的原因和提高的途径。

2. 机械通风

机械通风是指利用机械手段(风机、风扇等)产生压力差来实现空气流动的方式。机械通风和自然通风相比,最大的优点是可控制性强。通过调整风口大小、风量等因素,可以调节室内的气流分布,达到比较满意的效果。

机械通风从实现方法上分为三类:稀释法、置换法、局域保障法。根据不同的实现方法,形成了多种不同的通风形式。稀释法基于均匀混合的原理,用于保障整个空间的空气环境,由此产生了混合通风的形式;置换法基于活塞风置换的原理,主要保障工作区的空气环境,由此产生了置换通风的形式;局域保障法基于按需求保障的原理,主要保障有需求的局部区域的空气环境,在送风方面产生了个性化通风的形式,此外还产生了局部排风等形式。

7.2.3 通风量测量

对建筑通风量的测量研究已有几十年的历史,许多方法可以运用到建筑通风量的测量中。对某一建筑物的通风测量方法通常是由该建筑物的通风系统来决定的。例如,在具有机械通风系统的建筑中,所有进入建筑的气流都通过管道系统送入,因此通过测量管道气流就可以评估建筑通风量。对采用自然通风系统的建筑,可通过理论模型法、气密性测试法、示踪气体法评估建筑通风量。

1. 理论模型法

自然通风是由风压和热压引起的压力差驱动的。风压(P_{w})可由以下公式评估:

$$P_{\mathrm{w}} = C_{\mathrm{p}} \frac{v_{\mathrm{w}}^2}{2} \rho_0 \tag{7-5}$$

式中 C_{p}——风面压力系数;

$\quad\quad v_{\mathrm{w}}$——风速(m/s);

$\quad\quad \rho_0$——室外空气密度(kg/m³)。

热压(P_{s})可由以下公式评估:

$$P_{\mathrm{s}} = P_0 - \rho g h \tag{7-6}$$

式中 P_0——参考高度处的压力(Pa);

$\quad\quad \rho$——空气密度(kg/m³);

$\quad\quad g$——重力常数(m/s²);

$\quad\quad h$——距参考平面的高度(m)。

风压和热压共同作用下推动气体流动,进入建筑形成通风。气流流过建筑开口时形成层流、过渡流或湍流。流场类型根据雷诺数进行判定。

通过大开口的空气往往是湍流,通风量(Q)由式(7-3)计算。

通过狭窄开口的气流基本上是层流,通风量(Q)由以下公式计算:

$$Q = \frac{L h_{\mathrm{crack}}^2}{12 \mu d_{\mathrm{crack}}} \Delta P \tag{7-7}$$

式中 L——狭缝长度(m);

$\quad\quad h_{\mathrm{crack}}$——狭缝高度(m);

$\quad\quad \mu$——空气动态黏度(N·s/m²);

$\quad\quad d_{\mathrm{crack}}$——狭缝沿流动方向的深度(m);

$\quad\quad \Delta P$——狭缝两侧的压力差(Pa)。

流体在较宽开孔中的流动通常处于过渡区,既不是层流,也不是完全的湍流。通风量的计算见下式:

$$Q = kL(\Delta P)^n \tag{7-8}$$

式中 k——流量系数(m³/(s·m·Pa));

L——开孔长度（m）；

ΔP——开孔两侧的压力差（Pa）；

n——取决于流动状态的流动指数。

基于上述理论模型和风洞或现场测量的经验系数，结合计算流体动力学（CFD）技术，可评估建筑通风量。然而通过建模计算的通风量需要输入参数，如温度、风速和风向、开口/狭缝大小，许多参数在实际应用中很难确定。这使得通过理论模型和半经验公式来评估通风量变得困难。此外，由于难以确定边界条件和无法预测湍流的瞬时特性，其在实地测试中的应用受到限制。

2. 气密性测试法

鼓风门测试是评估建筑无组织通风状况的一种方法，可用于测量建筑的气密性，定位渗风位置，计算建筑渗风量。鼓风门系统包括可调速风机和气压计。测试时将风机密封安装在可调尺寸的密封门框中，通过风机向建筑围护结构吹进或抽出空气，强制室内外空气通过门窗缝隙等部位进行交换。测试可在一定压差（10~60 Pa）下进行，为了便于不同建筑物气密性的比较，首选 50 Pa。风机将空气从室内抽出，从而降低室内压力，迫使室外高压空气通过未密封的开口进入室内。通过测量风速，可以发现渗透点，并根据气流读数、温度和压差计算渗透面积。鼓风门测试提供了建筑密闭性的信息，但难以估计建筑日常实际的通风量。

3. 示踪气体法

示踪气体法通过测量示踪气体的稀释度来确定建筑物的通风量。在测量过程中，需要监测建筑物内的示踪气体浓度。理想的示踪气体具有可检测性、稳定性、无毒性，且密度与空气相接近、环境中浓度低和成本低等特点。典型的示踪气体有六氟化硫（SF_6）、一氧化二氮（N_2O）和二氧化碳（CO_2）。

采用示踪气体法确定通风量的基本原理主要有风量平衡原理、污染物质量平衡原理和热平衡原理。污染物质量平衡原理是指进入建筑物的污染物质量与排出建筑物的污染物质量相等。热平衡原理是指总进入能量、总排出能量、空间蓄能或散能的能量平衡。对于风量平衡，当进排风空气温度不同时，应采用质量风量表示；当温差相差不大时，可以采用体积风量表示。对于热平衡，应按进、排气体的焓值进行核算。

对体积为 V_f 的房间进行通风时，污染物源每秒钟散发的污染物量为 x，通风系统开启前室内空气中污染物浓度为 y，如果采用通风稀释室内空气中的污染物，那么在任何一个微小的时间间隔 $d\tau$ 内，室内得到的污染物量（即污染物源散发的污染物量和送风空气带入的污染物量）与从室内排出的污染物量（排出空气带走的污染物量）之差应等于整个房间内增加（或减少）的污染物量，即

$$L_jy_0d\tau+xd\tau-L_pyd\tau=V_fdy \tag{7-9}$$

式中　L_j——通风进风量（m³/s）；

y_0——送风空气中污染物浓度（g/m³）；

$d\tau$——某一段无限小的时间间隔（s）；

x——污染物散发量（g/s）；

L_p——通风排风量（m³/s）；

y——在某一时刻室内空气中污染物浓度（g/m³）；

V_f——房间体积（m^3）；

dy——在 $d\tau$ 时间内室内空气中污染物浓度的增量（g/m^3）。

式（7-9）为通风的基本微分方程式。它反映了任何瞬间室内空气中污染物浓度 y 与通风量 L 之间的关系。

根据风质量平衡原理，进、排风空气质量相等，而进、排风之间存在温差造成进、排风密度不同，使得进排风体积风量有差异，即

$$L_j = G/\rho_j$$
$$L_p = G/\rho_p$$

式中　G——通风风量（kg/s）；

ρ_j——通风进风密度（kg/m^3）；

ρ_p——通风排风密度（kg/m^3）。

为了便于分析室内空气中污染物浓度与通风量之间的关系，可以先研究一种理想情况，假设污染物在室内均匀散发（室内空气中污染物浓度分布是均匀的）、送风气流和室内空气的混合在瞬间完成、送排风气流的温度相差不大，则有

$$L_j = L_p = G/\rho = L$$

式中　ρ——通风进风密度（kg/m^3）；

L——通风量（m^3/s）。

因而，式（7-9）简化为

$$Ly_0 d\tau + x d\tau - Ly d\tau = V_f dy \tag{7-10}$$

对式（7-10）进行变换，有

$$\frac{d\tau}{V_f} = \frac{dy}{Ly_0 + x - Ly}$$

$$\frac{d\tau}{V_f} = -\frac{1}{L} \frac{d(Ly_0 + x - Ly)}{Ly_0 + x - Ly}$$

如果在时间 τ 内，室内空气中污染物浓度从 y_1 变化到 y_2，那么

$$\int_0^\tau \frac{d\tau}{V_f} = -\frac{1}{L} \int_{y_1}^{y_2} \frac{d(Ly_0 + x - Ly)}{Ly_0 + x - Ly}$$

$$\frac{\tau L}{V_f} = \ln \frac{Ly_1 - x - Ly_0}{Ly_2 - x - Ly_0}$$

即

$$\frac{Ly_1 - x - Ly_0}{Ly_2 - x - Ly_0} = \exp \frac{\tau L}{V_f} \tag{7-11}$$

当 $\dfrac{\tau L}{V_f} < 1$ 时，级数 $\exp \dfrac{\tau L}{V_f}$ 收敛，式（7-11）可以用级数展开的近似方法求解。如近似地取级数的前两项，则得

$$\frac{Ly_1 - x - Ly_0}{Ly_2 - x - Ly_0} = 1 + \frac{\tau L}{V_f}$$

$$L = \frac{x}{y_2 - y_0} - \frac{V_f}{\tau} \frac{y_2 - y_1}{y_2 - y_0} \tag{7-12}$$

用式（7-12）求出的通风量是在给出某个规定的时间 τ、空间环境空气中限定的污染物浓度值 y_2 时的计算结果。式（7-12）称为不稳定状态下的通风量计算式。

对式（7-11）进行变换，可求得当通风量 L 一定时，任意时刻室内的污染物浓度 y_2。

$$y_2 = y_1 \exp(-\frac{\tau L}{V_f}) + (\frac{x}{L} + y_0)[1 - \exp(-\frac{\tau L}{V_f})] \qquad (7\text{-}13)$$

若室内空气中初始的污染物浓度 $y_1 = 0$，式（7-13）可写成

$$y_2 = (\frac{x}{L} + y_0)[1 - \exp(-\frac{\tau L}{V_f})] \qquad (7\text{-}14)$$

当通风时间 $\tau \to \infty$ 时，$\exp(-\frac{\tau L}{V_f}) \to 0$，室内污染物浓度 y_2 趋于稳定，其值为

$$y_2 = y_0 + \frac{x}{L} \qquad (7\text{-}15)$$

实际上，室内污染物浓度趋于稳定的时间并不需要 $\tau \to \infty$，例如：当 $\frac{\tau L}{V_f} \geqslant 3$ 时，$\exp(-3)$ =0.049 7 $\ll$ 1，因此可以近似认为 y_2 已趋于稳定。

由式（7-13）、式（7-14）可以画出室内污染物浓度 y_2 随通风时间 τ 变化的曲线，如图 7-1 所示。图中的曲线 1 是 $y_1 > y_0 + \frac{x}{L}$，曲线 2 是 $0 < y_1 < y_0 + \frac{x}{L}$，曲线 3 是 $y_1 = 0$。

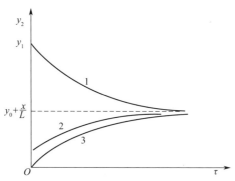

图 7-1　室内污染物浓度的变化曲线

从上述分析可以看出：室内污染物浓度按指数规律增加或减少，其增减速度取决于 $\frac{L}{V_f}$。

根据式（7-15），室内污染物浓度 y_2 处于稳定状态时所需的通风量按下式计算：

$$L = \frac{x}{y_2 - y_0} \qquad (7\text{-}16)$$

实际上，室内污染物的分布及通风气流是难以均匀的；混合过程也难以在瞬间完成；即使室内平均污染物浓度值符合卫生标准要求，污染物源附近空气中的污染物浓度值仍然会比室内平均值高。为了保证污染物源附近工人呼吸带的污染物浓度控制在容许限值以下，实际所需的通风量要比式（7-16）的计算值偏大。因此引入安全系数 K，式（7-16）可改写成

$$L = \frac{Kx}{y_2 - y_0} \qquad (7\text{-}17)$$

安全系数 K 为考虑多方面的因素的通风量倍数。如:污染物的毒性;污染物源的分布及其散发的不均匀性;室内气流组织及通风的有效性等。精心设计的小型试验室能使 $K=1$。一般通风房间,可查询有关暖通空调设计手册选用。

常用的示踪气体释放方法有如下三种。

(1)恒定浓度法:将示踪气体释放入待测空间,在测量过程中保持恒定的浓度。

(2)恒定释放法:以恒定速率注入空间中,记录并分析待测空间内示踪气体浓度的变化。

(3)浓度衰减法:向空间中注入示踪气体,待浓度达到平衡后,停止释放示踪气体,测量和分析待测空间内示踪气体浓度随时间的变化过程。

无论何种释放方法,评估建筑通风量均基于示踪气体的质量平衡方程,其基本原理是:注入测试空间的示踪气体质量与由于通风进入测试空间的示踪气体质量之和等于测试空间中积累的示踪气体质量与从测试空间流出的示踪气体质量之和。在这个过程中,假定测试空间内气体浓度均匀,且从测试空间流出的示踪气体浓度与室内气体浓度相等,此外还假定空气流入和流出测试空间的体积流量相等且恒定,进入测试空间的示踪气体的浓度等于室外空气中示踪气体的浓度。示踪气体法的原理可用连续性方程表示:

$$F + Qc_e = V\frac{dc}{d\tau} + Qc \qquad (7\text{-}18)$$

式中　F——单位时间内示踪气体释放量(m^3/s);

　　　Q——室内外换气量(m^3/s);

　　　c_e——室外示踪气体浓度(mg/m^3);

　　　V——测试空间空气体积(m^3);

　　　c——测试空间中示踪气体的体积浓度(mg/m^3);

　　　τ——时间(s)。

4. PFT 方法

PFT 方法也称被动示踪气体法,是布鲁克海文国家实验室在 1986 年提出的一种通风量测量方法。这种方法使用挥发性的全氟化碳作为示踪气体,测试过程中,少量的示踪气体在一定时间内散发到测试空间,被预先放置在测试空间中的吸收管里的吸附材料吸收。测试期间的平均通风量由以下公式计算:

$$\bar{Q} = \frac{\bar{F}}{\bar{C}} \qquad (7\text{-}19)$$

式中　$\bar{Q}$——平均通风量;

　　　$\bar{F}$——示踪气体平均释放率;

　　　$\bar{C}$——示踪气体平均浓度。

案例研究:PFT 方法测量住宅通风量

2013 年,天津大学的侯静等人利用 PFT 方法测量了天津住宅多区建筑的通风量。研究中释放示踪气体的源管长约 57 mm,直径为 8 mm,根据示踪气体的种类和释放速率分为三类,如图 7-2 所示。左侧第一个源管称为"全管",其顶端有一个直径约 1 mm 的释放口;中间的源管称为"半管",该管顶端的释放口与全管相同,但在其中插入一根金属丝,使管内示踪气体的释放率为全管的一半。"全管"与"半管"内是同类示踪气体。右侧银色源管中的示踪气体与全管、半管不同。

图 7-2　PFT 方法测量通风量使用的源管

　　图 7-3 所示是吸附示踪气体的汇管,汇管外层材质为玻璃,管内有活性炭,长约 50 mm,直径约 5 mm。汇管的一侧密封,另一侧开口,开口侧有密封盖,防止其在未使用时吸附示踪气体,测试时去掉密封盖进行吸附,测试结束后把汇管密封好。

图 7-3　PFT 方法测量通风量使用的汇管

　　在测量过程中,每个房间中的源管个数根据房间体积确定。放置源管之前,要测量房间的体积。由于源管释放示踪气体的速度和温度有关,测试期间,需要监测房间温度,温度测量仪如图 7-4 所示。源管的放置应避开温度变化的位置,如散热器附近。另外,源管应避免放置在使用排风设备的空间,如卫生间。

在本研究中,PFT方法主要用于测量儿童卧室及整个住宅的通风量,在儿童房间放置示踪气体不同的两种源管,用以下一步的计算分析。吸收管分别放置在儿童卧室及客厅。PFT方法中使用的源管和汇管在住宅建筑的放置如图7-5所示。

PFT方法是目前住宅建筑通风量测量的常用技术,这种方法测量费用十分昂贵,测量的通风量值往往是测量期间通风量的平均值。

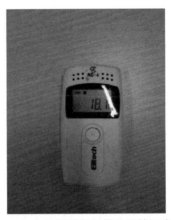

图7-4　PFT方法测量通风量使用的温度测量仪

图7-5　PFT方法源管和汇管的应用实例

5. CO_2 方法

CO_2具有安全、稳定、价格低廉等优点,因此被广泛用作示踪气体来测量通风量,相关研究历史已有近50年。英国的Penman等人在1982年对此方法进行了介绍,日本的Fujikawa等人用此方法进行了多区通风量的研究。2004年丹麦技术大学的Barankova博士验证了人呼出的二氧化碳在室内满足均匀性要求,并建立单区模型,她对CO_2仪器要求、通风量计算方法等进行了深入研究,将该换气次数测量方法命名为CO_2方法。2013年天津大学的侯静博士发展了多区模型,用于住宅、学校等民用建筑通风量的监测。在本书中CO_2方法特指利用人体呼出的CO_2作为示踪气体测量通风量的方法。CO_2方法主要应用在两个阶段,分别为CO_2浓度的上升段(恒定释放法)和下降段(浓度衰减法),用以计算人员数量恒定、活动量不变时的换气次数以及人员离开测试空间后的换气次数。研究人员曾采用睡眠中的人

在夜晚释放的 CO_2 作为示踪气体测量换气次数,因为此时人的代谢率较稳定。

1)CO_2 方法的提出

利用 CO_2 方法计算通风量,需要测量一定时间内的室内外 CO_2 浓度、房间体积以及在室人员的身高、体重。基于质量平衡方程,式(7-20)可用于计算一定时间内 CO_2 随时间变化的浓度,该浓度为计算的 CO_2 浓度。

$$c = c_1 \exp(-Nt) + [F \times 10^6 / (VN) + c_0][1 - \exp(-Nt)] \tag{7-20}$$

式中　c——t 时刻的 CO_2 浓度(ppm);

c_1——测量初始时刻的 CO_2 浓度(ppm);

N——建筑通风量(由换气次数定量)(次/h);

t——时间(h);

F——在室人员 CO_2 的产生率(m³/h);

V——房间体积(m³);

c_0——室外 CO_2 浓度(ppm)。

在室人员 CO_2 的产生率(F)取决于其身高、体重和代谢水平,计算公式如下:

$$F = RQ \times 0.002\,01 H^{0.725} W^{0.425} M / (0.23RQ + 0.77) \tag{7-21}$$

式中　RQ——呼吸商,取 0.83;

H——在室人员的身高(m);

W——在室人员的体重(kg);

M——在室人员的代谢水平(met)。

利用最小二乘法对测量的与计算的 CO_2 浓度随时间变化的曲线进行拟合,即在式(7-21)中输入预设的换气次数和测量的 CO_2 浓度初值,计算每一时刻的 CO_2 浓度,应用最小二乘法求所有测量值和计算值差异之和的最小值(见式(7-22)),相应的预设换气次数为拟合的换气次数。

$$\min \sum_{i=0}^{m} (c_{i,\text{meas}} - c_{i,\text{est}})^2 \tag{7-22}$$

式中　$c_{i,\text{meas}}$——i 时刻测量的 CO_2 浓度(ppm);

$c_{i,\text{est}}$——i 时刻计算的 CO_2 浓度(ppm)。

2)CO_2 方法的实施

实际测试空间往往是非单区的,尤其是住宅建筑包含多个房间,例如卧室、客厅和厨房。天津大学孙越霞团队基于 CO_2 方法测试原理发展了多区测试模型。当各房间二氧化碳浓度差小于房间平均浓度的 10% 或各房间二氧化碳浓度遵循相同的趋势时,将整个住宅视为单一区域。当将整个住宅建筑视为一个单一区域时,用体积加权平均二氧化碳浓度来表示整个住区的二氧化碳浓度。体积加权平均二氧化碳浓度可表示为

$$c_{\text{avg}} = (c_1 V_1 + c_2 V_2 + \cdots + c_n V_n) / \sum_{k=1}^{n} V_k \tag{7-23}$$

式中　c_{avg}——住宅建筑的体积加权平均二氧化碳浓度(ppm);

c_n——房间 n 的二氧化碳浓度(ppm);

V_n——房间 n 的体积(m³)。

对住宅建筑,使用 CO_2 方法测量换气次数的流程如下。

(1)校准二氧化碳测试仪。

(2)绘制住宅的布局,并计算每个房间的体积。记录每个房间的入住率和每个居住者的身高、体重。

(3)在每个房间里安装二氧化碳测试仪。根据 ASTM 标准 D6245 的建议,采样位置须距离使用者 2 m,并避免放置在窗户附近的空间。间隔时间可设置为 1 min。室外二氧化碳浓度应同时被测量。

(4)下载二氧化碳浓度数据。当每个房间的二氧化碳浓度差小于房间平均浓度的 10%或每个房间的二氧化碳浓度遵循相同的趋势时,将整个住宅视为一个单一区域。否则,被测试房间将被视为一个单独的区域。

(5)根据 1)中的公式对二氧化碳浓度随时间变化的趋势进行计算,并应用最小二乘法与测量浓度数据进行拟合,计算出换气次数。

3)CO_2 方法的校验

为了探讨 CO_2 方法的准确性,将其测量结果与用 PFT 方法测量的换气次数进行对比。

对比测试在 3 套公寓(A、B 和 C)内进行,采用 CO_2 方法和 PFT 方法同时测量建筑换气次数。由于人员稳定活动期间的二氧化碳产生率恒定,因此选择人员睡眠时间进行测量比较。PFT 方法采用全氟苯和全氟甲苯两种全氟化碳示踪剂(PFTs)。PFTs 源管、汇管和温度计安装在住宅中进行测量。吸附管内采集的空气样本利用 GC/ECD 方法进行分析,来定量标定捕获的示踪气体浓度。卧室和客厅之间的门的状态分为:①全开;②开 1 cm;③关闭。其他内部的门则是完全打开的。住宅和居住者信息如表 7-1 所示。

表 7-1 住宅和居住者信息

ID	内门状态	卧室体积/m³	住宅体积/m³	居住者信息
A1	全开			
A2	开 1 cm	42.9	150.0	住户 1:身高 180 cm;体重 84 kg 住户 2:身高 167 cm;体重 62 kg
A3	全关			
B1	全开			
B2	开 1 cm	36.5	180.8	住户 1:身高 175 cm;体重 70 kg 住户 2:身高 163 cm;体重 58 kg
B3	全关			
C1	全开			
C2	开 1 cm	26.4	124.5	住户 1:身高 175 cm;体重 78 kg 住户 2:身高 154 cm;体重 50 kg
C3	全关			

图 7-6 为 9 个实验中客厅和卧室的 CO_2 浓度变化曲线。表 7-2 给出了用 CO_2 方法和 PFT 方法测量的 3 种不同条件下 3 套公寓的通风量。在测量的换气次数较高($\geqslant 2.31$ 次/h)的条件下,用 CO_2 方法和 PFT 方法测量的换气次数差异很大。在换气次数较低($\leqslant 0.61$ 次/h)的条件下,差异范围为 -36%~7%。由此可见,在低换气次数情况下,用 CO_2 方法测量的换气次数更可靠。

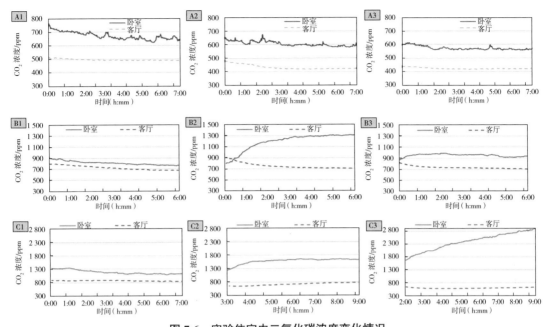

图 7-6　实验住宅内二氧化碳浓度变化情况

（卧室与客厅之间门的状态：①全开，②开 1 cm，③全关 ）

表 7-2　CO₂ 方法和 PFT 方法测量的通风量比较

ID	住宅换气次数/(次/h)			卧室换气次数/(次/h)		
	CO_2 方法	PFT 方法	差异	CO_2 方法	PFT 方法	差异
A1	1.25	1.66	-24.96%	1.25	1.65	-24.45%
A2	2.31	1.51	52.74%	2.31	1.36	69.21%
A3	3.39	1.84	83.73%	3.39	1.64	106.71%
B1	0.42	0.47	-12.44%	0.42	0.49	-16.05%
B2	0.33	0.44	-24.90%	0.33	0.46	-27.79%
B3	0.32	0.50	-36.52%	0.61	0.57	7.75%
C1	0.35	0.36	-1.02%	0.35	0.35	1.34%
C2	0.29	0.36	-19.79%	0.29	0.34	-14.70%
C3	0.32	0.39	-19.36%	0.31	0.30	4.90%

4)CO_2 方法敏感性分析

用 CO_2 方法计算建筑通风量时, 室外二氧化碳浓度、二氧化碳的产生率和房间体积为输入参数。 我们设置了如下场景, 用于分析 CO_2 方法对选定的时间段和上述输入参数的敏感性。

房间容积, $V=100$ m³；二氧化碳产生率, $F=0.035$ m³/h(居住者为 2 名成人和 2 名儿童)；室外二氧化碳浓度, $c_0=400$ ppm；初始二氧化碳浓度, $c_1=400$ ppm；换气次数, $N=0.5$ 次/h。基于此场景, 建立二氧化碳浓度的时间序列。

（1）对选定时间段的敏感性。

选择二氧化碳浓度在 1~10 h 内变化的一系列时间段来计算换气次数，并与设定值 0.5 次/h 进行比较，如表 7-3 所示。CO_2 方法对测量时间段的灵敏度较低，计算误差为 2%。若采用 ASTM 标准 E741 方法计算通风量，由于其在计算过程中只使用了初始、最终和平均二氧化碳浓度，ASTM 标准 E741 方法对测量时间段选择敏感度较高，计算误差为 11% 至 103%（表 7-3）。由此可见，CO_2 方法相对可靠。

表 7-3　CO_2 方法对测量时段的敏感性分析

时段/h	CO_2 方法		ASTM 标准 E741 方法	
	换气次数/（次/h）	误差	换气次数/（次/h）	误差
1	0.51	2%	1.02	103%
2	0.50	0%	0.77	54%
3	0.50	0%	0.68	37%
4	0.50	0%	0.64	28%
5	0.50	0%	0.62	25%
6	0.50	0%	0.60	20%
7	0.50	0%	0.58	17%
8	0.50	0%	0.57	14%
9	0.50	0%	0.56	13%
10	0.50	0%	0.56	11%

（2）对室外二氧化碳浓度、二氧化碳产生率和房间体积的敏感性。

通过在参数中引入一定的偏差，评估 CO_2 方法对室外二氧化碳浓度、房间体积和二氧化碳产生率的敏感性，见表 7-4。

表 7-4　CO_2 方法对输入参数的敏感性分析

引入偏差	室外 CO_2 浓度		房间体积		CO_2 产生率	
	换气次数/（次/h）	误差	换气次数/（次/h）	误差	换气次数/（次/h）	误差
-10%	0.47	-6%	0.58	16%	0.43	-14%
-5%	0.48	-4%	0.54	8%	0.47	-6%
5%	0.52	4%	0.47	-6%	0.53	6%
10%	0.54	8%	0.44	-12%	0.57	14%

当室外二氧化碳浓度、二氧化碳产生率和房间体积误差为 10% 时，用 CO_2 方法计算的换气次数误差在 -14%~16% 以内。CO_2 方法对室外二氧化碳浓度、房间体积和二氧化碳产生率的敏感性较低。

研究案例：宿舍、教室与住宅环境通风量测量研究

（一）宿舍环境通风量测量

宿舍作为高校学生学习和生活的重要场所，其室内空气品质的好坏直接影响学生的身心健康和学习效率。我国宿舍大多为单元房，具有空间狭小、居住密度大、功能单一、装修简单的特点。此外，中国的宿舍均采用自然通风。在宿舍这种人群高度密集而通风量低的场所，容易造成传染病特别是呼吸道传染病的发生和蔓延。从 2005 年开始，天津大学的孙越霞等人开展了为期十年的宿舍环境与健康关系的追踪研究，研究发现宿舍通风量与呼吸道感染概率之间存在显著的剂量 - 反应关系。

1. 通风量测量方法

采用人体呼出 CO_2 作为示踪气体，来计算宿舍白天和夜晚的通风量。

测量宿舍 CO_2 浓度的仪器（图 7-7）还可测量室内空气温度及相对湿度，其测量范围和精度见表 7-5。

图 7-7　二氧化碳记录仪

表 7-5　二氧化碳记录仪的测量范围和精度

参数	参数范围	灵敏度
温度	−20~60 ℃	0.1 ℃
相对湿度	10%~90%	0.1%
二氧化碳浓度	0~6 000 ppm	1 ppm

以 CO_2 作为示踪气体计算通风量的方法，可分为 CO_2 浓度上升法和 CO_2 浓度下降法。CO_2 浓度上升法主要用来计算人员数量恒定，活动量不变的时间段的换气次数，如夜晚睡觉时间；CO_2 浓度下降法主要用来计算室内没有 CO_2 产生源的测试场所的换气次数。

在计算过程中需要的参数，如房间体积、宿舍人员信息、门窗关闭情况等，由调查人员现场记录。

2. 夏季通风量现状

夏季测试阶段为 6—7 月，共测试 228 间宿舍。对每间宿舍的温湿度，CO_2 浓度持续监

测 24 h。测试期间,天津天气炎热,7 月进入最热季,平均气温在 26~27 ℃。因此测试期间宿舍门窗在白天和夜晚大多为敞开状态。夏季宿舍换气次数如表 7-6 所示。夏季测试宿舍换气次数变化范围较大,宿舍换气次数最大值可达到 20 次/h,最小值为 0.12 次/h。

表 7-6　夏季宿舍通风量

项目	晚上	白天
样本量	228	115
平均值/(次/h)	2.66	0.60
最大值/(次/h)	20.00	1.68
最小值/(次/h)	0.12	0.02
25% 分位数/(次/h)	1.19	0.33
50% 分位数/(次/h)	1.91	0.53
75% 分位数/(次/h)	3.30	0.79

3. 冬季通风量现状

冬季宿舍环境测试时间为 12 月至次年 1 月,为期一个月的环境测试完全在宿舍供暖情况下进行。此时测试期间宿舍门窗在白天和晚上大多为关闭状态。冬季宿舍通风量如表 7-7 所示。冬季宿舍通风量变化范围较小,中位数为 0.32~0.62 次/h。

表 7-7　冬季宿舍通风量

项目	晚上	白天
样本量	98	62
平均值/(次/h)	0.82	0.40
最大值/(次/h)	4.95	1.41
最小值/(次/h)	0.12	0.01
25% 分位数/(次/h)	0.37	0.22
50% 分位数/(次/h)	0.62	0.32
75% 分位数/(次/h)	0.96	0.54

（二）教室环境通风量测量

据国家统计局 2014 年公布的数据,全国普通中小学在校生人数超过 1.6 亿人。随着九年义务教育的日益普及,在校学生人数不断增加,在校时间不断增长。而在中国,大部分教室结构类似,教室内学生间距过小,密度过大,通风方式简易,主要依靠自然通风。

目前我国适用于小学教室的国家标准 GB/T 17226—2017（《中小学校教室换气卫生要求》）仍存在一定的局限性,其中对新风量的规定仅针对可接受的室内空气品质,没有考虑到阻止呼吸道感染等传染性疾病传播等因素。

1. 测量学校和班级的选择

研究所选取学校覆盖城中、城郊及周边农村地区,学校周围无明显污染源,每个学校供暖期基本相同。所选学校建筑类型涉及楼房和平房。

同一所学校班级的陈设布置基本一致,不同学校班级的陈设布置不尽相同,但每个班级的设备配置相似,包括学生桌椅、黑板、投影仪、电脑、空调、换气扇等。

2. 研究对象概况

共有来自三个地区的 2 020 名小学生参与项目研究,其分布情况见表 7-8。各学校的上课时间不尽相同,但学生在校时长基本一致(8:00 到校,16:30 离校),平均为 9 h。

表 7-8　各地区学生的分布情况

地区	年级	平均年龄	人数	各地区总人数
城区	二年级	7 岁	178	369
	五年级	10 岁	191	
郊区	二年级	7 岁	478	926
	五年级	10 岁	448	
农村	二年级	7 岁	403	725
	五年级	10 岁	322	

3. 通风量测量方法

该研究采用人体呼出的 CO_2 作为示踪气体,来计算教室的通风量。室内空气温度、湿度和 CO_2 浓度以 1 min 为采样间隔长期在线监测,采样点设置在教室中部吊梁或教室后黑板中间,高约 2 m。其设备参数见表 7-9,此设备具有每日自动校准功能,防止漂移。通过互联网,在线监测平台可将每个教室监测设备的数据进行采集与管理。

表 7-9　长期在线监测设备的参数

参数	分辨率	精度	量程	采样间隔
温度	0.1 ℃	± 0.3 ℃	-40~125 ℃	1 min
湿度	0.10%	± 1%	0~ 100%	1 min
CO_2 浓度	1 ppm	± 40 ppm	400~10 000 ppm	1 min

研究人员关注学生上课期间的通风量。

1)计算二氧化碳产生量

(1)计算 BMR 值。

BMR(basal metabolic rate)即基础代谢率,其值代表了人体的基础代谢水平,与年龄、性别均有关。根据室内人员的体重即可求得 BMR 值,BMR 值计算公式的选取如表 7-10 所示。

表 7-10　BMR 值计算公式的选取　　　　　　　　　　　　　单位：MJ/d

年龄/岁	男	女
<3	0.249m−0.127	0.244m−0.130
3~10	0.095m+2.110	0.085m+2.033
10~18	0.074m+2.754	0.056m+2.898
18~30	0.063m+2.896	0.062m+2.036
30~60	0.048m+3.653	0.034m+3.538
>60	0.049m+2.459	0.038m+2.755

注：m 为人员的体重，单位为 kg。

　　参与研究的为平均年龄为 7 岁的二年级学生与平均年龄为 10 岁的五年级学生，在计算 BMR 值时，根据高迪等人的研究采用体重的估算值，分别求得每个年龄段男生、女生的 BMR 值后，再求取平均值，作为该年龄段 BMR 值的代表值；在小学教师队伍中，年轻女性教师较多，因此采用 18~30 岁女性体重的普查值计算出老师的 BMR 值。BMR 值具体计算结果见表 7-11。

表 7-11　BMR 值具体计算结果

角色	项目		二年级（7 岁）	五年级（10 岁）
学生	女生	体重/kg	24.4	35.4
		BMR 值/（MJ/d）	4.2	5
	男生	体重/kg	26.3	37.1
		BMR 值/（MJ/d）	4.6	5.6
	平均值	BMR 值/（MJ/d）	4.4	5.3
老师	女（18~30 岁）	体重/kg	57.1	
		BMR 值/（MJ/d）	5.6	

（2）选取活动代谢当量 M。

代谢当量 M 是指以静坐时的能量消耗为基础，表达人体进行各种活动时相对能量代谢水平的常用指标。活动水平不同，活动代谢当量 M 亦不相同，不同活动水平下的活动代谢当量如表 7-12 所示。上课时，学生的活动以端坐学习为主，因此活动水平选为"坐着阅读、写字或打字"，对应的 M=1.3 met；对于老师，上课时的活动以站着讲课为主，因此活动水平选为"站着工作，轻度活动量"，M=3.0 met。

表 7-12　活动水平与活动代谢当量对应表

活动	M/met
健美操 - 轻度活动量	2.80
健美操 - 中度活动量	3.80

续表

活动	M/met
健美操 - 重度活动量	8.00
清洁、扫地 - 中度活动量	3.80
保管员工作 - 轻度活动量	2.30
跳舞 - 有氧,轻度活动量	7.30
跳舞 - 轻度活动量	7.80
健身课 - 轻度活动量	5.00
厨房劳动 - 中度活动量	3.30
坐着阅读、写作或打字	1.30
现场观看体育赛事	1.50
坐着工作 - 轻度工作量	1.50
虔诚、安静地坐着	1.30
睡觉	0.95
安静地站着	1.30
站着工作 - 轻度工作量 (如老师)	3.00
慢走 - 速度慢于 2 mph	2.00
中等速度地走 - 速度介于 2.8 mph 和 3.2 mph 之间	3.50

（3）计算二氧化碳产生量 V_{CO_2}。

学生的二氧化碳产生量:

$$V_s = RQ \cdot BMR_s \cdot M_s (T/P) \times 0.000\,211n \qquad (7\text{-}24)$$

老师的二氧化碳产生量:

$$V_t = RQ \cdot BMR_t \cdot M_t (T/P) \times 0.000\,211 \qquad (7\text{-}25)$$

总的二氧化碳产生量:

$$V_{CO_2} = V_s + V_t \qquad (7\text{-}26)$$

式中　V_s——学生的二氧化碳产生量(L/s);

　　　V_t——老师的二氧化碳产生量(L/s);

　　　V_{CO_2}——总的二氧化碳产生量(L/s);

　　　RQ——呼吸商,这里取 0.85;

　　　BMR_s——学生的基础代谢率(MJ/d);

　　　BMR_t——老师的基础代谢率(MJ/d);

　　　M_s——学生的活动代谢当量(met);

　　　M_t——老师的活动代谢当量(met);

　　　T——温度,这里取上课时间的平均温度(K);

　　　P——大气压,这里取 101 kPa;

n——当日出勤人数。

2）计算每节课的换气次数

使用 Matlab 编程软件计算每节课的换气次数，其中输入参数为：二氧化碳产生量，室外二氧化碳浓度（这里取 400 ppm）以及房间体积。原始二氧化碳数据按课程分段，使用最小二乘法对计算值和实测值进行拟合比较，每 4 个数据点拟合一次，最后以最优拟合结果作为本节课换气次数的计算结果。

3）筛选计算结果

将周末、法定假期及学校外出实践活动或因特殊情况放假等情况计算的结果去掉，此外，还需将拟合结果较差的结果去掉，拟合较差是指输出的拟合曲线呈下降或水平不变的趋势，这主要因为课程量不同，学生的行为活动不同，例如体育课、信息课一般不在本班教室进行。

4）求取日均上课通风量

对于筛选后剩下的结果，以每日为单位求取平均值，得到每天上课时间的平均换气次数，作为当日换气次数的代表值。人均通风量可按下式计算。

$$V_{人均} = \frac{10NV}{36n} \tag{7-27}$$

式中 $V_{人均}$——人均通风量（L/(s·人)）；

N——换气次数（次/h）；

V——教室体积（m³）；

n——当日出勤人数。

4. 通风量计算结果

（1）分布地域性。

城区、郊区、农村三个地区以及总体的日均换气次数分布直方图如图 7-8 所示，由图可得，三个地区及总体换气次数呈偏态分布，从总体来看，室内日均换气次数范围为 0.1~11.2 次/h，平均值为 1.1 次/h，中值为 0.8 次/h。GB/T 17226—2017（《中小学生教室换气卫生标准》）规定，小学教室的换气次数不宜低于 3 次/h，对比此标准，仅有 8% 的样本达到 3 次/h 以上。不同地区换气次数分布见表 7-13。人均通风量分布直方图如图 7-9 所示。从总体来看，室内人均通风量范围为 0.01~13.4 L/(s·人)，平均值为 1.6 L/(s·人)，中值为 1.0 L/(s·人)。现行国家标准规定，小学教室的人均通风量不宜低于 20 m³/(h·人)（约为 5.56 L/(s·人)），对比此标准，仅有 4% 的样本达标。不同地区人均通风量分布如表 7-14 所示。

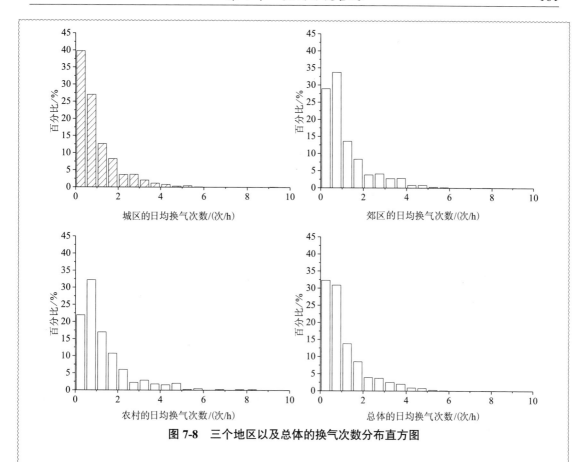

图 7-8　三个地区以及总体的换气次数分布直方图

表 7-13　不同地区换气次数分布

地区	日均换气次数/(次/h)			
	最小值	中值	最大值	平均值
城区	0.02	0.7	11.2	1.0
郊区	0.01	0.8	7.8	1.2
农村	0.02	0.9	10.5	1.3
总体	0.01	0.8	11.2	1.1

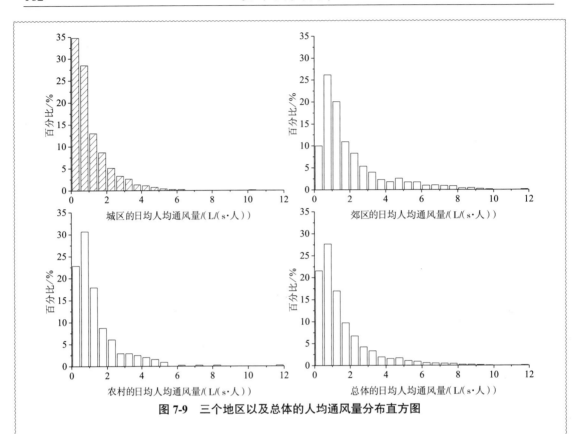

图 7-9　三个地区以及总体的人均通风量分布直方图

表 7-14　不同地区日均人均通风量分布

地区	日均人均通风量/(L/(s·人))			
	最小值	中值	最大值	平均值
城区	0.03	0.7	12.6	1.1
郊区	0.01	1.4	11.9	2.0
农村	0.02	1.0	13.4	1.4
总体	0.01	1.0	13.4	1.6

（2）分布季节性。

不同季节换气次数分布见表 7-15。三个地区室内换气次数分布均呈现出显著的季节性差异，具体表现夏季换气次数最高，秋季次之，冬季最低。人均通风量季节变化如图 7-10～图 7-12、表 7-16 所示。

表 7-15　不同季节换气次数分布

季节	日均换气次数/(次/h)			
	最小值	中值	最大值	平均值
春季	0.10	1.1	11.2	1.4
夏季	0.06	1.9	10.5	2.1

续表

季节	日均换气次数/(次/h)			
	最小值	中值	最大值	平均值
秋季	0.01	0.9	7.9	1.2
冬季	0.01	0.5	3.9	0.6

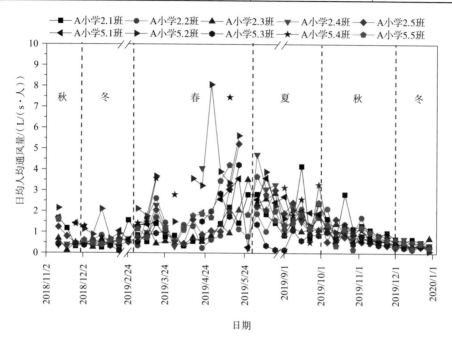

图 7-10　城区小学各班的日均人均通风量逐周变化趋势

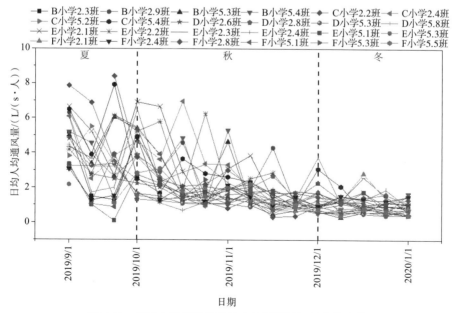

图 7-11　郊区小学各班的日均人均通风量逐周变化趋势

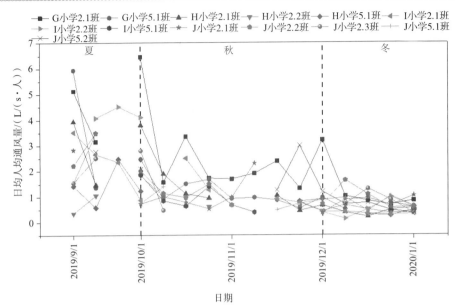

图 7-12　农村小学各班的日均人均通风量逐周变化趋势

表 7-16　不同季节日均人均通风量分布

季节	日均人均通风量/(L/(s·人))			
	最小值	中值	最大值	平均值
春季	0.1	1.1	12.6	1.5
夏季	0.1	2.4	11.6	2.9
秋季	0.0	1.3	13.4	1.7
冬季	0.0	0.6	8.5	0.8

　　通风量计算研究得到的主要结果为:三个地区整体通风情况较差。在地域分布上,对于不同季节,换气次数分布均表现为农村地区最高,郊区次之,城区最低。人均通风量则表现为郊区最高,农村次之,城区最低。这是由于两种通风度量单位进行换算时,农村地区班级人数较多,而体积较小,人均通风量计算结果农村地区小于郊区。在季节性分布上,无论以哪种单位作为通风的度量,各个地区通风量分布均表现出明显的季节差异性,具体表现为夏季最高,秋季次之,冬季最低。自然通风的主要影响因素有建筑结构形式、人员行为习惯以及室外气象因素等。在建筑结构上,农村地区的学校建筑年代比较久远,门窗相对简陋,因此其渗透通风量要大于其他两区;室外气象因素上,随着季节的变化推移,室外气温逐渐降低,对室内人员的行为习惯造成影响,学生通过关闭门窗以维持教室内热舒适状态,使得通风量呈现出明显的季节性变化。

　　(三)我国北方住宅建筑通风量测量

　　在我国,住宅建筑大概分为几个类型,有平房、楼房、别墅等。城市住宅建筑以高、低层楼房居多。在这些住宅楼房中,一般都包括客厅、卧室、卫生间、厨房等多个房间,计算分析通风量时应将其视为多区空间而非单区,单区模型已不能解决该问题。与单区空间只有室外空气进入有所不同,在多区空间中,除了室外空气流入房间,来自以内门或以内窗相通的相邻房间的空气也会流入该房间,该房间中的空气同时会流向室外及其相邻房间。

2013 年,天津大学的孙越霞团队基于上述发展的 CO_2 方法,测量了天津地区 400 余户住宅建筑的换气次数。

1. 研究对象的选择

研究所涉及的住宅建筑为平房和公寓,如图 7-13 所示。平房和公寓的内部布局如图 7-14 所示。研究对 399 户住宅建筑进行了实地换气次数测量,在测量过程中,居住者被要求保持其正常的日常活动和行为。

（a）

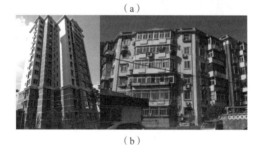

（b）

图 7-13　我国北方典型住宅

（a）平房　（b）公寓

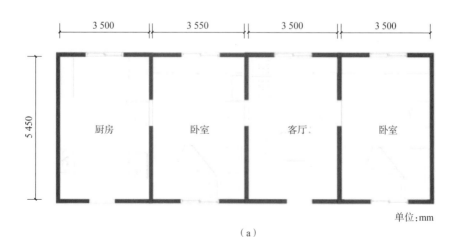

（a）

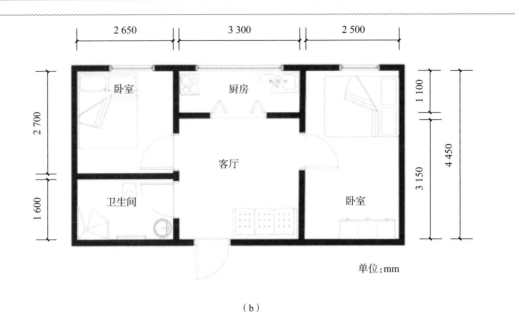

图 7-14 我国北方典型住宅布局

（a）平房 （b）公寓

2. 换气次数测量

研究利用 CO_2 方法测量住宅建筑换气次数。采用夜间测量的二氧化碳浓度来计算换气次数，因为此时居住者在睡觉，二氧化碳的排放相对稳定。首先，询问住户测量期间在家中睡觉的每个人的身高和体重，以计算二氧化碳产生率，并测量住宅的体积。在给定二氧化碳产生率、房间容积和室外二氧化碳浓度（假设为 400 ppm）的情况下，通过将基于质量守恒方程的非线性曲线与测量的二氧化碳浓度进行拟合来确定换气次数，非线性拟合的残差平方和最小的换气次数被用来代表该晚的换气次数。

图 7-15 显示了其中一个家庭的二氧化碳浓度，测量时间间隔为 1 min。

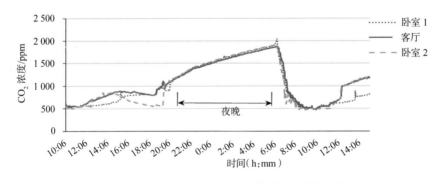

图 7-15 测试住宅内二氧化碳浓度变化示例

3. 换气次数数据库

北方住宅换气次数分布如表 7-17 所示。

表 7-17 住宅建筑换气次数分布

住宅空间	评估参数	样本量	25% 分位数	50% 分位数	75% 分位数
卧室	换气次数/(次/h)	374	0.21	0.37	0.70
住宅	换气次数/(次/h)	374	0.20	0.32	0.60

图 7-16 显示了四季的换气次数的累计分布。夏季的换气次数显著高于其他季节（$P=0.00$），春、秋、冬季的换气次数基本相同。

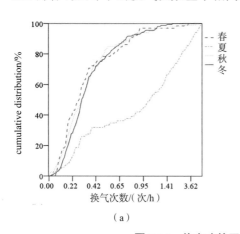 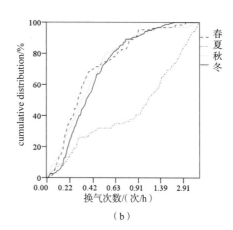

（a） （b）

图 7-16 住宅建筑四季的换气次数的累计分布

（a）卧室 （b）住宅

图 7-17 显示了住宅建筑换气次数的按月分布趋势。如图所示，在室外温度较高的 6—8 月，住宅换气次数上升，在 8 月达到高峰；其余月份通风量均低于国家标准 0.5 次/h。

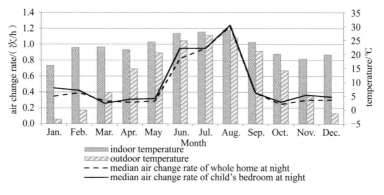

图 7-17 住宅建筑换气次数的按月分布趋势

4. 换气次数影响因素分析

1）在室人员行为模式

研究发现夏季时，住宅有一半以上开窗，而其他季节很少有开窗的情况，冬季有 70% 以上的住宅关窗。8月开窗的住宅占比最高,此时测得的换气次数也最大,如图 7-18 和图 7-19 所示。

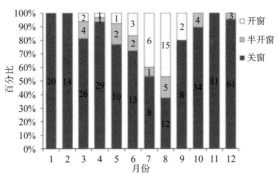

图 7-18　卧室窗户开闭状态

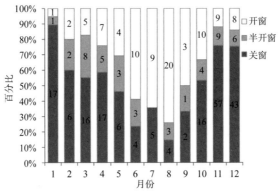

图 7-19　住宅窗户开闭状态

表 7-18 展示了住宅的窗户开闭状态与换气次数的关系。开窗的房间的换气次数显著高于关窗的房间($P<0.05$)。

表 7-18　窗户开闭时的换气次数

季节	统计量	住宅			卧室		
		窗开	窗关	P^a	窗开	窗关	P
春	N	24	33		8	52	
	换气次数中位数/(次/h)	0.34	0.20	**0.046**	1.83	0.52	**0.010**
夏	N	45	13		32	33	
	换气次数中位数/(次/h)	1.36	0.29	**0.002**	3.54	0.84	**0.000**
秋	N	26	49		6	87	
	换气次数中位数/(次/h)	0.37	0.29	0.432	1.94	0.44	**0.003**
冬	N	38	98		6	144	
	换气次数中位数/(次/h)	0.35	0.30	0.203	0.91	0.45	**0.023**

续表

季节	统计量	住宅			卧室		
		窗开	窗关	P^a	窗开	窗关	P
全年	N	133	193		52	316	
	换气次数中位数/(次/h)	0.47	0.29	**0.000**	2.49	0.46	**0.000**

a Mann-Whitney U 检验的 P 值。

2)建筑特征

表 7-19 列出了建筑特征与通风量的关系。小空间拥有较高的换气次数($P < 0.01$)。现代建筑技术,如 PVC 框架窗和双层玻璃窗可能导致较低的换气次数。与新建住宅相比,旧建筑的换气次数明显较高($P < 0.05$)。

表 7-19　建筑特征与通风量的关系

建筑特征		卧室的换气次数		住宅的换气次数	
		$N(\%)$	中位数/(次/h)	$N(\%)$	中位数/(次/h)
总计		159(100)	0.32	273(100)	0.30
建筑类型	公寓	108(68.0)	0.30	215(78.8)	0.30
	平房	50(31.4)	0.41	57(20.9)	0.28
住宅楼层	1~2 层	26(24.1)	0.40	45(20.0)	0.26
	3~6 层	70(64.8)	0.29	138(64.2)	0.31
	6 层以上	12(11.1)	0.19	32(14.9)	0.30
卧室体积	<34 m³	34(21.4)	0.37		
	34~44 m³	56(35.2)	0.28		
	>44 m³	69(43.4)	0.32		
住宅体积	<130 m³			84(31.8)	0.36
	130~190 m³			99(36.3)	0.29
	>190 m³			90(33.0)	0.27
房龄	<10 年	57(37.0)	0.28	90(34.1)	0.29
	10~20 年	66(42.9)	0.30	117(42.9)	0.29
	>20 年	31(20.1)	0.32	57(20.9)	0.36
窗框类型	木头	33(21.9)	0.44	44(16.9)	0.29
	铝合金	38(25.1)	0.35	61(23.4)	0.32
	塑钢	80(53.0)	0.26	156(59.8)	0.30
玻璃窗类型	单层玻璃窗	63(43.2)	0.28	112(44.1)	0.29
	双层玻璃窗	83(56.8)	0.32	142(55.9)	0.30

（四）我国五个典型气候区住宅建筑换气次数测量

2017 年,天津大学的侯静对全国城市住宅建筑换气次数进行了系统测量。

1. 研究对象的选择

从建筑热工性能设计的角度来看,中国可分为五个气候区:严寒区(SC)、寒冷区(C)、温和区(M)、夏热冬冷区(HSCW)和夏热冬暖区(HSWW)。

研究选择了五个气候区内的典型住宅建筑进行换气次数的测量。中国一半以上的人口都居住在城市,因此选取了五个气候区中 11 个具有代表性的省市:新疆、辽宁、天津、陕西、上海、湖北、湖南、重庆、云南、广东和广西。

首先进行了一项背景调查,以调查每个地区住宅的建筑特点,包括建筑年份、住宅中的供暖系统、空调系统、通风系统、楼层和窗户类型。然后在每个调研地区招募了 30~60 户家庭进行入户测试,包括现场短期测量和在线长期测量。短期测量是针对建筑渗透风量(关闭窗户时的换气次数)和完全打开窗户时的换气次数。长期测量是在不改变居住者行为模式的前提下测量夜间的换气次数,监测窗户/门开启状态。

2. 换气次数的测量

在短期测量中,使用衰减法来计算渗透风量和完全打开窗户时的换气次数。在长期测量中,搭建了云端在线监测平台,使用 CO_2 法计算卧室夜间的换气次数,此时人们正在睡觉,因此二氧化碳排放率基本恒定。

1)短期测量

使用二氧化碳衰减法测量门窗关闭时的换气次数(即渗透风量)以及窗户完全打开时卧室的换气次数。使用二氧化碳作为示踪气体,将二氧化碳从便携式气罐中释放,与室内空气混合均匀。二氧化碳检测仪以 1 min 的间隔采样并记录二氧化碳浓度,持续 30~60 min,在此期间空间中没有二氧化碳源。二氧化碳检测仪的精确度为 50 ppm,或读数的 ±5%。二氧化碳检测仪在测量前进行了校准。

2)长期测量

在夜间测量卧室的换气次数,居住者保持其正常的开门和开窗习惯。居住者产生的二氧化碳被用作示踪气体。微型红外传感器(SenseAir S8)(图 7-20(a))被用来测量每隔 1 min 的二氧化碳浓度。在测量之前,对传感器进行校准。传感器的精确度为 70 ppm,或读数的 ±3%。将传感器分别安装在卧室和客厅,并通过 Wi-Fi 连接到一个中央服务器。监测到的二氧化碳浓度通过服务器上传。磁性传感器(图 7-20(b))被用来记录窗户和门的开启状态。

（a）　　　　　　　　　　　（b）

图 7-20　微型红外传感器和磁性传感器

（a）微型红外传感器　（b）磁性传感器

图 7-21 显示了一周内卧室的二氧化碳浓度以及计算换气次数的时间段。当客厅和卧

室的二氧化碳浓度差异小于 10% 时,整个住宅作为一个单区。否则,卧室作为一个单区。

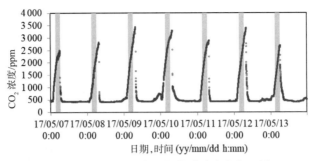

图 7-21　测试卧室内二氧化碳浓度变化示例

3. 换气次数数据库

短期测试获得有效数据 227 户,长期数据 82 户(其中 42 户为机械通风系统,40 户为自然通风系统)。

1)短期测量

(1)渗透换气次数。

表 7-20 显示了卧室的渗透换气次数。夏季和冬季的渗透换气次数高于春季和秋季的渗透换气次数,但季节性差异不大($P=0.15$)。全年的渗透换气次数较低,中值为 0.34 次/h。

表 7-20　卧室的渗透换气次数

季节	样本量	渗透换气次数/(次/h)						
		最小值	5% 分位数	25% 分位数	50% 分位数	75% 分位数	95% 分位数	最大值
全年	847	0.01	0.08	0.22	0.34	0.56	1.12	3.57
春	208	0.01	0.07	0.18	0.32	0.59	1.21	3.57
夏	227	0.01	0.09	0.24	0.38	0.60	1.16	3.10
秋	196	0.01	0.06	0.20	0.32	0.49	0.95	1.70
冬	216	0.02	0.12	0.24	0.36	0.54	1.30	2.41

(2)开窗时的换气次数。

表 7-21 显示了 165 间卧室开关窗时的换气次数对比。窗户完全打开时的换气次数中值比渗透风量中值高 17 倍,这表明开窗的住宅相比不开窗的住宅有更加充足的通风量。

表 7-21　165 间卧室开关窗时的换气次数对比

单位:次/h

窗户开关状态	最小值	5% 分位数	25% 分位数	50% 分位数	75% 分位数	95% 分位数	最大值
关窗	0.08	0.14	0.27	0.39	0.61	1.43	2.31
开窗	0.83	2.05	4.25	6.86	10.16	17.44	24.57

2）长期测量

（1）自然通风住宅的换气次数。

如图 7-22 所示，住宅换气次数有明显的季节性变化。从寒冷气候区到温暖气候区，季节性变化越来越小。除温和区外，所有区域在冬季的换气次数均为最低。在冬季夜晚，61%的严寒气候地区和 62% 的寒冷气候地区的住宅换气次数小于 0.5 次/h；47% 的夏热冬冷地区和 54% 的夏热冬暖地区冬季夜晚换气次数低于 0.5 次/h。除了夏热冬冷区和夏热冬暖区，其他气候区在夏季的换气次数均最高。17% 的严寒区和 14% 的寒冷区，夏季换气次数低于 0.5 次/h；24% 的夏热冬冷区和 44% 的夏热冬暖区，夏季换气次数小于 0.5 次/h。在温和区，所有季节中仅有 15%~27% 的换气次数低于 0.5 次/h。

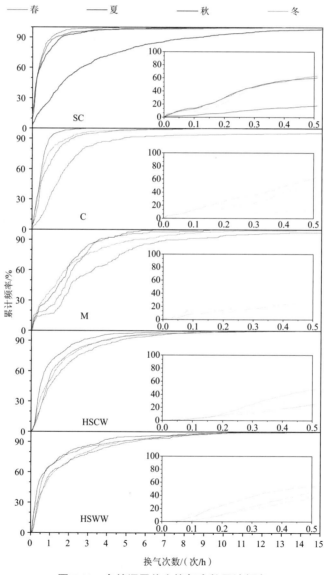

图 7-22　自然通风住宅换气次数累计频率
（SC—严寒区，C—寒冷区，M—温和区，HSCW—夏热冬冷区，HSWW—夏热冬暖区）

此外，在北方，自然通风住宅的换气次数在春、秋和冬季均较低（0.33~0.46 次/h）。而在南方，自然通风住宅的换气次数在夏季和冬季较低（0.43~0.91 次/h）。

（2）机械通风住宅的换气次数。

图 7-23 描述了住宅建筑机械通风系统的运行情况。在夏热冬暖区，机械通风系统的运行时间最少。在其他气候区，居住者更喜欢使用机械通风系统，尤其是在冬季和春季。机械通风系统的运行时间在夏季最低。

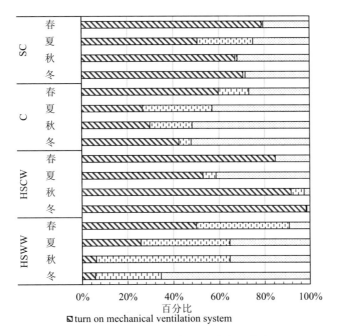

图 7-23　住宅建筑机械通风系统的运行情况
（SC—严寒区，C—寒冷区，HSCW—夏热冬冷区，HSWW—夏热冬暖区）

如图 7-24 所示，有机械通风系统的住宅的换气次数中位数为 0.58~1.62 次/h，大多能够满足相关标准的要求。除夏季外，与自然通风的住宅（0.33~1.16 次/h）相比，有机械通风系统的住宅的换气次数较高。

综上，利用 CO_2 方法，搭建了住宅建筑新风量长期监测平台，包括中央处理器、红外探测器、CO_2 浓度测试仪，通过无线网络连接。便携式探头采集人体呼出 CO_2 浓度随时间变化情况，并将数据上传到云端平台，利用示踪气体守恒方程和最小二乘拟合算法，评估住宅建筑通风量。研究发现，我国五个气候区除温和地区外住宅内新风量严重不足（0.3~0.5 次/h），机械通风系统住宅换气次数显著高于自然通风系统住宅（1.1 次/h vs 0.7 次/h）。天津市地处寒冷气候区，春秋冬三季的住宅新风量中位数为 0.37 次/h，低于国家标准 0.5 次/h。如上发现对于新风系统的应用提出了需求，如何控制新风系统，并利用测量技术营造健康舒适室内环境在下一章节予以详细阐述。

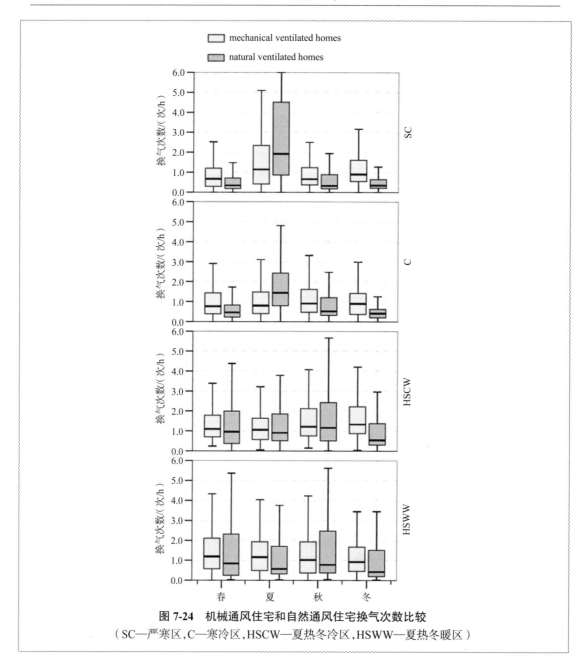

图7-24 机械通风住宅和自然通风住宅换气次数比较
（SC—严寒区，C—寒冷区，HSCW—夏热冬冷区，HSWW—夏热冬暖区）

7.2.4 通风标准

通新风是改善室内空气质量的一种行之有效的方法，其本质是提供人所必需的氧气并用室外污染物浓度低的空气来稀释室内污染物浓度高的空气。

美国标准ASHRAE 62和欧洲标准CEN CR 1752中给出了感知空气质量不满意率和新风量的关系，如图7-25所示。可见，随着新风量加大，感知室内空气质量不满意率下降。考虑到新风量加大时，新风处理能耗也会加大，因此，针对实际应用中采用的新风量会有所不同。

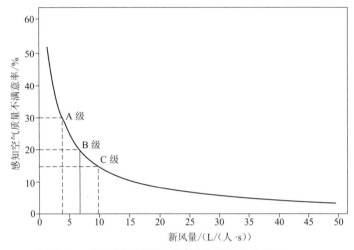

图 7-25　感知空气质量不满意率和新风量的关系

室内新风量的确定需从以下几方面考虑。

1. 以氧气为标准的必要换气量

必要新风量应能提供足够的氧气,满足室内人员的呼吸要求,以维持正常生理活动。

人体对氧气的需要量主要取决于能量代谢水平。人体处在极轻活动状态下所需氧气约为 $0.423\ m^3/(h\cdot 人)$。由此可见,单纯呼吸氧气所需的新风量并不大,在一般通风情况下均能满足此要求。

2. 以室内 CO_2 允许浓度为标准的必要换气量

人体在新陈代谢过程中排出大量 CO_2, CO_2 浓度与人体释放的污染物浓度有一定关系,故 CO_2 浓度常作为衡量指标来确定室内空气新风量。人体 CO_2 产生量与人体表面积和代谢情况有关。不同活动强度下人体的 CO_2 产生量和所需新风量见表 7-22。

表 7-22　CO_2 产生量和所需新风量　　　　　　　　　　　　　　单位:$m^3/(h\cdot 人)$

活动强度	CO_2 产生量	新风量		
		CO_2 浓度允许值 1 000 ppm	CO_2 浓度允许值 1 500 ppm	CO_2 浓度允许值 2 000 ppm
静坐	0.014	20.6	12	8.5
极小	0.017	24.7	14.4	10.2
小	0.023	32.9	19.2	13.5
中等	0.041	58.6	34.2	24.1
大	0.075	107	62.3	44.0

3. 以消除臭气为标准的必要换气量

人体会释放体臭。体臭释放和人所占有的空气体积、活动情况、年龄等因素有关。国外有关专家通过实验测试,在保持室内臭气指数为 2 的前提下得出不同情况下所需的新风量,见表 7-23。稀释少年体臭的新风量,比稀释成年人的多 30%~40%。

表 7-23　除臭所需新风量

设备		每人占有气体体积/(m³/人)	新风量/(m³/(h·人))	
			成人	少年
无空调		2.8	42.5	49.2
		5.7	27.0	35.4
		8.5	20.4	28.8
		14.0	12.0	18.6
有空调	冬季	5.7	20.4	—
	夏季	5.7	<6.8	—

4. 以满足室内空气质量国家标准的必要换气量

室内可能存在污染源,为使室内空气质量达到国家标准《室内空气质量标准》(GB/T 18883—2022),需通新风换气。换气次数需要多少,需根据室内空气污染源的散发强度、室内空间大小和室外新风空气质量情况以及新风过滤能力等确定。

通风通常有自然通风和机械通风两种形式。机械通风分全空间通风和局部空间通风(包括个体通风)两种形式。

目前所有相关的新风量规定都是根据对空气质量的不满意程度以及已知种类污染物的浓度限值而规定的,并不是直接针对室内人员的健康,事实上,满足最低通风标准并不总是足以充分稀释所有污染物,且对于已知污染物,长时间的低浓度污染暴露仍然可能对人体健康造成一定的危害,室内环境与健康效应的关系亟须研究。制定通风要求的有效方法是观察当通风量或换气次数达到或低于某一水平时,是否会有更高的健康和舒适抱怨风险。综上,有必要发展建筑通风测量及计算方法,并基于以上方法对我国建筑通风量状况及健康状况进行调查研究,并分析通风与健康之间的关联,进而确定健康通风控制策略,以便在保障室内人员健康的同时,最大限度地降低能耗,实现二者之间的平衡,为日后我国制定相关的标准提供理论依据。

7.2.5　通风的健康效应

室内环境影响人体健康,通风作为建筑室内环境的重要因素,研究建筑通风量的健康效应是一个重要工作。

1. 建筑通风对过敏性疾病的影响

过敏是免疫系统受到破坏或削弱的表现,是免疫系统对人体一般都能应付而不表露任何症状的刺激物的一种过火反应,会引发呼吸道、消化道和皮肤上的一些症状,最常见的过敏性疾病包括哮喘、过敏性鼻炎和湿疹。过敏性疾病通常是由遗传体质加上外在环境的刺激而导致的。儿童的免疫系统发育尚未成熟,易受外在环境因素的影响。哮喘是一种呼吸道慢性炎症疾病,由于呼吸道的慢性炎症,导致哮喘病人喘息困难或喘鸣发作,胸部会有紧紧的不舒适感觉,而且这种症状易发生于半夜或凌晨之时。支气管哮喘是儿童常见的慢性气道炎症,是当今世界威胁公共健康最常见的慢性肺部疾病,全球已有哮喘患者约 3 亿人,近年来哮喘患病率及病死率均呈上升趋势。鼻炎的临床表现是连续阵发性喷嚏发作,继而出现大量水样鼻涕和鼻塞、鼻痒等症状。湿疹是一种常见的炎症性皮肤病,其临床特点为多形性皮疹,倾向渗出,对称分布,病情易反复,可多年不愈。湿疹可发生在身体任何部位,但多发于面部、头部、耳周、小腿、腋窝、肘窝等部位。近 10 年来儿童哮喘和过敏性疾病的高发病趋势越来越得到人们的关注。究竟是什么因素导致了哮喘和过敏性疾病的发病率在几十年间急剧上升呢?是基因发生了改变吗?人类的基因不可能在短时间内发生突变,从而影响疾病的发病和患病率。是室外污染导致了疾病的产生和发展吗?室外污染是致病的原因之一,但不能解释全部的哮喘等过敏性疾病的发病特点和因由。ISAAC 的研究表明虽然大气污染会加重过敏病人的哮喘症状,但不是导致哮喘发作的主要原因。在中国、东欧这些大气污染(如颗粒物、SO_2 污染)最严重的地区,哮喘患病率低;污染较严重的西欧和美国属于中等哮喘患病率地区;而室外环境最"干净"的地区如新西兰却有着最高的哮喘患病率。

人们有 90% 以上的时间是在室内度过的,因此室内环境因素越来越得到大众的关注。研究证明,来自尘螨的过敏原、建筑潮湿、霉菌滋长以及环境烟雾等因素都是和过敏性疾病联系在一起的危险因素,加强室内通风可明显改善室内空气环境和降低室内污染物。Sundell 教授等综述了 2005—2011 年间相关文献,发现住宅通风量与儿童哮喘和过敏性症状存在关联性。瑞典的 Hägerhed-Engman 发现,在通风量低的情况下,住在"潮湿"住宅内的儿童的过敏性疾病患病率会显著增加。环境干预研究发现改善室内通风可以降低儿童哮喘症状的发病率。国内学者也逐渐意识到住宅室内环境和通风对居民健康的影响。但定量研究住宅通风状况和过敏性疾病关联性的研究还较少。孙越霞等人通过对天津地区 410 户住宅换气次数的评估,以及对儿童过敏性疾病的调研,分析了住宅建筑不同区域、不同时段通风换气次数对儿童过敏性疾病的影响,发现儿童活动最频繁的地点(儿童卧室),暴露时间最长阶段(晚上)的换气次数,相对于其他区域其他时段,对于儿童过敏性疾病的影响更大。通风不良是儿童过敏性疾病的危险性因素。

研究案例:住宅建筑通风量与过敏性疾病研究

2013 年,孙越霞等人对天津地区住宅建筑通风和儿童过敏性疾病的关系进行了系统的研究。

本研究由第一阶段的横断面研究与第二阶段的病例 - 对照研究两部分组成。

横断面研究主要采用问卷形式,以天津地区 0~8 岁的儿童为研究对象,调查其居住环境及患过敏性疾病的情况,涉及 7 865 名儿童(问卷反馈率为 78%)。

病例 - 对照研究是在横断面研究中获得的儿童患过敏性疾病数据基础上进行的。病例是上一阶段调查中报告现有哮喘、鼻炎和湿疹症状的任意两种及以上的儿童,而对照则是无任何症状的健康儿童。选取 410 名儿童所在的 399 个住宅作为研究对象,基于 CO_2 方法对这些住宅的换气次数进行测量,并收集环境样本进行检测,来评估过敏性疾病的发病率与换气次数之间的联系。

(一)问卷调研

采用问卷形式,对天津地区 0~8 岁儿童的基本情况、居住环境及患过敏性疾病的情况进行调研,其中关于儿童过敏性疾病的问题分为三组,如表 7-24 所示。

表 7-24　问卷中关于儿童过敏性疾病的问题

疾病		问题
哮喘	曾患哮喘	过去任何时候,孩子是否出现过呼吸困难,发出像哮鸣一样的声音
	现患哮喘	过去 12 个月里,孩子是否有过呼吸困难,发出像哮鸣一样的声音
		过去 12 个月里,在没有感冒或胸腔感染的情况下,孩子是否有夜晚干咳超过两周的现象
	确诊哮喘	孩子是否被医生确诊过哮喘
鼻炎	曾患鼻炎	过去任何时候,孩子在没有感冒的情况下是否有打喷嚏、鼻塞、流鼻涕的问题
	现患鼻炎	过去 12 个月里,孩子在没有感冒的情况下是否有打喷嚏、鼻塞、流鼻涕的问题
	确诊鼻炎	孩子是否被医生确诊过花粉症或过敏性鼻炎
湿疹	曾患湿疹	过去任何时候,孩子是否出现过湿疹症状,症状至少在 6 个月内反复出现
	现患湿疹	过去 12 个月里,孩子是否出现过湿疹症状
	确诊湿疹	孩子是否被医生确诊过湿疹

（二）换气次数的测量

研究利用 CO_2 方法测量住宅建筑换气次数。分别测量儿童卧室与住宅在夜间和住宅在白天的换气次数。

首先,测量住宅的体积,并询问住户测量期间在家中睡觉的每个人的身高和体重,以计算二氧化碳释放率。在给定二氧化碳释放率、房间容积和室外二氧化碳浓度的情况下,通过将基于质量守恒方程的非线性曲线与测量的二氧化碳浓度进行拟合来确定换气次数,非线性拟合的残差平方和最小的换气次数被用来代表该晚的换气次数。

（三）室内污染物的检测

以往研究发现住宅环境中尘螨等微生物和增塑剂邻苯二甲酸酯等化学污染物暴露是儿童过敏症状的危险因素,因此研究对房屋内尘螨过敏原和邻苯二甲酸进行定量测量,进而分析它们与住宅换气次数和在室人员过敏症状的关系。采集儿童卧室门框、书架等区域的沉降灰尘以分析邻苯二甲酸酯,采集儿童床上的灰尘样本以分析尘螨过敏原,每个住宅收集 20~100 mg 灰尘。收集的灰尘用铝箔包装,储存在尼龙袋中,并放入 -20 ℃的冰箱。

1. 邻苯二甲酸酯的检测

采用气相色谱 - 质谱（GC-MS）方法定量分析邻苯二甲酸酯。对六种常见的邻苯二甲酸酯进行分析——邻苯二甲酸二乙酯（DEP）、邻苯二甲酸二异丁酯（DiBP）、邻苯二甲酸二正丁酯（DnBP）、邻苯二甲酸丁基苄基酯（BBzP）、邻苯二甲酸二 -(2- 乙基己基)酯（DEHP）和邻苯二甲酸二异壬酯（DINP）。内标物是苯甲酸苄酯（BB）,纯度≥ 99%。

灰尘样品通过孔径为 0.25 mm 的筛子,以去除织物和头发。用滤纸包装 100 mg 灰尘样品,在 70 ℃下用索氏提取器提取 6 h。用旋转蒸发仪将提取的溶液浓缩到 1 mL,添加内标物（BB,1 μg/L）,分析萃取液中的邻苯二甲酸酯浓度,色谱仪和质谱仪分别选用安捷伦 6890N 气相色谱仪和 5975C 质谱检测仪。进样器和质谱界面的温度分别设定为 250 ℃和

280 ℃。使用纯度 ≥ 99.99% 的氮气作为载气,流速为 1.0 mL/min。温度设定为从 80 ℃ 开始,在 80 ℃ 下保持 2 min,以 10 ℃/min 的速度升至 220 ℃,保持 1 min,最后以 20 ℃/min 的速度升至 300 ℃,并保持 5 min,总时间为 26 min。DEP、DiBP、DnBP、BBzP、DEHP 和 DINP 的保留时间分别为 9.7 min、13.3 min、14.5 min、18.9 min、20.9 min 和 21.8 min。用加标样品测得 DEP、DnBP、BBzP、DEHP 和 DINP 的平均回收率分别为 72%、104%、118%、124%、92% 和 94%。仪器灵敏度是根据校准曲线的最低浓度和 1.0 g 的标准样品重量计算出来的,灰尘样品中邻苯二甲酸酯的方法定量限(LOQ)为 0.003 μg/g(灰尘)。低于 LOQ 的样本浓度被赋值为零。

2. 尘螨过敏原的检测

采用酶联免疫吸附试验(ELISA)量化灰尘中的尘螨过敏原 Der f 1 和过敏原 Der p 1 的浓度。

灰尘样品通过孔径为 0.3 mm 的筛子,以去除大颗粒和纤维。将 100 mg 的灰尘样品在 2 mL 的 PBS-T 缓冲系统封闭液中混合(旋涡混合器 1 min,旋转混合器 2 h)。通过离心(4 000 r/min, 10 min, 10 000 r/min, 10 min)得到 2 mL 上清液,并在 -18 ℃ 下将其冷冻。在 96 孔 ELISA 板中加入 0.1 μg 单克隆抗体。洗涤后,用牛血清白蛋白磷酸盐缓冲盐水加吐温(BSA PBS-T)在室温下封锁 ELISA 板 30 min,然后洗涤。在每个 ELISA 板孔中加入 10 个不同浓度的标准过敏原和稀释 10 倍的样品。孵育 1 h 并清洗后,将 0.1 μg 生物素标记的单克隆抗体添加到每个 ELISA 板的孔中。孵育 1 h 并清洗后,加入 0.1 μg 山羊抗兔免疫球蛋白,然后孵育 30 min 并清洗。用酶标仪测试样品的吸光度。根据标准曲线计算样品的浓度。Der f 1 和 Der p 1 浓度低于检测限(100 ng/g 和 10 ng/g)的样品被赋值为 100 ng/g 和 10 ng/g。

(四)统计分析方法

研究采用 SPSS25.0 软件进行分析。被测变量有分类变量(如儿童过敏症状)和连续变量(换气次数和邻苯二甲酸酯浓度等)。用频率描述分类变量,用平均值、标准差、最小值、最大值和百分位数描述连续变量。通风量将同时作为连续变量和分类变量进行研究,将其作为分类变量时,用中位数作为高通风量与低通风量的临界值。

采用 Mann-Whitney U 检验分析通风与污染物浓度之间的关系,采用列联表法来检验各个分类变量之间的相关性,建立 logistic 回归模型来分析儿童过敏性疾病症状与通风量和室内污染物浓度之间的关系,并对潜在的混杂因素进行调整,得出调整后的优势比(AOR)以及 95% 置信区间(95% CI),混杂因素根据相关的文献预先确定。

(五)基本数据汇总

1. 人口学基本信息

被测家庭中,男孩和女孩的数量基本一致,大多数儿童年龄在 3~6 岁。被测家庭中的儿童信息见表 7-25。

表 7-25　被测家庭中的儿童信息

年龄	%(n)
0~2	14.8(59)
3~6	64.8(258)
7~8	20.4(81)
性别	%(n)
男	48.3(190)
女	51.7(203)
家族过敏史	%(n)
有	31.2(119)
无	68.8(263)

2. 健康信息

被测家庭中儿童哮喘、过敏以及湿疹症状的情况见表 7-26。曾患湿疹的儿童最多,占被调查儿童的 58.6%,其次是曾患鼻炎、确诊湿疹、现有鼻炎症状的儿童,确诊哮喘的儿童最少,仅占 11.5%。

表 7-26　被测家庭中儿童过敏症状的情况

过敏症状		%(N)
哮喘	曾经患哮喘	20.7(79)
	现在有哮喘症状	12.6(48)
	现在有干咳症状	21.5(82)
	确诊哮喘	11.5(44)
鼻炎	曾经患鼻炎	57.9(221)
	现在有鼻炎症状	49.7(190)
	确诊鼻炎	18.1(69)
湿疹	曾经患湿疹	58.6(224)
	现在有湿疹症状	31.7(121)
	确诊湿疹	56.0(210)

3. 通风分布

被测住宅的换气次数见表 7-27。

表 7-27　被测住宅的换气次数

地点	时间	平均值/(次/h)	min/(次/h)	25%分位数/(次/h)	50%分位数/(次/h)	75%分位数/(次/h)	max/(次/h)	样本量
儿童卧室	夜间	0.67	0.00	0.21	0.37	0.70	12.99	356

续表

地点	时间	平均值/(次/h)	min/(次/h)	25% 分位数/(次/h)	50% 分位数/(次/h)	75% 分位数/(次/h)	max/(次/h)	样本量
住宅	夜间	0.62	0.00	0.20	0.32	0.61	12.99	340
	白天	1.18	0.10	0.43	0.77	1.37	12.99	321

4. 污染物浓度

研究从 410 个儿童卧室的床垫上收集灰尘,对尘螨过敏原 Der f 1 和 Der p 1 进行定量分析,Der f 1 和 Der p 1 的有效样本数量分别为 371 和 362。尘螨过敏原的暴露水平见表 7-28。

表 7-28　尘螨过敏原的暴露水平 单位:ng/g

尘螨过敏原	平均值	标准差	min	25% 分位数	50% 分位数	75% 分位数	max
Der p 1	124.78	482.22	10.00	10.28	23.74	59.92	5 000.00
Der f 1	2 042.39	4 436.00	100.00	179.62	675.28	2 205.50	43 411.92

收集沉降灰尘来分析邻苯二甲酸酯,有效样本数为 351。表 7-29 所示为住宅中六种主要邻苯二甲酸酯的浓度,DEHP 的浓度最高,其次是 DnBP 和 DiBP,DINP、DEP 和 BBzP 的含量很少。

表 7-29　邻苯二甲酸酯的浓度 单位:μg/g

邻苯二甲酸酯	平均值	标准差	min	25% 分位数	50% 分位数	75% 分位数	max
DEHP	457.38	1 172.04	0.90	38.96	126.94	351.29	10 927.76
DnBP	230.11	730.15	0.09	14.71	40.82	131.13	7 184.74
DiBP	43.10	104.34	0.12	6.52	16.27	35.79	1 202.86
DINP	0.70	1.47	0.01	0.17	0.28	0.70	18.40
DEP	0.56	0.83	0.01	0.18	0.30	0.62	10.01
BBzP	0.91	9.86	0.01	0.03	0.09	0.25	182.90

(六)通风与儿童过敏性疾病的关系

如表 7-30 所示,采用 logistic 回归模型分析通风与儿童哮喘、鼻炎以及湿疹症状之间的关系。较低的换气次数(低于通风中位数 0.37 次/h)是鼻炎症状的危险因素。通风指标分为两类:与人相关的通风量指标(L/(s·人)),与房间容积相关的换气次数(次/h)。在几种衡量通风的指标中,儿童卧室夜间的换气次数对鼻炎症状影响最为显著,说明暴露时间和地点的重要性。

表 7-30　logistic 回归模型中通风指标对儿童过敏性疾病症状的影响

疾病	优势比（95% 置信区间）[a]			
	卧室夜间换气次数 /（次/h）	住宅白天换气次数 /（次/h）	住宅夜间换气次数 /（次/h）	卧室夜间人均通风量 /（L/（s·人））
曾患哮喘	0.62 （0.27,1.41）	0.54 （0.23,1.26）	0.53 （0.24,1.19）	0.80 （0.35,1.80）
现患哮喘	0.82 （0.40,1.68）	0.66 （0.30,1.46）	0.71 （0.35,1.45）	1.14 （0.55,2.36）
现患干咳	1.07 （0.62,1.85）	0.92 （0.52,1.62）	1.05 （0.61,1.81）	1.03 （0.60,1.79）
确诊哮喘	0.54 （0.17,1.77）	0.76 （0.25,2.31）	0.48 （0.16,1.44）	0.69 （0.23,2.08）
曾患鼻炎	1.43 （0.74,2.75）	0.66 （0.34,1.29）	0.88 （0.46,1.67）	1.09 （0.57,2.09）
现患鼻炎	**1.59 （1.01,2.49）**	1.33 （0.83,2.12）	1.16 （0.74,1.81）	0.85 （0.54,1.34）
确诊鼻炎	**3.02 （1.16,7.89）**	1.35 （0.56,3.28）	2.26 （0.92,5.56）	1.43 （0.59,3.47）
曾患湿疹	0.81 （0.41,1.62）	1.52 （0.76,3.06）	0.93 （0.47,1.81）	1.04 （0.52,2.04）
现患湿疹	0.67 （0.41,1.11）	1.11 （0.66,1.85）	0.58 （0.35,1.01）	0.72 （0.44,1.19）
确诊湿疹	0.89 （0.46,1.72）	0.91 （0.46,1.79）	1.04 （0.54,1.98）	0.73 （0.38,1.43）

[a] 根据性别、年龄、家族过敏史、潮湿度、环境烟草暴露、室外 PM10 浓度和测量季节进行调整。

　　分析儿童过敏性疾病与卧室夜间换气次数的四分位数之间的关系,发现换气次数与鼻炎症状之间存在显著的剂量 - 反应关系（图 7-26）。

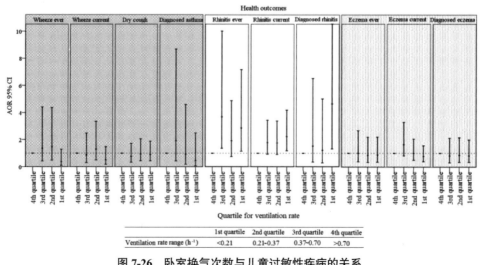

图 7-26　卧室换气次数与儿童过敏性疾病的关系

将卧室夜间换气次数作为连续型变量,进一步分析其与儿童的鼻炎症状之间的关系,发现卧室夜间换气次数每增加 1 次/h 产生的 AOR 值为:曾患鼻炎 0.71（95% 置信区间:0.54~0.95）,现有鼻炎症状 0.71（95% 置信区间:0.49~0.98）,确诊鼻炎 0.92（95% 置信区间:0.65~1.29）,如表 7-31 所示,儿童卧室夜间换气次数每增加 0.1 次/h 产生的 AOR 值分别为:0.97、0.97、0.99,儿童卧室夜间的高换气次数对于鼻炎症状呈现保护作用。

表 7-31　logistic 回归模型中换气次数对儿童过敏症状的 AOR（95% CI）

疾病	换气次数每增加 1 次/h		换气次数每增加 0.1 次/h	
	AOR[a]	95% CI	AOR[a]	95% CI
曾患鼻炎	0.71	（0.54,0.95）	0.97	（0.94,1.00）
现有鼻炎症状	0.71	（0.49,0.98）	0.97	（0.94,1.00）
确诊患鼻炎	0.92	（0.65,1.29）	0.99	（0.96,1.03）

[a] 根据性别、年龄、家族过敏史、潮湿环境暴露进行调整。

基于背景水平得到不同换气次数下儿童现有鼻炎症状的概率,如式（7-28）。背景水平的设定是基于之前的横断面研究,天津地区有 29.8% 的儿童现在有鼻炎症状,天津一般人群卧室夜间换气次数为 0.4 次/h。

$$y = 0.342e^{-0.342x} \tag{7-28}$$

式中　　x——换气次数（次/h）;

　　　　y——儿童现有鼻炎症状的发生率。

研究表明,卧室夜间换气次数每增加 0.1 次/h,对鼻炎患者的相对保护系数达到 0.97。假设这种关系是因果关系,预测不同换气次数下的鼻炎患病率,如图 7-27 所示。换气次数为 0.5 次/h 时,鼻炎患病率为 28.8%,而将换气次数提高到 2.0 次/h 时,患病率将降低到 17.4%。

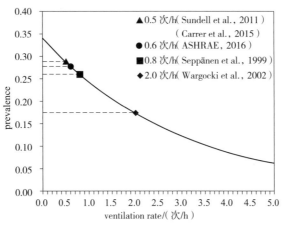

图 7-27　不同换气次数下的鼻炎患病率

目前,相关标准所规定的通风量主要是基于衡量室内空气质量的指标,如二氧化碳浓度和气味。与居住者对室内空气质量（IAQ）的感知相比,要求的通风量（或换气次数）应该更以室内污染暴露的健康终端为依据,如短期和长期的健康后果。制定通风要求应观察当通风量(或换气次数)达到或低于某一水平时,是否会有更高的健康风险和舒适抱怨。

（七）通风影响儿童过敏性疾病的机理

1. 经由尘螨过敏原的作用链条

尘螨是公认的引发过敏症状的过敏原。尘螨可以通过接触眼睛、鼻子、下呼吸道、皮肤和肠道这些器官的上皮而诱发过敏和特应性症状。

通风可以去除室内多余的水分并降低室内的相对湿度,达到抑螨和杀螨的目的,从而降低尘螨过敏原的浓度。在研究中随着换气次数的增加, Der f 1 的浓度下降,如图 7-28 所示。

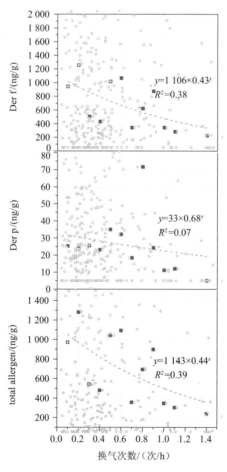

图 7-28 尘螨过敏原浓度随换气次数变化的趋势

尘螨暴露与儿童鼻炎和湿疹之间存在显著的相关性和清晰的剂量 - 反应关系(图 7-29)。

2. 经由邻苯二甲酸酯的作用链条

邻苯二甲酸酯可从基质材料中析出,以气固两相形式存在于室内环境中。研究从 410 个儿童的卧室里收集沉降灰尘来分析邻苯二甲酸酯,有效样本数量为 351。表 7-29 给出了住宅中六种主要邻苯二甲酸酯的浓度,DEHP 的含量最高,其次是 DnBP 和 DiBP。

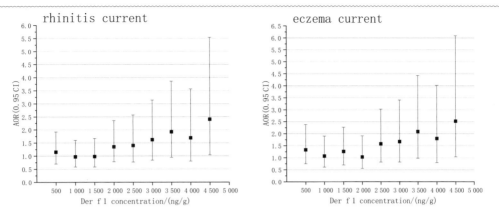

图 7-29　尘螨暴露与鼻炎和湿疹的剂量 - 反应关系

1）邻苯二甲酸酯和换气次数的关系

图 7-30 显示了研究中邻苯二甲酸酯浓度与换气次数的关系。换气次数与邻苯二甲酸酯浓度呈负相关关系，这是因为高换气次数降低了气相邻苯二甲酸酯的浓度，从而影响了灰尘中邻苯二甲酸酯的浓度。

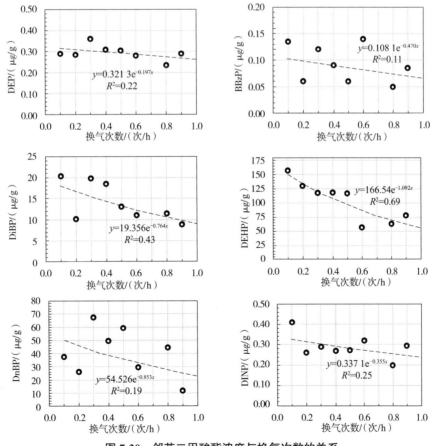

图 7-30　邻苯二甲酸酯浓度与换气次数的关系

2）邻苯二甲酸酯和儿童过敏性疾病的关系

图 7-31 显示了邻苯二甲酸酯 DiBP 浓度与儿童过敏性疾病症状的关系。高 DiBP 浓度与儿童的哮喘显著相关（AOR:1.30;95% CI:1.07~1.57），呈现出清晰的剂量 - 反应关系。

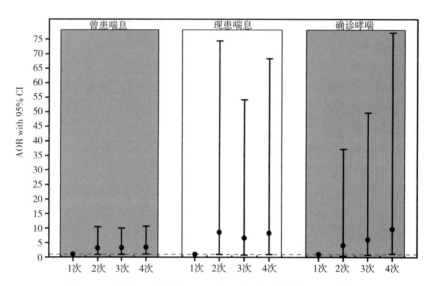

图 7-31　邻苯二甲酸酯 DiBP 浓度与儿童过敏性疾病的关系

换气次数与邻苯二甲酸酯之间的负相关关系以及 DiBP 浓度与哮喘发病率之间的正相关关系表明，低换气次数可能是通过影响邻苯二甲酸酯浓度进而使哮喘发病率上升的。

综上，对天津地区的 399 个住宅进行新风量的测量，调查通风与儿童患过敏性疾病的状况，并分析住宅建筑通风与儿童过敏性疾病的关系，发现较低的通风水平是鼻炎症状的危险因素。换气次数（x）与鼻炎症状（y）的关系可以表示为 $y = 0.342e^{-0.342x}$；通风可以有效稀释室内尘螨过敏原和邻苯二甲酸酯，从而降低过敏性疾病的发病率。

2. 建筑通风对呼吸道疾病的影响

典型的呼吸道疾病包括感冒、肺炎、鼻窦炎、耳朵和喉咙发炎。呼吸道疾病的传播途径有直接传播（与患者接触）和间接传播（接触患者使用的物件或触摸过的地方）。另一个不容忽视的传播途径是以空气为媒介的病毒气溶胶传播，在 2003 年 SARS 危机之后这种空气传播途径越来越得到人们的关注。

研究案例：宿舍和教室通风对呼吸道疾病的影响

（一）宿舍通风对呼吸道疾病的影响

2005 年和 2015 年孙越霞、王攀等人对一类特殊的住宅环境，即宿舍环境进行了研究。宿舍是人口高度密集场所，在这样的场所中，稍有疏忽就容易造成传染病在学校的发生和蔓延。该研究分析了宿舍冬季的通风量与感冒感染率之间的关系，经研究发现，室外新风量与感冒感染率之间呈现出清晰的剂量 - 反应关系，如图 7-32 和图 7-33 所示。

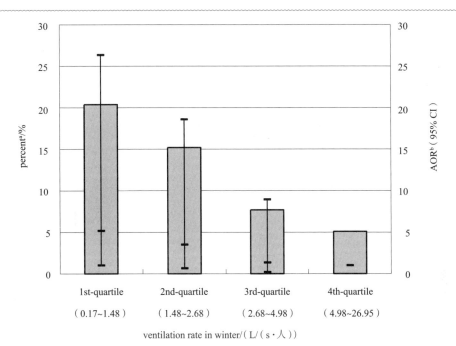

[a] Proportion of occupants with ≥ 6 common colds in the previous 12 months.
[b] Odds ratios were adjusted for gender, age, family allergic history, exposure to environmental tobacco smoke and building age in logistic regression model; CI: confidence interval.

图 7-32　通风与普通感冒的剂量 - 反应关系(6 人间宿舍,2005 年)

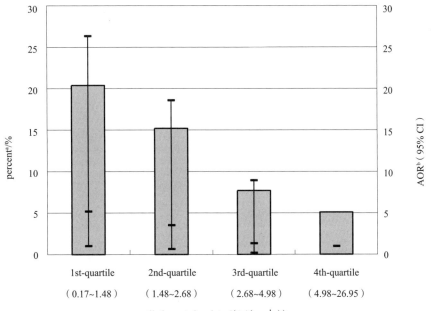

[a] Proportion of occupants with ≥ 1 common cold in winter.
[b] OR: Odds ratio in logistic regression model; CI: confidence interval.

图 7-33　通风与普通感冒的剂量 - 反应关系(4 人间宿舍,2015 年)

研究人员利用 Wells-Riley(韦尔斯 - 赖利)模型预测宿舍环境不同居住密度下流行性感冒感染概率随通风量的变化情况,如图 7-34 所示,流行性感冒的发病率随通风量增大而降低。在房间通风量相同的情况下,居住密度越小,流行性感冒的发病率越低。以 6 人间宿舍流行性感冒的发病率为例,夏季房间通风量为 164.7 m³/h,易感人群的感染概率为 12.2%;冬季房间通风量为 52.0 m³/h,易感人群的感染概率上升到 33.9%。按照国家标准《室内空气质量标准》(GB/T 18883—2022)的规定,最小人均通风量为 30 m³/h 时,流行性感冒的感染概率可以降低到 11.3%。

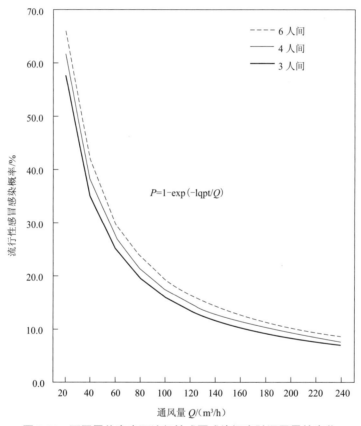

$$P=1-\exp(-lqpt/Q)$$

图 7-34　不同居住密度下流行性感冒感染概率随通风量的变化

（二）教室通风对呼吸道疾病的影响

2018 年杨飞虎等人对学校环境通风的健康效应进行了研究。考虑到导致呼吸道感染的病原体的潜伏期,应用滑动平均的思想,取每个正常上课日的前 7 天的日均换气次数及日均人均通风量的平均值,构成 7 天平均换气次数、7 天平均人均通风量等聚合环境参数,研究其与目标日呼吸道感染缺勤的人数的关系。之所以选 7 天为衡量标准,这是因为它包含了多种关键呼吸道病原体(鼻病毒、腺病毒、呼吸道合胞病毒、流感、副流感和冠状病毒等)的潜伏期的 95% 置信区间。最终,总共得到有效聚合样本量 3 701 个。

在对每日呼吸道感染缺勤人数的统计中,健康数据存在三个特点。特点一,存在大量的零值(详见第 3 章),即大部分时间都属于全勤情况。这些零值产生的原因之一是由于没有病原体的侵入,或由于环境情况导致病原体无法存活或不稳定,学生不会患呼吸道感染;其二是影响病原体传播途径的因素以及学生自身的免疫也会影响学生患呼吸道感染的程度。

特点二,缺勤人数纵向来看,存在过度离散的现象,所谓过度离散,指的是事件的条件方差超过条件均数。在观察期前段时间可能缺勤人数一个也没有,而在观察期后段时间可能突然出现大量缺勤,这是由于呼吸道感染具有传染性,学生缺课事件的发生可能具有很强的聚集性。特点三,观测值存在缺失的情况。基于数据存在以上分布特征,对于长期监测的各环境参数与呼吸道感染之间的关系,采用零膨胀负二项模型进行计算。

模型具体引入协变量的情况及原因如图 7-35 所示。

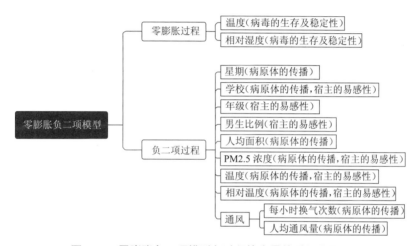

图 7-35　零膨胀负二项模型各过程协变量的引入及原因

小学教室通风量与因呼吸道感染缺勤人次的关系详见表 7-32 和表 7-33。

换气次数以及人均通风量对因患呼吸道感染而导致缺勤人次的影响有统计学意义,表明换气次数,人均通风量越高,缺勤人次越少。具体表现为在其他条件不变的情况下换气次数每上升 0.1 次/h,缺勤人次变为原来的 98%;人均通风量每上升 1 L/(s·人),缺勤人次变为原来的 87%。

表 7-32　各环境参数与因呼吸道感染缺勤人次的关系(通风量以换气次数量度)

过程	变量		IRR	标准误差	z	P	95% 置信区间
负二项过程	星期	星期一	1.00				
		星期二	1.14	0.11	1.44	0.15	(0.95, 1.37)
		星期三	1.07	0.10	0.69	0.49	(0.88, 1.29)
		星期四	0.97	0.09	-0.37	0.71	(0.80, 1.16)
		星期五	0.91	0.09	-0.99	0.32	(0.75, 1.10)
		星期六	1.00	0.37	0.03	0.98	(0.49, 2.07)
		星期日					

续表

过程	变量		IRR	标准误差	z	P	95% 置信区间
负二项过程	地区	城区	1.00				
		郊区	1.23	0.20	1.35	0.18	（0.91, 1.69）
		农村	0.50	0.12	-2.89	0.01	（0.31, 0.80）
	学校	A 小学	1.00				
		B 小学	0.86	0.12	-1.09	0.27	（0.65, 1.13）
		C 小学	0.65	0.09	-3.21	0.00	（0.50, 0.85）
		D 小学	1.04	0.13	0.36	0.72	（0.82, 1.35）
		E 小学	0.71	0.08	-2.88	0.00	（0.56, 0.90）
		F 小学	1.00		（忽略）		
		G 小学	1.85	0.57	2.01	0.05	（1.00, 3.38）
		H 小学	2.54	0.51	4.61	0.00	（1.71, 3.77）
		I 小学	1.96	0.47	2.80	0.01	（1.22, 3.13）
		J 小学	1.00		（忽略）		
	年级	二年级	1.00				
		五年级	1.07	0.10	0.74	0.46	（0.89, 1.29）
	男生比例	%	1.00	0.01	-0.31	0.75	（0.98, 1.02）
	人均面积	m²/人	0.90	0.38	-0.24	0.81	（0.40, 2.05）
	7 天平均 PM2.5 浓度	10 μg/m³	1.05	0.02	2.92	0.00	（1.02, 1.10）
	7 天平均温度	℃	0.85	0.02	-8.69	0.00	（0.82, 0.88）
	7 天平均相对湿度	%	0.95	0.01	-8.25	0.00	（0.94, 0.96）
	7 天平均换气次数	次/0.1 h	0.98	0.01	-3.92	0.00	（0.97, 0.99）
	_cons		202.10	166.26	6.45	0.00	（40.30, 1 013.48）
零膨胀过程	7 天平均温度	℃	0.17	0.12	1.38	0.17	（-0.07, 0.40）
	7 天平均相对湿度	%	-0.13	0.07	-1.80	0.07	（-0.27, 0.01）
	_cons		-2.70	3.26	-0.83	0.41	（-9.09, 3.67）
	/lnalph		-0.21	0.12	-1.73	0.08	（-0.45, 0.03）
	alpha		0.81	0.10			（0.64, 1.03）

注：IRR(incidence rate ratio，发病率比)的值只在负二项过程中发生转换。

表 7-33 各环境参数与因呼吸道感染缺勤人次的关系（通风量以人均通风量量度）

过程	变量		IRR	标准误差	z	P	95% 置信区间
负二项过程	星期	星期一	1.00				
		星期二	1.14	0.11	1.41	0.16	（0.95, 1.37）
		星期三	1.07	0.10	0.67	0.51	（0.88, 1.29）
		星期四	0.96	0.09	−0.38	0.71	（0.80, 1.16）
		星期五	0.91	0.09	−0.99	0.32	（0.75, 1.10）
		星期六	1.00	0.36	−0.01	0.99	（0.49, 2.04）
		星期日					
	地区	城区	1.00				
		郊区	1.24	0.20	1.40	0.16	（0.91, 1.71）
		农村	0.49	0.12	−3.01	0.03	（0.31, 0.78）
	学校	A 小学	1.00				
		B 小学	0.83	0.12	−1.31	0.19	（0.64, 1.09）
		C 小学	0.65	0.09	−3.22	0.00	（0.50, 0.84）
		D 小学	1.04	0.13	0.32	0.75	（0.81, 1.34）
		E 小学	0.72	0.09	−2.67	0.00	（0.57, 0.92）
		F 小学	1.00			（忽略）	
		G 小学	1.90	0.58	2.10	0.04	（1.03, 3.43）
		H 小学	2.58	0.52	4.72	0.00	（1.74, 3.82）
		I 小学	2.03	0.48	2.97	0.00	（1.27, 3.24）
		J 小学	1.00			（忽略）	
负二项过程	年级	二年级	1.00				
		五年级	1.08	0.10	0.84	0.46	（0.90, 1.30）
	男生比例	%	1.00	0.01	−0.31	0.75	（0.98, 1.02）
	人均面积	m²/人	1.08	0.45	0.18	0.85	（0.48, 2.44）
	7 天平均 PM2.5 浓度	10 μg/m³	1.06	0.02	3.04	0.00	（1.02, 1.10）
	7 天平均温度	℃	0.85	0.15	−9.17	0.00	（0.82, 0.88）
	7 天平均相对湿度	%	0.95	0.01	−8.15	0.00	（0.94, 0.96）
	7 天平均人均通风量	L/（s·人）	0.87	0.03	−3.88	0.00	（0.81, 0.93）
	_cons		166.49	138.50	6.15	0.00	（32.06, 850.11）
零膨胀过程	7 天平均温度	℃	0.18	0.12	1.47	0.14	（−0.06, 0.41）
	7 天平均相对湿度	%	−0.13	0.07	−1.89	0.06	（−0.27, 0.01）
	_cons		−2.73	3.18	−0.86	0.39	（−8.95, 3.49）
	/lnalpha		−0.21	0.12	−1.73	0.08	（−0.44, 0.03）
	alpha		0.81	0.10			（0.64, 1.03）

注：IRR（incidence rate ratio，发病率比）的值只在负二项过程中发生转换。

3. 建筑通风对病态建筑综合征（SBS）症状的影响

根据世界卫生组织的定义,病态建筑综合征（SBS）有三大类症状:一般性、黏膜性和皮肤性症状。SBS 往往和特定的"病态"建筑相关,当人们离开"病态"建筑时,症状往往会消失或减轻。

一般性 SBS 症状主要有疲倦、头重、头痛、眩晕、注意力很难集中等。黏膜性 SBS 症状主要有眼睛刺痛、鼻子刺痛、喉咙发干发痛、咳嗽等。皮肤性 SBS 症状主要是脸部或手部的皮肤发红、发痒等。以往关于通风与 SBS 的研究多集中在办公建筑。研究发现通风量的提高改善了室内空气品质,降低了 SBS 症状的患病率和工作人员的缺勤率,提高了工作效率。美国100 栋办公建筑通风量研究的结果表明,通风量和 SBS 症状,如黏膜刺痛、眼睛干燥、喉咙疼痛之间存在显著性的剂量 - 反应关系,通风量以 100 ppm 下降造成的优势比为 1.1~1.2。无新风的空气调节建筑内的 SBS 发病率较高;同样,缺乏维护的 HVAC 通风系统也会提高 SBS 症状发生的危险度。Mendell 和 Smith 发现和自然通风的建筑相比,缺少维护的机械通风系统自身反而污染了送入室内的新风。在机械通风的办公室内工作的人员报告的 SBS 症状有上升趋势。

针对住宅建筑通风与在室人员病态建筑综合征的关系,侯静等人分析了住宅建筑不同时段不同区域的换气次数对 SBS 的影响,换气次数和黏膜症状的关联达到了显著性水平,即低换气次数可能是 SBS 症状的危险性因素。

研究案例：家庭环境通风量与 SBS 的关系研究

为了研究通风与病态建筑综合征（SBS）之间的关联,并研究通风影响健康的机制,2017年侯静等人在天津征集了 32 个家庭,在每个季节进行入户测试并调研人员的健康问题。

（一）问卷调研

本研究的健康终端为 SBS。SBS 有三大类症状。一般性 SBS 症状主要有疲倦、头重、头痛、眩晕、注意力难以集中等。黏膜性 SBS 症状主要有眼睛刺痛、鼻子刺痛、喉咙发干发痛、咳嗽等。皮肤性 SBS 症状主要是面部皮肤干燥、耳朵干燥、手干燥等。在本研究中,采用问卷形式来调研在室人员过去 3 个月 SBS 症状的出现频率。每个问题都有三个回答选项:①是,经常（每周）;②是,有时;③不是,从不。

（二）环境参数的测量

测量卧室的环境参数,包括空气温度、相对湿度、二氧化碳浓度、换气次数、挥发性有机化合物（VOC）、甲醛、颗粒物和臭氧。每个家庭有两种检测环境:非控制工况和控制工况。在非控制工况下,对每个家庭的室内空气温度、相对湿度和二氧化碳浓度连续测量至少48 h。根据二氧化碳浓度计算夜间的换气次数。在控制工况下,要求住户提前关闭门窗至少 12 h,若有机械通风系统,也将其关闭。然后测量 20~30 min 甲醛、VOC、颗粒物、臭氧的浓度,另外,对渗透风量进行测量。

1. 换气次数

在控制工况下,使用便携式气罐释放示踪气体二氧化碳,利用衰减法计算门窗关闭时卧室的换气次数(渗透换气次数)。便携式二氧化碳监测器,持续 30~60 min,在此期间卧室中没有二氧化碳源,二氧化碳监测器的精确度为 50 ppm,或读数的 ±5%,测量前进行校准。

在非控制工况下,使用居住者产生的二氧化碳作为示踪气体来计算夜间的换气次数,二氧化碳监测器以 1 min 的间隔采样并记录数据,持续至少 48 h。

2. 甲醛和 VOC

甲醛和 VOC 的检测按照中国国家标准 GB/T 18204.2—2014 进行。采样时间为 20 min,采样流量为 0.5 L/min。甲醛浓度用酚试剂分光光度法进行分析。挥发性有机物的浓度用气相色谱 - 质谱仪(GC-MS)进行分析。

3. 臭氧

使用紫外吸收式臭氧分析仪(2B technologies model 106-L)来检测臭氧浓度。数值以体积比(ppb)报告。臭氧检测只在夏季和秋季进行。

4. 颗粒物的检测

PM2.5 使用美国 TSI SidePak AM510 气溶胶监测仪进行检测,流速设定为 1.7 L/min,数据存取间隔时间设定为 1 次/min,每个检测点至少测定 20 min。超细颗粒物采用美国 TSI P-TRAK 超细粒子计数器 TSI 8525 进行测量。测试开始之前对仪器进行校正,以保证测试数据的准确性。

(三)统计分析方法

被测量的变量有分类变量(如健康结果)和连续变量(室内环境测量数据,如换气次数、二氧化碳浓度和甲醛浓度等)。用频率描述分类变量。用平均值、标准差、最小值、最大值和百分位数描述连续变量。换气次数可同时作为连续变量和分类变量进行研究。将其作为分类变量时,用中位数或四分位数作为高换气次数与低换气次数的临界值。使用 logistic 回归模型来分析成人 SBS、换气次数和室内污染物浓度之间的关系。所用统计软件为 SPSS20.0。

(四)通风与成人病态建筑综合征的关系

表 7-34 显示了调查家庭中 SBS 症状的分布。一般症状的报告频率最高,其次是黏膜和皮肤症状。疲劳、喉咙嘶哑和咳嗽是最常出现的三种症状。男性和女性之间或不同季节之间的 SBS 症状没有显著差异。

表 7-34 调查家庭中 SBS 症状的分布

症状	经常,N(%)	有时,N(%)	从不,N(%)
疲劳	6(5.0)	73(61.3)	40(33.6)
头重	3(2.5)	25(20.8)	92(76.7)
头痛	1(0.8)	25(21.0)	93(78.2)
头晕	2(1.7)	12(10.0)	106(88.3)
注意力难以集中	1(0.8)	25(20.8)	94(78.3)
至少有一种以上一般症状[a]	8(6.7)	80(66.7)	32(26.7)

症状	经常,N(%)	有时,N(%)	从不,N(%)
眼睛刺痛	2(1.7)	27(22.5)	91(75.8)
鼻子刺痛	6(5.0)	27(22.7)	86(72.3)
喉咙嘶哑	4(3.3)	61(50.8)	55(45.8)
咳嗽	3(2.5)	44(36.7)	73(60.8)
至少有一种以上黏膜症状[b]	9(7.5)	71(59.2)	40(33.3)
面部皮肤干燥	1(0.8)	26(21.7)	93(77.5)
耳朵发痒	4(3.3)	27(22.5)	89(74.2)
手部皮肤干燥	4(3.4)	21(17.6)	94(79.0)
至少有一种以上皮肤症状[c]	7(5.8)	41(34.2)	72(60.0)

[a] 至少有一种以上一般症状,如疲劳、头重、头痛、头晕、注意力难以集中。
[b] 至少有一种以上黏膜症状,如眼睛刺痛、鼻子刺痛、喉咙嘶哑、咳嗽。
[c] 至少有一种以上皮肤症状,如面部皮肤干燥、耳朵发痒、手部皮肤干燥。

　　表 7-35 所示为 logistic 回归模型中 SBS 症状与卧室夜间换气次数的关系,换气次数和黏膜症状之间有显著性关联(AOR:2.45;95% CI:1.00~5.99),低换气次数(<0.45 次/h)是黏膜症状的风险因素。将卧室夜间的换气次数作为连续型变量,发现其每增加 0.1 次/h 产生的 AOR 值为:一般症状 0.98,黏膜症状 0.95,皮肤症状 0.96,卧室夜间的高换气次数对黏膜症状有保护作用。

表 7-35　logistic 回归模型中换气次数对 SBS 症状的 AOR(95% CI)

换气次数[c]	AOR(95% CI)[a]		
	一般症状[b]	黏膜症状[b]	皮肤症状[b]
	1.52(0.52,4.43)	**2.45(1.00,5.99)**	1.08(0.49,2.37)
换气次数(单位为 1 次/h)	0.83(0.46,1.50)	**0.58(0.33,1.00)**	0.69(0.38,1.27)
换气次数(单位为 0.1 次/h)	0.98(0.93,1.04)	**0.95(0.90,1.00)**	0.96(0.91,1.02)

[a] 根据性别、年龄、家庭收入进行调整。
[b] 至少有一种一般/黏膜/皮肤症状:经常/有时 vs 从不。
[c] 将换气次数作为二分类变量进行分析,高于中位数(0.45 次/h)的换气次数作为参考值。

　　在该研究中,换气次数中值为 0.45 次/h,报告黏膜症状的人员占总调查人数的 66.7%,基于此得到不同换气次数下黏膜症状的发生率(图 7-36):

$$y = 0.852 \mathrm{e}^{-0.545x} \tag{7-29}$$

式中　x——换气次数(次/h);
　　　y——黏膜症状的发生率。

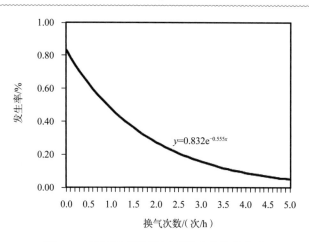

图 7-36　不同换气次数下黏膜症状的发生率

当换气次数为 0.5 次/h 时,黏膜症状的发生率为 64.9%,换气次数提高到 2 次/h 时,发生率降至 28.7%。

(五)通风影响成人病态建筑综合征的机理

为分析影响机制,对卧室中的甲醛、VOC、PM2.5、超细颗粒物和臭氧进行了检测,并分析了它们与换气次数和居住者 SBS 症状的关系。

表 7-36 显示了卧室内甲醛和 VOC 浓度的分布情况。甲醛浓度中位数为 0.08 mg/m³,与其他中国地区的研究相当,甲醛和 VOC 浓度均高于其他国家测得的浓度。

表 7-36　卧室内甲醛(N=125)和 VOC(N=113)浓度的分布情况

污染物	最小值	25% 分位数	50% 分位数	75% 分位数	最大值	平均值	标准差
甲醛/(mg/m³)	0.01	0.06	0.08	0.13	0.30	0.10	0.06
苯/(μg/m³)	0.50	2.05	3.49	6.54	26.63	4.74	4.30
甲苯/(μg/m³)	0.50	8.50	13.80	21.58	227.51	21.45	30.61
对二甲苯/(μg/m³)	0.50	3.50	6.15	10.61	227.86	12.23	26.34
萘/(μg/m³)	0.50	0.50	0.77	3.96	147.78	4.00	14.36
2- 乙基 -1- 己醇 /(μg/m³)	0.50	0.50	2.91	6.49	59.07	5.29	7.83
柠檬烯/(μg/m³)	0.50	0.50	3.54	14.66	133.35	11.45	20.59
α- 蒎烯/(μg/m³)	0.50	0.50	0.50	12.86	201.77	12.91	28.20
非南醇/(μg/m³)	0.50	4.34	11.17	20.35	112.41	16.13	17.59
苯甲醛/(μg/m³)	0.50	0.60	2.03	4.15	25.07	3.01	3.76
TVOC/(μg/m³)	10.70	269.51	421.59	668.33	6 313.40	586.95	732.28

表 7-37 显示了卧室内外 PM2.5 和超细颗粒物浓度的分布情况。室内颗粒物浓度一般比室外的低。表 7-38 显示了卧室内外臭氧浓度的分布情况。

表 7-37　卧室内外 PM2.5 和超细颗粒物浓度的分布情况

污染物	空间位置	最小值	25% 分位数	50% 分位数	75% 分位数	最大值	平均值	标准差
PM2.5/($\mu g/m^3$)	卧室内	1	17	24	40	223	34	32
	卧室外	2	21	44	71	371	60	58
	I/O^a	0.12	0.40	0.59	0.90	7.00	0.77	0.76
超细颗粒物 /(个/cm³)	卧室内	565	6 459	11 832	21 148	150 087	19 406	23 889
	卧室外	126	62 050	11 980	18 425	25 593	19 808	9 915
	I/O^a	0.07	0.40	0.66	1.08	12.04	1.10	1.55

ᵃ 卧室内浓度/卧室外浓度。

表 7-38　卧室内外臭氧浓度的分布情况　　　　　　　　　　单位:ppb

空间位置	最小值	25% 分位数	50% 分位数	75% 分位数	最大值	平均值	标准差
卧室内	0.00	1.70	3.80	5.80	20.90	4.45	4.00
卧室外	0.00	10.60	24.10	59.10	176.00	37.17	35.95
I/O^a	0.00	0.06	0.13	0.25	1.60	0.24	0.31

ᵃ 卧室内浓度/卧室外浓度。

1. 甲醛、VOC、颗粒物、臭氧和渗透换气次数的关系

渗透换气次数高的房间的 VOC 和甲醛的浓度,以及颗粒物和臭氧的室内外浓度差都低于渗透换气次数低的房间。如表 7-39 所示,渗透换气次数对苯、甲苯、TVOC 和甲醛浓度的影响达到了显著性水平。图 7-37、图 7-38 和图 7-39 显示了渗透换气次数与甲醛、TVOC 和 VOC 浓度的关系。随着渗透换气次数的增加,甲醛、TVOC、苯和甲苯的浓度下降。研究结果表明,通风可以稀释室内空气中的污染物,有效降低室内污染物的浓度,提升室内空气质量。

表 7-39　渗透换气次数与污染物浓度的关系

污染物	中位数		P^a
	渗透换气次数 ≥ 0.30 次/h	渗透换气次数 <0.30 次/h	
苯/($\mu g/m^3$)	2.77	5.19	**0.01**
甲苯/($\mu g/m^3$)	11.95	17.28	**0.01**
对二甲苯/($\mu g/m^3$)	5.63	6.45	0.19
萘/($\mu g/m^3$)	0.50	1.67	0.07
2- 乙基 -1- 己醇/($\mu g/m^3$)	2.89	3.02	0.98
柠檬烯/($\mu g/m^3$)	3.77	0.61	0.51
α- 蒎烯/($\mu g/m^3$)	0.50	0.50	0.18
非南醇/($\mu g/m^3$)	10.44	12.75	0.11

续表

污染物	中位数		P^a
	渗透换气次数 $\geqslant 0.30$ 次/h	渗透换气次数 <0.30 次/h	
苯甲醛/(μg/m³)	1.15	2.38	0.07
TVOC/(μg/m³)	304.63	533.63	**0.00**
甲醛/(mg/m³)	0.07	0.09	**0.04**
I/O PM2.5/(μg/m³)[b]	0.64	0.54	0.22
I/O 超细颗粒物/(个/cm³)[b]	0.66	0.66	0.68
I/O 臭氧/ppb[b]	0.12	0.15	0.62

[a] Mann-Whitney U 检验。
[b] I/O:卧室内浓度/卧室外浓度。

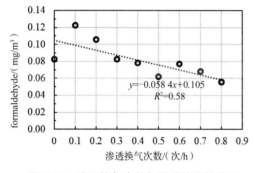

图 7-37　渗透换气次数与甲醛浓度的关系　　　图 7-38　渗透换气次数与 TVOC 浓度的关系

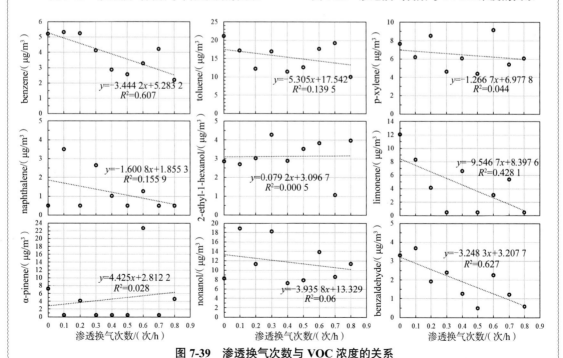

图 7-39　渗透换气次数与 VOC 浓度的关系

2. 甲醛、VOC、颗粒物、臭氧和 SBS 症状的关系

表 7-40 显示了 SBS 症状与 VOC、甲醛、颗粒物和臭氧浓度的关系。在 VOC 中，2- 乙基 -1- 己醇是一般症状的危险因素（AOR：4.10；95% CI：1.42~11.87）。臭氧是皮肤症状的危险因素（AOR：5.86；95% CI：1.19~28.99）。PM2.5 与 SBS 症状无显著联系。柠檬烯是对皮肤症状的一个保护因素。超细颗粒物与黏膜症状（AOR：2.37；95% CI：1.02~5.49）和皮肤症状（AOR：3.96；95% CI：1.63~9.60）显著相关。

表 7-40　病态建筑综合征与室内典型污染物浓度的关系

污染物	优势比（95% 置信区间）[a]		
	一般症状[b]	黏膜症状[b]	皮肤症状[b]
苯	1.17（0.45,3.02）	0.95（0.40,2.27）	1.94（0.84,4.48）
甲苯	1.25（0.48,3.25）	1.43（0.59,3.44）	1.17（0.51,2.67）
对二甲苯	0.58（0.22,1.53）	0.52（0.21,1.27）	0.66（0.29,1.53）
萘	0.91（0.35,2.37）	0.67（0.28,1.62）	1.23（0.53,2.82）
2- 乙基 -1- 己醇	**4.10（1.42,11.87）**	1.67（0.69,4.03）	0.95（0.42,2.17）
柠檬烯	1.25（0.47,3.33）	1.43（0.58,3.52）	**0.39（0.16,0.94）**
α- 蒎烯	0.83（0.31,2.24）	0.62（0.25,1.52）	0.84（0.35,1.99）
非南醇	1.16（0.45,3.00）	0.92（0.38,2.20）	1.08（0.47,2.47）
苯甲醛	0.88（0.34,2.28）	0.72（0.30,1.73）	0.50（0.22,1.15）
TVOC	0.94（0.34,2.59）	0.97（0.38,2.46）	1.21（0.50,2.89）
甲醛	0.65（0.26,1.59）	0.49（0.22,1.10）	0.97（0.44,2.12）
PM2.5	0.41（0.16,1.04）	0.85（0.38,1.90）	2.14（0.94,4.86）
超细颗粒物	0.84（0.33,2.12）	**2.37（1.02,5.49）**	**3.96（1.63,9.60）**
臭氧	0.29（0.05,1.51）	0.66（0.19,2.31）	**5.86（1.19,28.99）**

[a] 根据性别、年龄、家庭收入进行调整，较低的浓度为参考值。
[b] 至少有一种一般/黏膜/皮肤症状：经常/有时 vs 从不。

由于对黏膜的刺激，VOC 常被怀疑是室内 SBS 症状的危险因素。换气次数与甲醛和 VOC 的负相关关系说明，低换气次数可能是通过影响甲醛和 VOC 浓度进而影响了 SBS 症状。

综上，对天津地区的 32 个住宅进行换气次数的测量，调查通风与成人 SBS 症状的现状，并分析住宅建筑通风与成人 SBS 的关系，发现较低的通风水平是黏膜症状的危险因素（AOR：2.45；95% CI：1.00~5.99）。换气次数（x）与黏膜症状（y）的关系可以表示为 $y = 0.852e^{-0.545x}$；通风可以有效稀释室内空气中的甲醛和 VOC，提升室内空气质量，从而可能减少 SBS 症状。

7.2.6　智能通风系统

住宅的意义在于保护人类免受室外环境的干扰侵害，以最小的能源消耗创造最舒适、最健康的室内环境。现代建筑无论从节能方面考虑,还是从安全、舒适、隔音等角度考虑,房屋的密闭、防水、隔热等技术越来越发达,然而室内通风随之成为难题。2018 年长租公寓甲醛中毒事件、校园甲醛超标等室内空气污染事件频发,室内空气安全问题再度成为万众瞩目的焦点。新风量是影响建筑能耗和空气品质的重要因素。只有很好地了解建筑新风量,才能对其引发的能源耗用和空气品质问题进行深入的研究。

1. 需求控制通风概述

需求控制通风(demand-controlled ventilation, DCV)分为基于传统传感器的需求控制通风与基于房间占用传感器的需求控制通风,主要包括传感器、控制系统以及送风系统三个部分。它可以根据一个或多个房间传感器(如二氧化碳传感器、湿度传感器)的信号与相应阈值的相对大小,对通风量进行调节,从而实现相应的实时送风操作。

与定风量通风系统相比,需求控制通风根据目标污染物的浓度采取相应的变风量通风策略,自动调节室外新风量供应,能够有效达到防止通风过量、节约能耗的效果。挪威的一项研究得出结论:安装了二氧化碳传感器的需求控制通风系统可降低 62% 的能耗,可见其节能效果之明显。

在过去十年中,许多案例证实了需求控制通风技术在节能方面的有效性。需求控制通风有两个主要方案:基于传统传感器的需求控制通风和基于房间占用传感器的需求控制通风。基于房间占用传感器的需求控制通风是实现高室内空气质量和节能的常见控制策略。它根据居住者人数和行业标准要求的每人最低通风量来确定通风量。与传统传感器相比,高精度的房间占用传感器可以直接确定建筑物内的确切人数。但已有研究表明居住者往往对自动化不满意,可能会进行干预,这种干预措施可能包括能源浪费的行为,例如冬天让窗户开着,为了持续获得满意的室内空气环境而一直让通风系统运行。

按房间占有率进行通风在节能方面有很大的潜力,如表 7-41 所示。假设典型三口之家,住房面积为 90 m²。按房间占有率等效的换气次数为 0.7 次/h,相较于传统的按比例通风的等效换气次数 1 次/h,节能率平均为 30%。

表 7-41　典型住宅建筑按房间占有率通风的节能潜力分析

换气次数/(次/h)	住宅单位面积新风能耗/(kW·h/(m²·a))				
	哈尔滨	北京	南京	广州	昆明
0.45	66.53	55.69	37.51	34.84	17.45
0.50	73.92	61.88	41.68	38.72	19.39
0.60	88.71	74.25	50.01	46.46	23.27
0.70	103.49	86.63	58.35	54.20	27.14
0.80	118.27	99.00	66.68	61.95	31.02
1.00	147.84	123.75	83.35	77.43	38.78

注:夏季室内设计参数为 26 ℃/55%,冬季室内设计参数为 20 ℃/45%;住宅净高均为 2.6 m。

2. 智能健康通风系统

合理的通风可以有效稀释室内污染物,保障人员健康。随着对室内各类污染物的深入认识,有关通风量的标准被逐步提出。但目前最小通风量的规定是针对可接受的室内空气品质,而不是直接针对使用者的健康。室内污染的特点是长期性的低浓度污染,即使污染物的浓度低于相关的标准仍然会对人体健康造成危害。天津大学孙越霞团队的研究发现了室内环境与健康效应的初步关系,基于此定义达到健康标准的最小通风量。换气次数(x)和鼻炎症状(y_1)及黏膜症状(y_2)患病率的关系分别为

$$y_1 = 0.341e^{-0.336x}$$

$$y_2 = 0.832e^{-0.555x}$$

智能建筑已经被证明是未来建筑设计的希望所在,因为它们能够在保证居住者的舒适性和总能量消耗之间实现最佳平衡。针对目前的问题,天津大学开发了一套切实可行的、适合我国国情的智能家居新风量测量系统,发展出一种基于人呼出的CO_2测定房间通风量并进行智能调节的智能家居通风系统。

该系统通过用户终端获取CO_2浓度数据及室内人数数据,根据用户终端获取的数据确定室内情景,并计算通风量,根据室内情景、CO_2浓度及通风量判断此时室内空气品质状态,继而反馈给用户终端,做出提示或调整。系统框架如图7-40所示。

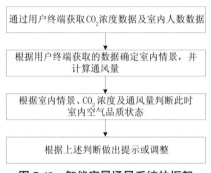

图7-40 智能家居通风系统的框架

在本系统中,最关键之处在于:对以CO_2为示踪气体的智能家居新风量测量系统进行总体设计,确定智能家居新风量测量系统平台的总体结构。智能家居的新风测量和控制系统,包括中央处理器、红外探测器、CO_2浓度测试仪、空气检测器输出端及智能通风窗。所述中央传感器与红外探测仪、CO_2浓度测试仪、空气检测器输出端、智能通风窗,通过有线或无线网络连接。空气检测器输出端包括显示屏和报警器,报警器在检测到通风量低于设定值时,发出警报声,中央处理器根据所测量通风量,对智能通风窗进行调节和控制。中央处理器用于通过CO_2浓度变化计算通风量,包括数据存储模块、数据计算模块、智能控制模块和网络连接模块。数据存储模块能够对检测到的CO_2浓度数据进行储存。其中,空气检测器输出端的显示屏显示计算的通风量及目标用户的患病风险。基于患病风险和换气次数的关系,目标健康终端的患病率的计算公式如下:

$$y=b\ln(kx) \tag{7-30}$$

式中 y——换气次数(次/h);

x——患病率(%)。

当健康终端为儿童患有鼻炎时,系数b为 -2.980,系数k为 2.934;当健康终端为成年人患有病态建筑综合征的黏膜症状时,系数b为 -1.801,系数k为 1.201。

通过CO_2浓度检测的设置,能够实时检测住宅的通风量,保证住宅的空气品质;通风量

显示屏的设置,能够准确地将室内空气品质信息展示出来;中央处理器的设置,能够对检测的 CO_2 浓度数据进行分析,并呈现为更直观、更有效的通风量数据;而通过智能通风窗对室内通风情况进行调节,保证住宅始终处于适宜的空气品质环境中。整个系统结构简单,能够全自动对家中的通风量进行调控,保证健康良好的环境,实用性高,安全有效。该智能新风测量和控制系统的具体实施流程如图 7-41 所示。

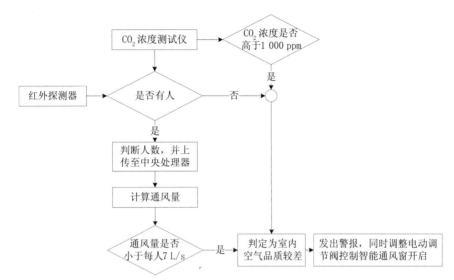

图 7-41　智能新风测量和控制系统的具体实施流程

（1）室内处于无人状态时,保持 CO_2 浓度低于 1 000 ppm 的状态。当红外线探测器检测到室内有人员活动时,将信号传输到中央处理器。中央处理器保存 1 h 内的有效数据。房间有人且人数恒定时,中央处理器根据上传的 1 h 内 CO_2 浓度数据及人员数量计算通风量;房间有人且在 1 h 内人数变化时,计算自人数恒定开始到当前的通风量;房间无人时,记录当前室内 CO_2 浓度。同时红外线探测器将室内人员数量传输到中央处理器。

通风量计算方法为,根据示踪气体质量守恒公式,计算各区每个间隔时间的 CO_2 浓度变化量:

$$\Delta c = \frac{\Delta \tau}{V_{zone}}[F_{CO_2} - NV_{zone}(c_1 - c_{out})] \tag{7-31}$$

式中　　Δc ——每个间隔时间内所计算区的 CO_2 浓度变化量;

　　　　$\Delta \tau$ ——间隔时间;

　　　　V_{zone} ——所计算区的体积;

　　　　F_{CO_2} —— CO_2 释放量;

　　　　N ——所计算区的换气次数;

　　　　c_1 —— $\Delta \tau$ 时间段开始时的 CO_2 浓度;

　　　　c_{out} ——室外 CO_2 浓度;

　　　　c —— $\Delta \tau$ 时间段开始时所计算区的 CO_2 浓度。

其中, F 可由式（7-32）计算得出。根据最小二乘法,拟合 CO_2 浓度测量值,计算建筑换气次数结果。

$$F = R \times \frac{0.000\,560\,28 H^{0.725} W^{0.425} M}{0.23R + 0.77}$$

（7-32）

式中　R——人员呼吸比,通常取 0.83;

　　　H——人员身高;

　　　W——人员体重;

　　　M——人员代谢率。

（2）当房间无人时,CO_2 浓度高于 1 000 ppm,判断为室内空气品质为差。

当房间有人时,可按照通风量的三个标准进行判断,即通风量大于 25 L/(s·人)时,中央处理器判定室内空气品质为优;通风量小于 25 L/(s·人)但大于 10 L/(s·人)时,中央处理器判断室内空气品质为良,空气检测器输出端屏幕显示"此时 17% 儿童将患鼻炎,27% 成人将出现黏膜症状";通风量小于 10 L/(s·人)但大于 7 L/(s·人)时,中央处理器判定室内空气品质为中,空气检测器输出端屏幕显示"此时 26% 儿童将患鼻炎, 53% 成人将出现黏膜症状";通风量小于 7 L/(s·人)时,中央处理器判定室内空气品质为差,空气检测器输出端屏幕显示"此时 28% 儿童将患鼻炎,60% 成人将出现黏膜症状"。显示示意图如图 7-42 所示。

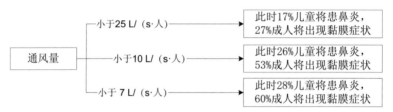

图 7-42　智能新风系统测试结果显示示意

（3）需要对室内通风量进行调节时,用户的客户端通过有线/无线网与中央处理器信号连接,住户通过对客户端进行操作,将信号发送给中央处理器。室内空气品质为差时,空气检测器输出端警报器发出警报,中央处理器同时调整智能通风窗控制启停,对室内空气进行调节。

7.3　空气净化

空气净化是指从空气中分离和去除一种或多种污染物,实现这种功能的设备称为空气净化器。使用空气净化器,是改善室内空气质量、创造健康舒适的室内环境十分有效的方法。空气净化是室内空气污染源头控制和通风稀释不能解决问题时不可或缺的补充。此外,在冬季供暖、夏季使用空调期间,采用增加新风量来改善室内空气质量,需要将室外进来的空气加热或冷却至舒适温度而耗费大量能源,使用空气净化器改善室内空气质量,可减少新风量,降低采暖或空调能耗。

7.3.1　不同空气净化方法的原理和特点

目前空气净化的方法主要有:过滤器过滤、吸附净化、光催化净化、臭氧净化、紫外线照射、等离子体净化和其他净化技术,下面分别予以介绍。

1. 过滤器过滤

空气过滤器是通过多孔过滤材料的作用从气固两相流中捕集粉尘,并使气体得以净化的设备。它把含尘量低的空气净化处理后送入室内,以保证洁净房间的工艺要求和一般空调房间内的空气洁净度。

空气过滤器常见的分类如图 7-43 所示。

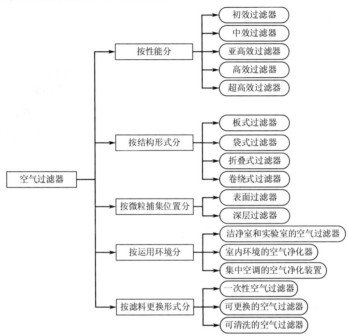

图 7-43 空气过滤器常见的分类

空气过滤器的过滤机理可分为滤料过滤、静电除尘和水洗式除尘三种。其中滤料过滤的机理通常包括惯性效应、拦截效应、扩散效应、重力效应和静电效应,如图 7-44 所示。

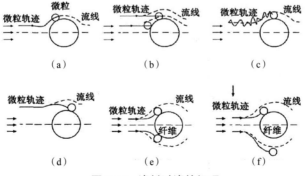

图 7-44 滤料过滤的机理

(a)拦截效应 (b)惯性效应 (c)扩散效应 (d)静电效应 (e)重力效应(与气流方向平行) (f)重力效应(与气流方向垂直)

1)惯性效应

空气过滤器中滤料纤维排列复杂,含尘气流在通过滤料层时,其流线会产生剧烈的变化,空气中的尘埃微粒由于惯性力的作用无法随气流一起绕过纤维,便会脱离流线撞击到滤料纤维表面而沉积下来。粒子越大,运动时惯性力越大,被滤料纤维阻碍而沉积的可能性越大。

2）拦截效应

空气过滤器滤料中的纤维排列错综复杂，当气流中的尘埃粒子在运动中接触到滤料纤维表面时，由于范德华力的作用，微粒被吸附在滤料表面而沉积下来。

3）扩散效应

由于气体分子热运动对微粒的碰撞而产生布朗运动，颗粒越小布朗运动越明显，常温下 $0.1\mu m$ 的微粒每秒钟扩散距离可达到 $17\mu m$，比纤维间距大几倍到几十倍，这就使微粒有更大的可能性运动到纤维表面而沉积下来。

小于 $0.1\mu m$ 的颗粒主要做布朗运动，越小越容易被除去；大于 $0.5\mu m$ 的颗粒主要做惯性运动，越大越容易被除去；$0.1\sim0.5\mu m$ 的颗粒扩散和惯性效果都不明显，较难除去。

4）重力效应

微粒通过纤维层时，在重力作用下微粒脱离流线而沉积在纤维上。一般来说 $0.5\mu m$ 以下的微粒尚未沉积便已通过了纤维层，因而其重力作用可以忽略不计。

5）静电效应

静电主要有两方面影响：一是静电作用使粉尘改变流线轨迹而沉积下来；二是静电作用使粉尘更牢固地粘在滤料纤维表面，静电作用在不增大过滤器阻力的情况下能有效地改善过滤器的过滤效率。除非有意识地对滤料进行选择或处理使其带电，否则可认为静电效应的作用很小，可忽略不计。

2. 吸附净化

多孔性固体物质具有选择性吸附废气中的一种或多种有害组分的特点。吸附净化是利用多孔性固体物质的这一特点，实现净化废气的一种方法。

吸附净化法的适用范围如下。

（1）常用于浓度低，毒性大的有害气体的净化，但处理的气体量不宜过大。

（2）对有机溶剂蒸气具有较高的净化效率。

（3）当处理的气体量较小时，用吸附法灵活方便。

吸附净化法优点是净化效率高，可回收有用组分，设备简单，易实现自动化控制。缺点是吸附容量小，设备体积大，吸附剂容量往往有限，需频繁再生，间歇吸附过程的再生操作麻烦且设备利用率低。

常见的吸附材料有活性炭、硅胶、氧化铝、沸石等，这些材料在化工、环境、军事等各领域应用广泛，对其特性的研究主要有吸附平衡特性、穿透特性以及动态传输特性等方面。

3. 紫外线照射（ ultraviolet germicidal irradiation ，UVGI ）

紫外线杀菌是通过紫外线照射，破坏及改变微生物的 DNA（脱氧核糖核酸）结构，使细菌当即死亡或不能繁殖后代，达到杀菌的目的。紫外光谱分为 UVA（315~400 nm）、UVB（280~315 nm）和 UVC（100~280 nm），波长短的 UVC 杀菌能力较强，因为它更易被生物体的 DNA 吸收，尤以 253.7 nm 左右的紫外线杀菌效果最佳。紫外线杀菌属于纯物理方法，具有简单便捷、广谱高效、无二次污染、便于管理和实现自动化的优点，值得一提的是紫外线杀菌需要一定的作用时间，一般细菌在受到紫外线发出的辐射数分钟后才死亡。鉴于此，紫外辐照杀菌对停留在表面上的微生物杀灭非常有效，对空气中的微生物则需要足够长的作用时间才能杀灭。医院中，紫外线往往用于表面杀菌，而在有人员活动或停留的房间，紫外灯一般安置在房间上部,不直接照射到人。空气受人体或热源加热向上运动,或由外力推动,缓慢进入紫外辐照区,受辐照后的空气冷却后再下降到房间的人员活动区。在这一不断反复的过程中,细菌和病毒也会逐渐地被降低活性,直至灭杀。

4. 臭氧净化

臭氧是已知的最强的氧化剂之一,其强氧化性、高效的消毒和催化作用使其在室内空气净化方面有着积极的贡献。臭氧的主要应用在于灭菌消毒,它可即刻氧化细胞壁,直至穿透细胞壁与其体内的不饱和键化合而杀死细菌,这种强的灭菌能力来源于其高的还原电位,表7-42列出了常见的灭菌消毒物质的还原电位,其中臭氧具有最高的还原电位。

表 7-42　常见的灭菌消毒物质的还原电位

名称	分子式	还原电位/V	名称	分子式	还原电位/V
臭氧	O_3	2.07	二氧化氯	ClO_2	1.50
双氧水	H_2O_2	1.78	氯气	Cl_2	1.36
高锰酸根	MnO_4^-	1.67			

臭氧在消毒灭菌的过程中被还原成氧和水,在环境中不留残留物,同时它能够将有害的物质分解成无毒的副产物,有效地避免了二次污染,因此对于臭氧产品的开发,已使其在医院、公共场所、家庭灭菌等方面得到了广泛应用,取得很好的效益。

与一般的紫外线消毒相比,臭氧的灭菌能力要强得多,同时还能除臭,达到净化空气的目的。但同时由于臭氧的强氧化性,过高的臭氧浓度对人体的健康同样有着危害作用。当臭氧吸入人体体内后,能够迅速地转化为活性很强的自由基——超氧基 O_2^-,使不饱和脂肪酸氧化,从而造成细胞损伤,可使人的呼吸道上皮细胞质过氧过程中花生四烯酸增多,进而引起上呼吸道的炎症病变。志愿者人体实验表明接触 176.4 μg/m³ 臭氧 2 h 后,肺活量、用力肺活量和第一秒用力肺活量显著下降;浓度达到 294 μg/m³,80% 以上的人感到眼和鼻黏膜刺激,100% 的人出现头疼和胸部不适,因此我国在《室内空气质量标准》中限定了臭氧浓度的上限(0.16 mg/h),这是使用臭氧进行室内空气净化中应该注意的一个问题。

常见的臭氧发生技术主要有以下几类。

1)光化学法

光化学法也叫紫外线法,其产生臭氧的过程主要是利用光波中波长小于 200 nm 的紫外线,使空气中的氧气分解聚合为臭氧,其优点是纯度高,对湿度和温度不敏感,具有很好的重复性,但由于目前紫外线的电 - 光转换效率低,因此用此法产生臭氧产量低、耗电量大,不适合臭氧耗量大的地方使用。

2)电化学法

电化学法又称电解法,是利用直流电源电解或氧电解质产生臭氧气体。近年来发展的固态聚合物电解质(SPE)电极与金属氧化催化技术,能够使纯水电解得到 14% 以上高浓度的臭氧,大大促进了电解法制氧的发展,由于此法产生的臭氧浓度高、成分纯,因此应用前景看好。

3）电晕放电法

这种方法主要是利用交变高压电场，使得含氧气体产生电晕放电，电晕中的自由高能电子能够使得氧气转变为臭氧，但此法只能得到含有臭氧的混合气体，不能得到纯净的臭氧。由于其相对能耗较低，单机臭氧产量最大，因此目前被广泛应用。

5. 光催化净化

1）反应机理

光催化反应的本质是在光电转换中进行氧化还原反应。根据半导体的电子结构，当半导体（光催化剂）吸收一个能量大于其带隙能（E_g）的光子时，电子（e^-）会从价带跃迁到导带上，而在价带上留下带正电的空穴（h^+）。价带空穴具有强氧化性，而导带电子具有强还原性，它们可以直接与反应物作用，还可以与吸附在光催化剂上的其他电子给体和受体反应。例如空穴可以使 H_2O 氧化，电子使空气中的 O_2 还原，生成 H_2O_2、·OH 基团和 HO_2·，这些基团的氧化能力都很强，能有效地将有机污染物氧化，最终将其分解为 CO_2、H_2O，达到消除 VOC 的目的。

一般采用纳米半导体粒子为光催化剂，这是因为：①通过量子尺寸限域造成吸收边的蓝移；②与体材料相比，量子阱中的热载流子冷却速度下降，量子效率提高；③纳米 TiO_2 所具有的量子尺寸效应使其导电和价电能级变成分立的能级，能隙变宽，导电电位变得更负，而价电电位变得更正，这些使其具备了更强的氧化还原能力，从而催化活性大大提高；④纳米粒子比表面积大，使粒子具有更强的吸附有机物的能力，这对催化反应十分有利，粒径越小，电子与空穴复合概率越低，电荷分离效果越好，从而提高催化活性。

常见的光催化剂为 TiO_2，其光催化活性高，化学性质稳定、氧化还原性强、抗光阴极腐蚀性强、难溶、无毒且成本低，是研究应用中采用最广泛的单一化合物光催化剂。

TiO_2 晶型对催化活性的影响很大。其晶型有三种：板钛型（不稳定），锐钛型（表面对 O_2 吸附能力较强，具有较高活性），金红石型（表面电子 - 空穴复合速度快，几乎没有光催化活性）。以一定比例共存的锐钛型和金红石型混晶型 TiO_2 的催化活性最高。德国德古萨公司生产的 P25 型 TiO_2（平均粒径 30 nm，比表面积 50 m^2/g，30% 金红石相，70% 锐钛相）光催化活性高，其吸附能力是活性炭粉末的 2 倍（5.0 $\mu mol/m^2$ vs 2.5 $\mu mol/m^2$），是研究中经常采用的一种光催化剂。

截至 1999 年，研究者对约 60 种气体的光催化反应进行了研究，其中大部分为有机气体，包括甲醛、乙醛、乙烯、甲苯、二甲苯等。无机物较少，有氨、硫化氢、氮氧化物、臭氧、硫氧化物。

纳米 TiO_2 材料在紫外光照射下发生的化学反应主要有如下几种。

反应 1：催化材料 $+h\nu \rightarrow e^- + h^+$

反应 2：$h^+ + OH^- \rightarrow$ ·OH

反应 3：$e^- + O_2 \rightarrow$ ·O_2^-

反应 4：·$O_2^- + H^+ \rightarrow HO_2$·

反应 5：$2HO_2$· $\rightarrow O_2 + H_2O_2$

反应 6：$O_2 + H_2O_2 \rightarrow 2HO_2$·

对不同的污染物，具体反应过程不同。以甲醛为例，反应过程如下：

$$TiO_2 \xrightarrow{h\nu} e^- + h^+$$

氧化：$HCHO + H_2O + 2h^+ \rightarrow HCOOH + 2H^+$

　　　$HCOOH + 2h^+ \rightarrow CO_2 + 2H^+$

还原：$O_2 + 4e^- + 4H^+ \rightarrow 2H_2O$

　　　$HCHO + O_2 \xrightarrow{h\nu} CO_2 + H_2O$

有些研究者对 TiO_2 进行掺杂改性，提高了其光催化降解 VOC 的效果。

2）光源

光催化发生的条件是 $h\nu \geqslant E_g$，h 是普朗克常数，为 $6.626 \times 10^{-27}\,J \cdot s$，$\nu$ 是辐射光频率，E_g 是半导体材料价带和导带之间的能级差。可见，较高频率的辐射易发生光催化反应。对 TiO_2，$E_g = 3.2\,eV$，因此，一般在紫外光照射下光催化反应才能进行。

光催化反应器中采用的光源多为中压或低压汞灯。如前所述，紫外光谱分为 UVA（315~400 nm）、UVB（280~315 nm）和 UVC（100~280 nm）。杀菌紫外线波长一般在 UVC 波段，特别在 254 nm。在应用中采用所谓黑光灯（black light lamp）和黑光蓝灯（black light blue lamp）效果较好，其辐射波长在 UVA 波段。185 nm 以下的辐射会产生臭氧，而上述两种灯的辐射在 240 nm 以上，故不会产生臭氧。

如何有效地将 TiO_2 光催化降解有机污染物的反应扩展到可见光范围，是目前材料界的研究热点，但迄今可见光反应去除有机污染物效率还很低，与大规模实际应用还有较大距离。

3）反应器形式

光催化反应器形式为：流化床型、固定床型和蜂窝结构型等。固定床具有较大连续表面积的载体，将催化剂负载其上，流动相流过表面发生反应。流化床多适合于颗粒状载体，负载后仍能随流动相发生翻滚、迁移等，但载体颗粒较 TiO_2 纳米粒子大得多，易与反应物分离，可用滤片将其封存在光催化反应器中而实现连续化处理。目前，制约光催化获得大规模应用的瓶颈问题是：①会产生有害副产物；②性能会衰减较快——俗称材料"中毒"或老化；③光催化净化效率不高；④耗能较高。这些问题需要今后深入研究。

研究案例：机舱环境净化技术应用研究

天津大学的孙越霞在研究飞机舱内空气净化技术时，对光催化氧化净化设备进行过检测和评价。

试验是在一个气候舱中进行的。气候舱的内部进行了装修，用以模拟飞行机舱。机舱内共有 21 个座位，分成 3 排 7 列。三个不同的空气净化设备（两个光催化氧化净化单元，一个气态吸附净化单元，分别编号为 PCO2、PCO3 和 GPA4）被分别用于空气循环系统中。为了对比净化效率、评价对空气品质的感知，参考状态的循环系统没有空气净化单元。在这四种试验状态下，循环风均要先通过一个高效空气过滤器。在每一种试验状态下，均测量空气流量、温度、相对湿度、CO_2 浓度和 VOC 浓度，通过测试和控制这些物理参数，建立模拟的试验环境。暴露在模拟机舱环境内的试验人员包括相同数量的男性和女性，均匀地分布在两个年龄段内，即 18~30 岁和 55~70 岁。每一个试验状态下共有 4 个暴露，17 个试验人员参加每一种状态下的 7 h 模拟机舱试验。因此在每种状态下试验数据共来源于 68 名试验人员，其中 8 名用于模拟机组服务人员。对净化效果的评价标准包括主观评价和客观测试两方面，主观评价主要指对空气品质的主观估计、对环境因素的感知、SBS 症状强度的自评和受验人员对热舒适性和噪声的评价；客观测试包括对 VOC 浓度的测试和客观的医疗检查。在每一个暴露过程中进行两次客观的医疗测试，主要是调查对眼、鼻和皮肤功能的影响。

结果显示光催化氧化单元 3 显著性地降低了皮肤的干燥度。相关的受验者自我评价并没有表现出症状在状态之间的显著性差异，这表明尽管客观检查发现了状态之间的显著性差异，但是受验者并不能够灵敏地察觉这些差异。

3.5 h 运行之后，光催化氧化单元 2 的运行对皮肤干燥度、眼睛干度、眩晕和疲劳感产生了显著的正面影响，而其他两个净化单元的效果并不是很清楚。6 h 运行之后，任何一个 PCO 单元都显著地改善了眩晕和幽闭恐惧症，而 GPA4 却对喉咙疼痛、鼻道干燥产生了负面影响。这些发现表明，根据人体反应，在乙醇浓度较低的情况下，使用了光催化氧化技术的 PCO2 能够改善机舱环境。

使用气相色谱-质谱方法对 VOC 浓度的分析结果表明，PCO 单元运行的状态下，在暴露的后期，甲醛和乙醛的浓度比其他的状态要高得多，这说明在催化氧化过程中有中间产物生成并且没有被彻底分解。主观评价随时间的变化也表明在 PCO2 单元运行的时候，眼睛和呼吸道刺痛的强度随时间变高了。当前的试验中，VOC 的浓度在限定标准以下，但是实际机舱空气中的乙醇含量高于模拟状态，这会给 PCO2 单元的运行带来更不利的影响。PCO2 单元不能彻底氧化的缺点限制了其在真正飞行过程中的应用。

6. 等离子体净化

在绝对温度不为零的任何气体中，总存在一定成分的原子电离。宇宙射线或热灯丝也可以产生一定数量的初级电子，它们以一定的方式在外部激励源的电场中被加速获能，当其能量高于气体原子的电离电势时，电子与原子之间的非弹性碰撞将导致电离而产生离子和电子。当气体的电离率（电离率 $= n_\mathrm{o}/n_\mathrm{e} + n_\mathrm{o}$，其中 n_e 和 n_o 分别为带电粒子和中性粒子密度）足够大时，中性粒子的物理性质开始退居次要地位，整个系统受带电粒子的支配，此时电离的气体即为等离子体。

目前采用的室内空气污染的净化方法有通风换气式、过滤式、吸附式等，但在可处理污染物颗粒大小、处理效率、处理毒害气体（ NO_x、SO_x、VOC 等）及杀菌等方面，传统方法已无法较好地满足需求，故等离子净化技术应运而生，在净化室内挥发性有机物（VOC）中的应用尤为广泛。

用高压放电等方法可在常温常压下获得非平衡等离子体，大量高能电子的轰击产生了 ^-O 和 ^-OH 等活性粒子，一系列反应使有机物分子最终降解为 CO_2、H_2O，伴随的紫外光辐射还有杀菌消毒之功效。这种等离子体净化法可净化的污染物尺寸达纳米级，比传统方法下降了几个数量级，其空气净化范围的扩展如图 7-45 所示。

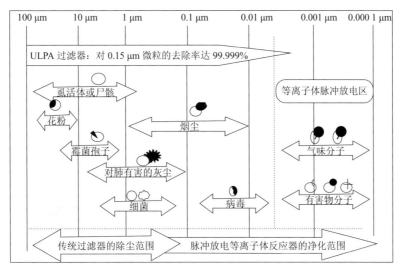

图 7-45　空气净化范围的扩展

产生非平衡等离子体的反应器常用线板电极结构，施加交、直流或脉冲高压到电极上，在极不均匀电场作用下气隙产生稳定电晕放电而不击穿。电晕区内污染空气净化的主要反应如下：

$$O_2 + e^- \rightarrow O_2^-$$

$$2O_2^- + 2H^+ \rightarrow H_2O_2 + O_2$$

$$O_2^- + H_2O_2 \rightarrow O_2 + HO + HO^-$$

$$2O_2^- + 2H_2O \rightarrow O_2 + HO_2^- + HO^- + HO$$

$$C_xH_y + (x+y/4)O_2 \rightarrow xCO_2 + (y/2)H_2O$$

$$VOC + PM_x + ROS \rightarrow CO_2 + H_2 + PM_y$$

其中 VOC 为挥发性有机物，PM_x 为微小粒子，C_xH_y 为碳氢化合物，ROS 为活性氧类。光催化可提高其效率。多相光催化剂 TiO_2 抗氧化和光腐蚀、稳定无毒、催化活性高、价廉，近十年来应用迅速扩展。采用纳米甚至量子级 TiO_2 可增加表面光生载流子的浓度，减小迁移到表面的强还原力电子与强氧化力空穴复合概率，同时增大比表面积，以利于反应物吸附而增大反应概率，但悬浮式 TiO_2 难回收、易中毒，负载型 TiO_2 光催化反应器则较优，采用先进负载技术的催化效率更高。

7. 植物净化

绿色植物除了能够美化室内环境外，还能改善室内空气质量。美国宇航局的科学家威廉·沃维尔发现绿色植物对居室和办公室的污染空气有很好的净化作用，他测试了几十种不同的绿色植物对几十种化学复合物的吸收能力，发现所测试的各种植物都能有效降低室内污染物的浓度。在 24 h 照明的条件下，芦荟吸收了 1 m³ 空气中所含的 90% 的醛；90% 的苯在常青藤中消失；而龙舌兰则可吞食 70% 的苯、50% 的甲醛和 24% 的三氯乙烯；吊兰能吞食 96% 的一氧化碳，86% 的甲醛。

另外有些植物还可以作为室内空气污染物的指示物，例如紫花苜蓿在 SO_2 浓度超过

0.3 ppm 时,接触一段时间后,就会出现受害的症状;贴梗海棠在 0.5 ppm 的臭氧中暴露半小时就会有受害反应。香石竹、番茄在浓度为 0.05~0.1 ppm 的乙烯环境中几小时,花萼就会发生异常现象。但需要注意,植物净化的效率很低。

上述去除室内污染物的空气净化技术的特点和问题可参见表 7-43。

表 7-43 主要空气净化技术比较

技术	去除污染物	现有文献结论汇总	问题
过滤器过滤	颗粒物	对粒径为 0.1~4 μm 的颗粒物具有显著的去除效果。对单独的过滤器而言,并不能消除 VOCs,除非额外复合活性炭之类的物质	可能滋生微生物,带来二次污染
吸附净化	VOC、甲醛、臭氧、NO_x、SO_x、H_2S 等	是室内空气污染物有效的去除方式	大部分研究只停留在短期作用效果上,缺乏长期的寿命测试与分析。与 O_3 反应会产生异味和超细颗粒等污染
紫外线照射	微生物	对细菌、病毒和霉菌都具有很好的杀灭或抑制作用,但去除效果强烈依赖于光强、作用时间等影响因素	可能产生 O_3 和 NO_x
臭氧净化	臭气	可消除臭气,而且臭氧的存在会增强 VOC 的催化氧化	臭氧易与室内的其他气体发生氧化还原反应,产生有害物质,如超细颗粒等
光催化净化	VOC、NO_x、SO_x、H_2S 等	大部分限于实验室研究,表面光催化氧化可去除绝大部分室内污染物(如苯系物、甲醇、甲醛等)	光催化氧化 VOC 会产生有害副产物,如甲醛、乙醛等
等离子体净化	VOC、微生物等	可去除空气中的大部分 VOC 和微生物污染物,但同时会产生有害副产物(如 O_3),因此如不对有害副产物进行处理,不适用于室内空气净化	可能产生 O_3、NO_x 和其他二次污染物,此外能耗高
植物净化	VOC	对 VOC 的去除效率很低	会产生一些微生物污染物;所提供的洁净空气量(CADR)往往很低,制约其在室内环境中的应用

7.3.2 室内空气净化器的性能和评价

空气净化器的净化效果可用一次通过效率、洁净空气量等指标来评价。

1. 一次通过效率(single-pass efficiency)

一次通过效率的定义式如下:

$$\varepsilon = \frac{C_{inlet} - C_{outlet}}{C_{inlet}} \tag{7-33}$$

式中　C_{inlet}——空气净化器进风口平均浓度;
　　　C_{outlet}——空气净化器出风口平均浓度。

2. 洁净空气量(clean air delivery rate, CADR)

洁净空气量是空气净化器所能提供的不含某一特定污染物的空气量(m^3/h),它实际上反映的是对污染物的稀释效果。其定义为空气净化器一次通过效率与风量的乘积,如下式所示：

$$CADR=G\varepsilon \qquad (7\text{-}34)$$

式中　G——空气净化器的风量（m^3/h）。

3. 净化速率

也可用净化速率来表示空气净化器的性能。净化量表示产品单位时间净化某一特定污染物的数量（mg/h）。当空气净化器进口和出口浓度趋于稳定时，可用下式来表示净化速率：

$$m=G(C_{inlet}-C_{outlet}) \qquad (7\text{-}35)$$

由式（7-33）和式（7-34）可得

$$m=G\varepsilon C_{inlet} \qquad (7\text{-}36)$$

4. 有效度（effectiveness）

总的来说，一次通过效率和洁净空气量体现了空气净化器的自身特点，但并不能仅仅以这两个参数来直接判断空气净化器的优劣。由于空气净化器是应用于实际室内环境中，因此必须结合实际环境来进行综合评价。Nazaroff 提出使用有效度（effectiveness）来评价空气净化器的实用性能。

假设在没使用空气净化器前，室内污染物浓度为 C_{ref}；而使用空气净化器后，室内污染物浓度降低为 C_{ctrl}。则可定义有效度为 ε_{eff} 为

$$\varepsilon_{eff}=\frac{C_{ref}-C_{ctrl}}{C_{ref}} \qquad (7\text{-}37)$$

由式（7-37）可见，有效度的数值处于 0 和 1 之间，当有效度等于 1 时表示空气净化器把室内污染物浓度降低为 0，达到理想性能；当有效度等于 0 时表示空气净化器的加入对室内污染状况没有任何改善。

假如在一个体积为 V 的房间里放置一台洁净空气量为 $CADR$ 的空气净化器，而室外的风量为 Q，室外污染物浓度为 C_0。室内污染物恒定的散发速率为 E，污染物自然衰减系数为 k，室内浓度为 C，如图 7-46 所示。则可得到房间内污染物浓度的质量守恒方程：

$$V\frac{dC}{d\tau}=Q(C_0-C)+E-(kV+CADR)C \qquad (7\text{-}38)$$

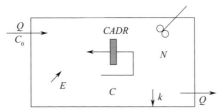

图 7-46　空气净化器有效度评估示意

考虑稳态情况，即 $\dfrac{dC}{d\tau}=0$。

当 $CADR=0$ 时，

$$C_{ref}=\frac{C_0Q+E}{Q+kV} \qquad (7\text{-}39)$$

当 $CADR \neq 0$ 时,

$$C_{\text{ctrl}} = \frac{C_0 Q + E}{Q + kV + CADR}$$

（7-40）

根据有效度的定义,可得

$$\varepsilon_{\text{eff}} = \frac{CADR}{CADR + Q + kV} = \frac{f}{f+1}$$

（7-41）

其中

$$f = \frac{CADR}{Q + kV}$$

（7-42）

图 7-47 表示了 ε_{eff} 与 f 的关系。

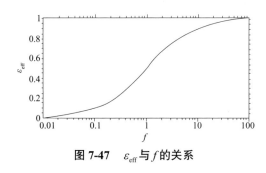

图 7-47　　ε_{eff} 与 f 的关系

　　因此一次通过效率、洁净空气量等参数体现了空气净化器自身对化学污染物的性能。而有效度则更多体现了在实际应用中应该如何选用合适的空气净化器。

　　目前,空气净化器性能评价(包括我国颁布的空气净化器性能评价国家标准或行业标准)存在盲点:只注重对目标污染物净化性能的评价,忽略了对可能产生的有害副产物的识别和健康危害评价,有时由于有害副产物的产生,"净化"后的空气对人健康的危害会更大,可谓"驱狼引虎"。这是今后空气净化器性能评价应该注意的问题。值得一提的是,我国的标准《空气净化器》(GB/T 18801—2022)在一定程度上关注了上述问题的解决。

参考文献

[1]　侯静. 中国住宅通风现状及通风和过敏性疾病、病态建筑综合症的关联性研究 [D]. 天津:天津大学,2021.

[2]　王攀. 宿舍通风量与传染性呼吸道疾病空气传播机理的研究 [D]. 天津:天津大学,2016.

[3]　孙越霞. 宿舍环境因素与大学生过敏性疾病关系的研究 [D]. 天津:天津大学,2007.

[4]　杨飞虎. 学校教室空气品质及通风与呼吸道感染的关联性研究 [D]. 天津:天津大学,2021.

[5]　孙越霞. 飞机舱内空气净化技术的研究 [D]. 天津:天津大学,2004.

[6]　朱颖心. 建筑环境学 [M]. 北京:中国建筑工业出版社,2015.

第 8 章 建筑能耗、经济性与健康

建筑能耗、室内环境和人员健康之间主要通过通风产生关联。目前实施的节能措施,如减少通风、缩短 HVAC 系统的运行时间,会造成室内空气品质下降,进而引起在室人员的健康问题(例如过敏和病态建筑综合征)。大多数建筑物的通风量都比较低,尤其是寒冷地区的住宅、学校。由于空调的普及,在气候炎热时也有通风不足的情况。大多数住宅的换气次数低于 0.5 次/h。办公室的换气次数高于标准所规定的换气次数,但研究发现增加新风量和延长通风时间能降低办公室中健康问题的发生率。

通过使用热回收技术和设备,可以在不增加能源使用的情况下增加通风。这意味着初始成本和维护成本的增加。然而,从公共卫生的角度来看,住宅、学校和托儿所的通风必须满足相关标准的要求。从社会成本的角度来看,由于室内环境的影响而导致的病假、医疗保健、药物、生产力降低等成本,大大高于室内环境营造(包括解决潮湿问题、改善通风和提高清洁)的成本。科学计算发现,社会因室内环境导致的健康问题所付出的代价是改善室内环境所付出的代价的 10~100 倍,这还不包括由于儿童在学校表现不佳、儿童因病缺勤或父母因照顾生病儿童而缺勤而产生的费用。

8.1 建筑能耗、室内环境与健康

建筑能耗包括建造过程的能耗和使用过程的能耗两部分,建造过程的能耗是指建筑材料、建筑构配件、建筑设备的生产和运输,以及建筑施工和安装中的能耗;使用过程的能耗是指建筑在采暖、通风、空调、照明、家用电器和热水供应中的能耗。在一般情况下,日常使用能耗与建造能耗之比为 8 : 2~9 : 1。按照国际通行的分类,建筑能耗专指民用建筑(包括居住建筑和公共建筑)使用过程中对能源的消耗,主要包括采暖、空调、通风、热水供应、照明、炊事、家用电器和电梯等方面的能耗,其中,以采暖和空调能耗为主,各部分能耗大体比例为:采暖、空调占 65%,热水供应占 15%,电气设备占 14%,炊事占 6%。可见,应将采暖和降温能耗作为建筑节能的重点。

8.1.1 中国建筑能耗的特点

1. 夏季空调用电量大

1997 年以来,中国每年发电量按 5%~8% 的速度增长,工业用电量每年减少 17.9%。由于空调耗电量大(2001 年全国新增房间空调器装机容量 1.6×10^7 kW),使用时间集中,有些城市的空调负荷甚至占到尖峰负荷的 50% 以上。许多城市,如上海、北京、济南、武汉、广州等普遍存在夏季缺电现象。

2. 冬季采暖能耗高

我国的东北、华北和西北地区为严寒地区和寒冷地区,这些地区城镇的建筑面积占全国的近 50%,逾 400 亿 m^2,年采暖用能约 1.3×10^8 t 标准煤,占全国能源消费量的 11%,占采暖地区全社会总能耗的 21.4%。在一些严寒地区,城镇建筑能耗已占到当地全社会总能耗的 50% 以上;在夏热冬冷地区,城镇建筑能耗也占到当地全社会总能耗的 30% 以上。

8.1.2　建筑能耗的影响因素

1. 室外热环境

建筑物的室外热环境,即各种气候因素,通过建筑的围护结构、外门窗影响室内的气候条件。与建筑物密切相关的气候因素有太阳辐射、空气温度、空气湿度、风及降水等。

2. 采暖区和采暖期度日数

采暖区是指一年内日平均气温稳定低于 5 ℃ 的时间超过 90 d 的地区。采暖区与非采暖区的界线大体为陇海线东、中段略偏南,西延至西安附近后向西南延伸。

采暖期度日数是指室内基准温度 18 ℃ 与采暖期室外平均温度之间的温差,乘以采暖期天数的数值,单位为 ℃·d。

3. 太阳辐射强度

冬季晴天多,日照时间长,太阳入射角低,太阳辐射度大,南向窗户阳光射入深度大,可达到提高室内温度,节约采暖用能的效果。

4. 建筑物的保温隔热性能和气密性

建筑围护结构的保温隔热性能和门窗的气密性是影响建筑能耗的主要内在因素。围护结构的传热热损失占 70%~80%;门窗缝隙空气渗透的热损失占 20%~30%。

加强围护结构的保温,特别是加强窗户,包括阳台门的保温性和气密性,是节约采暖能耗的关键环节。

5. 采暖供热系统热效率

采暖供热系统是由热源热网和热用户组成的系统。采暖供热系统热效率包括锅炉运行效率和管网运送效率。锅炉运行效率是指锅炉产生的可供有效利用的热量与其燃烧煤所含热量的比值。在不同条件下,又可分为锅炉铭牌效率(又称额定效率)和锅炉运行效率。室外管网输送效率是指管网输出总热量与管网输入总热量之比值。

锅炉在运行过程中,一般只能将燃料所含热量的 55%~70% 转化为可供利用的有效热量,即锅炉的运行效率为 55%~70%。室外管网的输送效率为 85%~90%,即锅炉输入管网的有效热量又在沿途损失 10%~15%,剩余的 47%~63% 的热量供给建筑物,成为采暖供热量。

8.1.3　建筑能耗的产生机理和节能策略

1. 建筑采暖

在冬季,由于室外温度很低,欲保持室内舒适的温度就要不断地向房间提供热量,以弥补通过围护结构从室内传到室外的热量。在采暖地区需设置采暖设备,室内需有适当的通风换气。居住建筑冬季室内温度一般要求达到 16~18 ℃,较高要求达到 20~22 ℃。

建筑物的总得热包括采暖设备供热(占 70%~75%)、太阳辐射得热(通过窗户和其他围护结构进入室内,占 15%~20%)和建筑物内部得热(包括炊事、照明、家电和人体散热,占 8%~12%)。这些热量再通过围护结构(包括外墙、屋顶和门窗等)传热和空气渗透向外散失。建筑物的总失热包括围护结构的传热耗热量(占 70%~80%)和通过门窗缝隙的空气渗透耗热量(占 20%~30%)。对一般民用建筑和产生热量很少的工业建筑,供热负荷常常只考虑围护结构的传热耗热量以及由门窗缝隙或孔洞进入室内的冷空气的耗热量。

因此,对采暖建筑物来说,节能的主要途径是:减小建筑物外表面积和加强围护结构保温,以减少传热耗热量;提高门窗的气密性,以减少空气渗透耗热量。在减少建筑物总失热量的前提下,尽量利用太阳辐射得热和建筑物内部得热,最终达到节约采暖设备供热量的目的。

2. 建筑空调

夏季空调降温建筑的室温允许波动范围为 ±2 ℃。而在夏季,太阳辐射通过窗户进入室内,构成太阳辐射得热;同时被外墙和屋面吸收,然后传入室内;再加上通过围护结构的室内外温差传热,构成传热得热;以及通过门窗的空气渗透换热,构成空气渗透得热;此外,还有建筑物内部的炊事、家电、照明、人体等散热,构成内部得热。太阳辐射得热、传热得热、空气渗透得热和内部得热四部分构成空调建筑得热。这些得热是随时间而变的,且部分得热被内部围护结构所吸收和暂时储存,其余部分构成空调负荷。

建筑空调节能的基本途径为:①抑制在室内产生热;②促进室内的热吸收;③抑制热进入室内;④促进热向室外散失。其隔热方法可从以下几个方面考虑。

1)抑制辐射热进入室内

抑制辐射热进入室内需要考虑透射传入、反射传入和受热面的条件等。对透射传入,最好设障碍物,而对各种不同的情况,可以采取不同的方法。

(1)障碍物的存在。

在原理上可以利用地形条件或其他建筑物的阴影,但对建筑物来讲,需要考虑日照、采光、通风等其他条件,这样就不能选择日照条件不佳的地方建造建筑物。因此,可以利用地物,如西侧的建筑物或树木、围墙等遮挡阳光。

在屋顶或外墙面上设置太阳照射遮挡物,不仅能阻挡辐射热,而且有通风降温的效果。屋檐不仅对开口部位有遮阳挡雨的作用,对外墙面也有同样的效果。

(2)太阳照射的方向性。

除了利用消除西向日照的天窗和竖向遮阳之外,还可采取变换开口的方位、高度和朝向的方法,也可在整个建筑物的形状设计上避免太阳辐射。例如将建筑物做成上大下小的形状,或者把建筑物的外墙做成平行于太阳辐射的形状。

对照在玻璃上的辐射线,可用反射或吸收的方法减少进入室内的热量。

(3)反射和再辐射。

太阳照射到的建筑部位,不仅对阳光有反射作用,而且受辐射后温度升高,还会形成新的辐射,尤其是台板和室外地面的反射和再辐射问题。为防止这些部位的反射和再辐射,可以采用防止入射、减小反射系数、控制反射方向等方法,例如可在适当的位置种植树木或草坪等。

2）抑制导热将热量传入室内

在气温很高的热带地区,特别是在具有干燥性气候的地方,一般夜间都很凉快。另外,由于大地的温度往往比室内的气温低,所以可以利用地板或地下室外墙的导热产生散热效果。

只有温度差才能决定导热的方向。所以抑制导热进入室内和抑制导热从室内散失的方法完全相同。即可以使用厚的、导热系数小的材料,或设空气层,或进一步减小表面积。热带地方的屋顶,由于受到强烈的日照,所以一般都采用有隔热措施的构造方法。在传统民居中,除一部分之外,大都采用了茅草屋顶、草泥屋顶等形式。在低纬度地区,太阳辐射角接近于垂直,用屋檐就完全能够防止对墙面的太阳辐射。

3）抑制对流热进入室内

只有在室外气温比室内气温高的时候,才容易向室内对流传热。北方夏季的白天,有时室外气温会超过舒适的温度;而在南方,白天的气温常常超过人的体温。在此情况下,就需要抑制对流热进入室内。

在制冷设备运转时,若不关闭窗户及与非制冷部分交界的出入口,制冷效果将会降低。但有时在日落之后,也利用出入口与室外降低了的气温进行通风降温。

为了不使通风增加空调负荷,有一种装置可以使进入空气和排出空气之间进行热和湿的交换。但在春秋季节或是夜间使用这种装置,则得不到通风制冷的效果,反而会使室内热起来,使人感到不舒适。

空调建筑的节能除了采取建筑措施(如窗户遮阳以减少太阳辐射得热,围护结构隔热以减少传热得热,加强门窗的气密性以减少空气渗透得热,以及采用重质内围护结构以降低空调负荷的峰值等),以便降低空调运行能耗之外,还应采取设备措施(如采用高效节能的空调设备或系统,以及合理的运行方式等),以便提高空调设备的运行效率。

4）促进辐射热从室内散失

为了使建筑表面的辐射热散失掉,促进建筑物冷却,白天可促进没有太阳照射的北面等建筑部位或开口处散失辐射热,而夜间可促进整个建筑物散失辐射热。从构造原理来讲,可将采暖时抑制辐射热散失的方法倒过来使用。另外,建筑部位的隔热性差,也可提高建筑外表面温度,增强辐射效果,同时增强建筑部位表面由于对流而产生的散热效果。

对能受到太阳辐射的面和开口部位,利用材料具有能够根据波长选择辐射、透射和反射的特性,也可以通过辐射传热使室内制冷。

5）促进导热散热

当室外温度低于室内温度时,室内的热就会通过建筑构件由室内向室外传导。为了冷却建筑物,就要促进这种热传导。

受太阳辐射的建筑部位外侧温度一般都很高,但这些热在凉爽的春秋季节可以通过受不到阳光照射的外围护结构的阴影部位向室外传导。另外,当夜间室外气温降低时,所有的建筑部位都能向室外散热。

6）促进对流散热

为使室外的低温空气进入室内,排出室内的高温空气,可利用开口部位或缝隙以及室内外的空气压力差,即风势或温度差。另外,为使热从建筑物的外表面向空气中散失,除利用风势、增大表面积外,还可利用表面水的汽化吸热进行散热。

3. 建筑通风

1）自然通风的原理

自然通风是当今建筑普遍采取的一项改善建筑热环境、节约空调能耗的技术。采用自然通风的根本目的就是取代（或部分取代）空调制冷系统。这一取代过程有两个重要意义。一是实现有效被动制冷。当室外空气温度湿度较低时自然通风可以在不消耗不可再生能源的情况下降低室内温度，带走潮湿气体，达到人体热舒适，省去了风机能耗。这有利于减少能耗，降低污染，符合可持续发展的思想。二是可以提供新鲜、清洁的自然空气，有利于人的生理和心理健康。

自然通风最基本的动力是风压和热压。人们常说的穿堂风就是由于风压在建筑内部产生的空气流动。当风吹向建筑物正面时，因受到建筑物的阻挡而在迎风面上产生正压区，气流再绕过建筑物各侧面及背面，在这些面上产生负压区，自然通风的动力就是建筑迎风面和背风面的压力差。而这个压力差与建筑形式、建筑与风的夹角及周围建筑布局等因素有关。

如果利用风压来实现建筑自然通风，首先要求建筑有较理想的外部风环境（平均风速一般不小于 3~4 m/s）。其次，建筑应面向夏季夜间风向，房间进深较浅（一般以小于 14 m 为宜），以便于形成穿堂风。此外，由于自然风变化幅度较大，在不同季节，不同风速、风向情况下，建筑应采取相应措施（如适宜的构造形式，可开合的气窗、百叶等）来调节室内气流状况。例如冬季采暖时在满足基本换气次数的前提下，应尽量降低通风量，以减小冷热损失。

建筑间距减小，风压下降很快。当建筑间距为 3 倍建筑高度时，后排建筑的风压开始下降；当建筑间距为 2 倍建筑高度时，后排建筑的风压显著下降；间距为 1 倍建筑高度时，后排建筑的风压接近为 0。

自然通风的另一种机理是利用建筑内部的热压，即平常所说的"烟囱效应"。热空气上升，从建筑上部风口排出，室外新鲜的冷空气从建筑底部吸入。室内外空气温度差越大，进排风口高度差越大，则热压作用越强。

由于自然风的不稳定性，或由于周围高大建筑植被的影响，在许多情况下建筑周围不能形成足够的风压，这时就需要利用热压原理来加强自然通风。

2）与建筑通风相关的措施

（1）蓄热。

使用蓄热材料作为建筑围护结构，可以延缓日照等因素对室内温度的影响，使室温更稳定，更均匀。但蓄热材料也有其不利的一面：夏季，白天吸收大量的热，使得室温不至于过高；但夜间室外温度降低时，蓄热材料会逐渐释放热量，使夜间室温过高；此外，由于蓄热材料在夜间得不到充分的降温，使得第二天的蓄热能力显著下降。因此在夏季夜间利用室外温度较低的冷空气对蓄热材料进行充分的通风降温，是改善夜间室内温度发挥蓄热材料潜力的有效手段。

（2）双层（或三层）围护结构。

双层（或三层）围护结构是当今生态建筑中普遍采用的一项先进技术，被誉为"可呼吸的皮肤"。它主要利用双层（或三层）玻璃作为围护结构，玻璃之间留有一定宽度的通风道，并配有可调节的百叶。在冬季，双层玻璃之间形成一个阳光温室，提高了建筑内表面的温度,有利于节约采暖能耗。在夏季,利用烟囱效应对通风道进行通风,使玻璃之间的热空气不断排走,达到降温的目的。对高层建筑来说,直接开窗通风容易造成紊流,不易控制,而双层围护结构能够很好地解决这一问题。

（3）建筑通风与太阳能利用。

被动式太阳能技术与建筑通风是密不可分的。其原理类似于机械辅助式自然通风。在冬季,利用机械装置将位于屋顶的太阳能集热器中的热空气吸到房间的地板处,并通过地板上的气孔进入室内,达到太阳能采暖的目的。此后,利用热压原理实现气体在房间内的循环。而在夏季的夜晚,则利用天空辐射使太阳能集热器迅速冷却,并将集热器中的冷空气吸入室内,达到夜间通风降温的目的。

节省建筑能耗,尤其是节省采暖能耗,是人们共同关注的问题。我国采暖居住建筑一般室内气温较低,围护结构内表面、热桥及其他特殊传热部位结露、发霉现象较普遍。造成此种不良后果的直接原因是建筑保温设计不合理、保温性能不好及供热量不足。因此,采暖居住建筑处于高能耗、低室温的严重浪费能源状态。提高采暖居住建筑的密闭性,是冬季减少热耗、提高室温的有效方法,但它会对室内环境造成不容忽视的污染。下面从卫生防病的角度入手,通过对采暖居住建筑冬季室内环境污染的分析,提出在有效地节省采暖能耗的过程中应采取的建筑措施,以及在使用中应注意的问题。

8.1.4　能耗、环境与健康

1. 室内环境污染对人体健康的影响

人对室内环境的要求是多方面的,包括空气质量、气味、干湿度及冷热感等。室内环境污染是导致人体不舒适的主要原因,与人体健康有极为密切的关系。

1）室内空气污染

我国采暖居住建筑的热工设计,过去不考虑节能,致使室温较低,能源浪费很严重。较低的室温促使人们想方设法地防止冷风渗透,结果使室内成为近乎密闭的空间,室内空气受到污染:氧气含量减少,二氧化碳含量增加,因生活产生的一氧化碳毒气、多环芳烃类致癌物及细菌、气味等不易扩散。空气是人类生存的必要条件,其质量关系到人体舒适水平、健康水平及精神状态。室内空气的成分及质量受到建筑设计合理性、居民生活过程和活动量的综合影响。一般认为,室内空气中氧气含量低于 16%~18%、二氧化碳含量高于 1%~2% 时,会对人体造成有害影响。对气味,人的感觉有厌烦、不愉快及兴奋之别,亦有刺激强弱之分。气味包括来自人体的气味,如汗臭味、因消化不良从口腔呼出的有味有机物,以及厕所的气味和烟味等。虽然对气味很难进行量的测定,但人们认为气味好坏是一项合理的环境质量标准。气味对人的影响主要是精神上的,它能使人烦恼、厌恶。一氧化碳是煤、石油、天然气等有机物燃烧不完全的产物。煤气中毒后,人体将出现头痛、眩晕、心悸、恶心、四肢无力等症状,甚至窒息死亡。据报道,北方某市一家医院 1985 年 3 月接治严重煤气中毒患者百余名,死亡近十名。多环芳烃类也是有机燃料燃烧不完全的产物,它们是世界公认的致癌物。动物试验表明,将 1% 的 3,4- 苯并芘导入大白鼠的胃中,可使其 85.2% 患胃癌。将大白鼠关在有烟的笼子里养 100 d 后,发现其肺、食道、胃等处均有癌变。室内的病毒和细菌主要来自传染性疾病患者及健康的带毒、菌者,有乙型溶血性链球菌（传染扁桃体炎、猩红热）、肺炎双球菌(传染肺炎、脑膜炎)、流感杆菌(传染流感、脑膜炎),还有百日咳菌、麻疹病毒、流腮病毒、水痘病毒及风疹病毒等。显然,采暖居住建筑冬季室内空气的污染,必然对人体健康产生很大影响。因此在建筑设计和居民生活过程中,采取有效的通风措施以消除空气污染是十分重要的。据有关资料记载,在通风良好的条件下,30 min 后细菌数量减少77.3%~79.5%,70 min 后减少 96.4%~99.5%,140 min 后几乎找不到细菌。同理,适当地进行健康通风,对消除不良气味、排湿、排毒均具有十分重要的作用。

2)建筑生霉

采暖居住建筑冬季室内生霉较严重,这是由建筑保温设计不合理、室温低及墙面结霜造成的。研究人员曾对哈尔滨市一处住宅的生霉情况进行观测:该住宅在 1985 年 3—4 月的30 d 内,在墙体内饰面和粉层之间普遍生霉,菌丝长 2.5 cm,粉刷层被普遍顶离脱落。可见,建筑霉菌主要产生在白灰砂浆面层。经检验发现,霉菌种类繁多,其中包括曲霉、念球霉菌、孢子菌、隐球菌及普色霉菌等。建筑物上还常常产生藻类,最近发现其中的无藻绿致病霉菌,可引起人体深部组织发生病变,甚至全身感染,严重者可以致死。至今,已确定病源关系的致病霉菌有近百种。从总的情况看,大部分致病霉菌一般并不致病,也可以说正常人均带有致病霉菌。霉菌致病通常在大量应用青霉素、链霉素、土霉素、皮质类固醇及采用高营养疗法、手术感染或人体抵抗力减弱时发病。霉菌在侵犯口角、舌、角膜、咽部、气管、肺、心、脑、胃及其他内脏时,常发生炎症并形成肉芽肿。在霉菌中,黄曲霉毒素比蛇毒毒性还大,相当于氰化物的 100 倍,而且可致癌。黄曲霉可细分为 12 种,接种试验表明,雄大白鼠 68 周、雌大白鼠 80 周全部发生癌症。

2. 治理室内环境污染的措施

1)正确进行建筑保温及节能设计

对采暖居住建筑进行保温及节能设计,是治理室内环境污染的根本措施。因为室内环境污染的根本原因是室温低,致使人为地密闭室内空间,进而潮湿生霉,造成环境污染。我国发布了一些技术法规性文件,为建筑保温及节能设计提供了基本理论、方法和措施。正确进行保温和节能设计的采暖居住建筑,室温确保在 18 ℃以上,外墙、屋顶内表面、热桥及特殊传热部位均不会结露,在正常使用情况下,室内空气相对湿度不会高于 60%,而且采暖耗煤量水平也有所降低。

2)在建筑设计和使用过程中应考虑健康通风

健康通风是防止室内环境污染的重要措施,也是秋冬季防病健身的基本条件。目前在建筑设计中,对通风设施重视不够。因此,在建筑设计中应对通气孔道及气窗设计给予足够的重视。近年来,国内出现了塑料充气窗,这种窗可将窗口完全密封。虽然充气可有效地减少冷风渗透、提高室温,但是若无可行的通风设施相配合,必将加剧室内的污染程度。

科学使用建筑物是防止室内污染的重要手段,其侧重点在于控制室内发湿及在污染高峰时通风换气。室内湿度过高是墙体表面及内部结露冷凝的重要条件,因此必须适当地降低室内湿度。室内环境质量在很大程度上是可以采用通风换气办法来提高的。

3)夏季消毒

采暖居住建筑经过一冬的使用,室内必然产生相当数量的霉菌、细菌及病毒。因此,应在气温较高的春夏季节进行室内清扫及消毒,及时清除墙体、家具、衣物上的有害微生物。

日照不仅使人具有良好的视觉舒适感,亦可起到良好的杀菌防病作用。一般来说,物体表面附着的病原体在直射阳光下 3~6 h 可被杀死:杀死伤寒、副伤寒及菌痢病原体需 2~3 h;杀死流感、流脑、水痘等病原体所需的时间更短。因此,春夏季节应开窗以使阳光直射,或者将被污染物品拿到室外晾晒。

8.2　经济性、室内环境与健康

8.2.1　环境与健康风险评估

1. 健康效应终端

在对室内环境污染的健康损失进行评价时,健康终端的选择受到现有医学研究的限制以及现有统计数据的限制。确定健康终端时应遵循以下原则。

（1）应优先选择在我国定期注册的病例,常规的卫生数据、卫生调查数据等,并且应优先选择国际疾病分类表（ICD9、ICD10）中的健康终端,确保数据的连续性、可获得性和结果的可比较性。

（2）在选择健康效应终端的过程中,由于室内环境污染对健康效应终端的影响,应选择经过大量研究证实的与室内环境污染关系密切的健康效应终端。

2. 室内环境污染物阈值

污染物阈值是指污染物可能产生不良健康影响的最小浓度值。毒理学研究发现,人体对污染物具有一定的调节、适应和自我保护能力,只有污染物浓度超出人体自我调节的范围,才会使人体出现病理性的变化,对人体造成损害。流行病学研究也表明,污染物达到一定的浓度时,人群的相应发病率和死亡率才会出现变化。但是许多研究也表明众多污染物并没有明显的阈值,即健康损害在任何浓度的污染物暴露水平下都存在,很少能找到确切的存在阈值的证据。

3. 剂量 - 反应关系

1）剂量 - 反应关系的基本概念

在对室内环境污染引起的健康损失进行评价的过程中,污染物与健康效应的剂量 - 反应关系的确定是必要前提,即人群暴露于一定污染浓度下,产生特定的健康效应频率,如死亡率,呼吸系统和慢性支气管炎等疾病的住院率、发病率等。众多的环境流行病学研究通过回归分析估计出污染物单位浓度变化对暴露人群的健康效应终端的相关系数（β）,即污染物每增加一个单位,相应的健康效应终端增加的比例（%）,再计算出污染健康效应的相对危险度（RR）,其线性关系如式（8-1）所示,对数关系如式（8-2）所示,以此作为推算人群健康效应的基础。

$$RR = e^{(\alpha+\beta c)} / e^{(\alpha+\beta c_0)} = e^{\beta(c-c_0)} \tag{8-1}$$

$$RR = e^{(\alpha+\beta \ln c)} / e^{(\alpha+\beta \ln c_0)} = e^{\beta(\ln c - \ln c_0)} = \beta e^{\ln(c/c_0)} = \beta^{(c/c_0)} \tag{8-2}$$

为避免式（8-2）出现 $c_0=0$ 的情况,分子、分母各加上 1,则式（8-2）变为式（8-3）：

$$RR = [(c \div 1) / (c_0 \div 1)]\beta \tag{8-3}$$

式中　　c——某种污染物当前浓度(mg/m³);

　　　　c_0——基准浓度(mg/m³);

　　　　RR——在污染条件下人群健康效应的相对危险度。

2)剂量 - 反应关系研究

根据环境流行病学的研究结果,污染对人体健康的影响主要分为急性和慢性作用。

(1)室内环境污染对健康影响的急性作用。

国内外对污染引起的人体健康影响的急性作用,多采用时间序列(time-series)研究和病例交叉(case-crossover)研究的方法。

时间序列研究的方法是指通过连续观察、分析一个或多个人群中某危险因素平均暴露水平变化与某种疾病频率变化的直接关系,判断某因素和某疾病的联系。

病例交叉研究的方法最早是由美国的 Maclure 在 1991 年提出的,目前被广泛应用于污染对人体健康影响的急性作用研究。病例交叉研究是针对发生急性事件的病例,对事件发生时和事件发生前的暴露水平和程度进行调查,从中找出暴露危险因子与事件的关系及其关联程度的一种研究方法。可以说病例交叉设计就是配对的病例 - 对照研究设计,每个病例事件都有其对照期和危险期,每个病例都是自己的对照。病例交叉研究由于以自己作为对照,减小了因个体的差异性引起的混杂因素的影响。其有较多的优点,如不需要寻找对照组,减少了病例和对照特征上的不一致性,可避免许多伦理学问题等。病例交叉研究也存在局限性,如信息偏倚、病例内混杂偏倚、暴露的时间趋势带来的混杂。

(2)室内环境污染对健康影响的慢性作用。

污染的慢性效应研究一般采用横断面研究、队列研究和病例 - 对照研究的方法。

横断面研究(cross-sectional study)又称横断面调查,其应用普查或抽样调查的方法,在某一时点或在一个较短的时间区间内收集的人群健康或疾病治疗的描述性资料,从而客观地反映这一特定时点的疾病分布以及人群健康状况与疾病影响之间的关联。横断面研究本质上是生态学的一种研究方法,有节省时间、人力和物力,快速得出结果等优点,但其缺点也同样明显,对混杂因素较难控制,易产生各种偏差,这种偏差被称为偏倚。

队列研究(cohort study)是将人群按是否暴露于某种可疑因素及暴露程度分为不同的亚组,追踪各自的结局,比较不同亚组之间结局频率的差异,从而判定暴露因子与结局之间有无因果关联及关联大小的一种观察性研究方法。该研究方法被认为是评价污染对人群健康影响的慢性作用较为理想的研究方法,是一种非常重要的环境流行病学研究方法。但实施一次队列研究困难较大,需要花费大量的人力、物力和时间才能得到确切的结果。

病例 - 对照研究(case-control study)是流行病学中用于由结果探索病因的方法。此类研究是在疾病发生后往前追溯假定的病因因素。其基本原理为以确诊某种疾病的个体作为病例组,以未患这种疾病的个体作为对照组,通过比较两组是否存在某可疑病因的暴露及暴露程度,推断该因素作为研究对象病因的可能性。该研究方法的优点在于样本量小,获得结果快,费用较低,可同时研究多项因素与某种疾病的联系,较适合探索病因研究。在环境流行病学研究中常采用病例 - 对照研究方法对疾病或症状的环境暴露诱因进行探讨。为探明某种疾病发生的决定因素,常采用定群病例 - 对照追踪调查方法,即根据有关资料或描述流行病学的调研结果,选取某一特定暴露人群及条件特征相似的对照人群,展开一定期限的追踪和观察,最后对比两组人群的某种疾病或健康症状结局。

8.2.2 健康损失的经济性评估

目前国际上对生命统计价值的货币化估算常用的方法有意愿调查法、改进人力资本法、疾病成本法、成果参照法及补偿工资法等。

1. 意愿调查法

意愿调查法（contingent valuation method，CVM）是以调查问卷或询问为工具来评价被调查者对缺乏市场的物品或服务所赋予的价值的方法，通过询问人们对环境质量改善的支付意愿（willingness to pay，WTP）或忍受环境损失的受偿意愿（willingness to accept compensation，WTA）来推导出环境物品的价值。该方法试图通过直接向有关人群样本提问来发现人们是如何给一定的环境资源定价的，它通过构建模拟市场来揭示人们对某种环境物品的WTP，从而评价环境价值。它通过人们在模拟市场中的行为来进行价值评估，通常不发生实际的货币支付。

意愿调查法是评价因环境污染使人们患病或死亡风险增加的成本的典型估值方法。其量度的是个人为了避免健康风险的变化（死亡风险或患病风险）而愿意提供的支付意愿或个人为了同意接受健康风险的变化所需要赔偿的金额。这种方法的困难在于其假想性——它并没有对市场进行考查，也没有通过要求被访者以现金支付的方式来验证其支付意愿或赔偿意愿的真实性，因此存在一些不可避免的偏差。从问卷设计、抽样调查到最后的结果分析，每个步骤都需要精心设计，并且经过严格检验。由于影响个人对减少健康风险支付愿望的因素很多，比如健康情况、年龄、收入等，在调查和统计分析中应注意影响因素的变量控制。另外，严格的调查还需要花费大量的时间、人力和金钱，后期对调查结果也需要专门的解释和研究，专业性较强，实际操作起来也比较难。

意愿调查法是唯一可以全面衡量疾病和死亡风险给人们的损失的一种评估方法。它量度的内容不仅包括个人的医疗费用、因为生病而损失的时间价值，还包括疾病带来的精神痛苦（不包括在治疗该疾病中由社会承担的成本）。这种方法目前在西方国家已被广泛应用并获得不少成功经验，方法论仍然在不断完善当中，但是这种方法在我国的研究才刚刚起步。

意愿调查法的计算是通过死亡风险意愿调查价值评估法，然而事实上死亡风险的准确价值很难给出。同时，同样的死亡价值判断，如果调查的问卷设计方式不同，得到的回答也存在很大的差距，例如，问题"如果因为空气污染而给你带来了万分之一的生命危险，你希望得到多少补偿"，问题"如果为了降低因为空气污染而给你带来的万分之一的生命危险，你希望支付多少费用"，对这两个问题的回答得出的结论相差很大，因此通过这样的调查得出的数据非常具有争议性。

2. 改进人力资本法

传统的人力资本法HCA（human capital approach）是最早的非市场物品价值评估方法之一。人力资本法评价的不是人的生命价值，而是在不同的环境质量的条件下，人因为患病或死亡造成的对社会贡献的差异，以此作为环境污染对人体健康影响的经济损失。

在健康危害经济评价中，传统的人力资本法认为过早死亡的经济成本是由于过早死亡而损失了期望寿命,丧失了期望寿命年内获取人力资本投资回报的机会,则丧失的预期收入现值可作为过早死亡的成本。如年龄为 τ 岁的人由于环境污染而过早死亡的损失等于他在余下的正常寿命期间的收入现值,关系式为

$$E_c = \sum_{i=1}^{\tau-t} \frac{\pi_{\tau+1} E_{\tau+1}}{(1+r)^i} \tag{8-4}$$

式中　E_c——由环境质量变化引起的过早死亡收入损失;

　　　$\pi_{\tau+1}$——年龄为 τ 岁的人活到 $\tau+1$ 岁的概率;

　　　$E_{\tau+1}$——年龄为 $\tau+1$ 岁时的预期收入;

　　　r——贴现率;

　　　t——正常的期望寿命。

　　人力资本法因计算数据易得,计算方法经济学含义明显,并能在一定程度上反映污染引起的人体健康损失的底线而被许多学者采用,但人力资本法以未来工资收入来衡量人的价值,所以不同年龄人的价值不同,这其中隐含着不同收入的人的生命价值不同的假设,引起了很大的争议。为了解决这一问题,学者们提出了修正的人力资本法。

　　针对传统的人力资本法存在的伦理道德缺陷,在估算污染引起早死的经济损失时,往往应用人均 GDP 作为一个统计生命年对社会的贡献,即一个统计生命年的价值,这是从社会角度来评估人的生命价值,称之为修正的人力资本法。这种方法与传统的人力资本法的区别在于,修正的人力资本法将人均 GDP 视为一个统计意义上的生命年对社会的贡献,它从全社会角度来考查人力资本,从而评估生命消亡损失的价值,因此可以不考虑个体差异。大气污染物引起人过早死亡而损失了期望寿命(又称预期寿命),该寿命是指同时出生的一代人活到某一年龄时尚能生存的平均年数,由此导致的人力资本损失就等于人力资本在期望寿命年内对 GDP 的贡献。

　　参考传统的人力资本法以个体收入来评估过早死亡的经济损失的做法,修正的人力资本法用基准年的人均 GDP 代替个体收入,计算方程式如下:

$$HCL_m = \sum_{i=1}^{\tau} GDP_{Pci}^{dv} = GDP_{Pc0} \sum_{i=1}^{\tau} \frac{(1+\alpha)^i}{(1+r)^i} \tag{8-5}$$

式中　HCL_m——修正的人均人力资本损失;

　　　τ——人均损失寿命年;

　　　GDP_{Pci}^{dv}——未来第 i 年的人均 GDP 贴现值;

　　　GDP_{Pc0}——基准年的人均 GDP;

　　　α——人均增长率;

　　　r——社会贴现率。

　　在计算中要注意三个问题:①人过早死亡损失的生命年数是社会期望寿命与平均死亡年龄之差,而社会期望寿命随着时间的推移逐步增加,要对社会期望寿命进行合理的预测;②对未来的社会 GDP 也需要进行预测;③健康损失计算的是现值,未来的社会需要贴现,贴现率的选择对评价结果的影响较大。

　　修正的人力资源成本法在国内的应用比较广泛,其对人均 GDP 进行现值调整,但这种方法没有将生命的价值计算在内,也未能考虑到疾病的非致命性后果,如在患病期间病人的

痛苦与生命质量的下降等。

3. 疾病成本法

疾病成本（cost of illness，COI）法的设计思想与人力资本法一致，常用于评价疾病引起的健康成本。疾病成本法所计算的成本为患者在患病期间所有与患病有关的直接费用和间接费用，包括门诊、急诊、住院的直接诊疗费和药费，患者休工引起的收入损失（按日人均 GDP 折算），以及交通和陪护费用等间接费用。从严格意义上说还包括未就诊患者的自我诊疗费和药费。计算公式如下：

就诊费用 = 就诊人次 ×（人均就诊直接费用 + 人均就诊间接费用）+

就诊时间 × 日均收入损失

住院费用 = 住院人次 ×（人均住院直接费用 + 人均住院间接费用）+

住院时间 × 日均收入损失

未就诊费用 = 未就诊人次 × 人均自我治疗费用

疾病带来的损失不仅体现在经济上，还体现在精神上，疾病成本法中不包括病人因病痛带来的精神痛苦的价值，因此算出来的结果只是总损失的一个保守下限，是对患病损失的低估。一般来说，对非致命疾病（或称急性疾病），患者在短期能够治愈，疾病未产生长期副作用（尤其是精神痛苦），收入和医疗护理费用可得，使用疾病成本法来评价健康影响是简便易行的一种近似方法。但是对慢性疾病，由于患病时间很长，给患者带来的精神痛苦大，用疾病成本法计算不仅不好估算，而且会导致较大的偏差。

4. 成果参照法

准确地说，成果参照法不是一种环境价值的评价方法，而是将其他地区或国家的环境价值评价参数、暴露 - 反应关系或函数、支付意愿调查结果应用到当地或本国的评价中的一种替代性的成果转移方法。由于研究工作的复杂性，大量的基础性研究需要大量的经费和时间，在实际操作中，环境价值评估工作常常使用此方法进行近似的替代处理。

成果参照法有三种类型：直接参照单位价值；参照已有案例研究的评估函数，代入要评估的项目变量，得到项目环境影响价值；收集相关文献进行 meta 分析获得。在两个情况不同的地方或国家应用成果参照法时，必须分析影响这个参数、结果或函数的主要因素在两地之间的差异，根据这些差异对采用的成果进行适当的修正后应用。

VOSL 的研究资料多来自美国和其他发达国家，中国进行的研究非常有限，结果的可靠性也尚值得探讨。利用成果参照法获得 VOSL 的价值是一种简便的方法，但是要将一个国家或地区的 WTP 转化为另外一个国家或地区的 WTP，需要进行一系列的调整。目前常用的做法是根据人均 GDP 或人均收入进行支付意愿调整。这种调整所隐含的基本假设是，人们为了阻止或者减少一定数量的环境影响，愿意付出价值相当的货币收入。这种调整实际上意味着每单位的环境影响经济价值取决于人们的相对收入水平和支付能力。它仅仅考虑了收入水平的差异，但是影响 WTP 的因素是多种多样的，除了收入水平的差异，还包括文化背景、消费习惯等方面的差异，进行成果转换具有巨大的不确定性，虽然快速，但是却存在诸多问题。例如，世界银行的《碧水蓝天：21 世纪的中国环境》报告用成果参照法估算中国对 VOSL 的支付意愿，但由于该报告没有考虑中美两国的文化、生活习惯和价值观念等差异，报告公布后引起了很大的争议。因此，在采用该方法时一定要慎重。

5. 补偿工资法

补偿工资法是假设劳动力市场上在充分竞争的条件下,每个求职者都明确了解工作的伤亡风险性后对工作及工资的选择,这时工资中高出没有伤亡风险时的部分就是补偿工资。补偿工资与求职者的特征如年龄、教育、人力资本等有关,也与工作的性质有关。这种研究方法目前在国内还没有相关研究。

6. 伤残调整生命年法

伤残调整生命年(disable-adjusted life years, DALY)是生命质量评价中的重要指标,广泛应用于疾病负担评价。伤残调整生命年法是一种对疾病综合负担进行衡量的方法,它将伤残所致的生命年损失转换成相当于死亡所致的生命年损失后再与真实死亡所致的生命年损失相加计算出某一疾病所造成的综合生命年损失。

DALY 法对特定疾病所致经济损失的分析是通过成本效益分析实现的,即通过对指定病种采取不同的干预、挽救措施挽回单位 DALY 所需的经济成本,例如通过计算得出某地急性肺炎疾病会导致单位人损失 y DALY,政府投资 a 美元用于改善空气环境、b 美元用以药物保障,最终可以使损失降至 x DALY,那么该疾病所致经济损失就为 z 美元,公式为

$$z = (a+b)\frac{y}{y-x} \tag{8-6}$$

在对社会整体健康经济损失进行评估时存在一定的缺陷,因为伤残调整年法以某一个人的特定生活年份来表示其损失的经济价值,而社会成员之间往往是不同的,这就造成应用此方法计算出的最终社会经济损失,无法使每个人都能得到与自己的实际损失相等的补偿。社会中每个人的经济损失不同是由以下几点造成的:①由于每个人生活条件不同,其患疾病或过早死亡造成的净效用损失也是不同的;②每个人对社会的实际贡献往往很难用经济价值进行测量;③即使进行问卷调查,每个人也不会认为自己的社会价值比他人少。

8.2.3 室内环境与健康经济性评估

理论分析和经验数据表明,现有的方法和技术可以以一种显著改善居住者健康状况,同时增强经济性的方式改善室内环境。现有文献包含了强有力的证据,表明建筑特征和室内环境显著影响传染性呼吸道疾病、过敏和哮喘、病态建筑综合征和工作人员的表现。通过提供更好的室内环境可能获得的生产力收益非常大。在美国,由于减少呼吸道疾病所获得的预估潜在年度节约和生产力增长为 60 亿 ~140 亿美元,减少过敏和哮喘为 10 亿 ~40 亿美元,减少病态建筑综合征为 100 亿 ~300 亿美元,直接提高工作人员与健康方面无关的表现可获得的经济性收益为 200 亿 ~1 600 亿美元。被量化和证明的生产力提高可以作为推动能源节约措施,同时改善室内环境的有力刺激。

1. 因呼吸道疾病导致的花费

呼吸系统疾病的直接费用包括保健费用和缺勤费用。此外,呼吸系统疾病可能导致工作表现下降。Smith 的一项病例 - 对照研究表明,病毒性呼吸道疾病,即使是亚临床感染,也会对工作表现产生不利影响。工作表现下降在症状出现之前就开始了,并在症状不再明显之后持续。

该研究中与呼吸系统疾病相关的生产力损失的估计,是根据美国国家健康访谈调查中定义的缺勤时间和限制活动天数来确定的。在美国,4 种常见的呼吸道疾病(普通感冒、流感、肺炎和支气管炎)导致约 1.76 亿天的工作损失,另外 1.21 亿工作日的活动严重受限。假设在缺勤和限制活动的时间里,生产力分别下降了 100% 和 25%,平均年薪为 39 200 美元,损失的年价值约为 340 亿美元。上呼吸道和下呼吸道感染的年度卫生保健费用总计约为 360 亿美元。因此,每年呼吸道感染造成的总费用约为 700 亿美元,这还尚未包括减少家务劳动和缺课的经济价值。

如果不能大幅改变影响疾病传播的建筑相关因素,就无法实现卫生保健成本的节约和生产力的提高。一些现有的、相对实用的建筑技术,如增加通风、减少空气再循环、改善过滤、空气紫外线消毒、减少共享空间(如共享办公室)和减小在室人员密度,在理论上有可能将传染性气溶胶的吸入暴露减少 50% 以上。

研究表明,建筑特征和通风条件的变化可以将呼吸道疾病指标降低 15%~76%。人员在建筑物内的时间会影响疾病在建筑物内传播的可能性。假设人们 66% 的时间在家庭,25% 的时间在办公室和学校,并且假设建筑因素对呼吸道疾病发病率影响的大小随时间呈线性变化。

美国研究人员通过综述 10 项研究,得出了 13 项呼吸道疾病指标潜在下降的估计,仅考虑有明确呼吸系统疾病结果的研究(即排除无症状或个别症状作为结果的研究),可得出 9 项呼吸系统疾病减少的估计数,范围为 9%~20%。根据对普通感冒和流感频率的估计和统计数据(每人每年 0.69 例),每年将避免 1 600 万 ~3 700 万病例。年度经济效益的对应范围为 60 亿~140 亿美元。

2. 因过敏性疾病导致的花费

由于一些成本因素无法量化,因健康问题导致的成本为保守估计。基于不同的基础数据、不同的假设以及包含了不同的成本要素,成本估计之间存在差异。过敏和哮喘的年估计总成本为 150 亿美元。

通过改变建筑物和室内环境来减少过敏和哮喘症状有三种常见的方法。

首先,可以控制引起症状(或引起初期过敏)的室内来源。例如,室内吸烟可限制在隔离的、单独通风的房间内,或完全禁止。宠物可以在对宠物过敏原有反应的住户家外饲养。减少室内微生物生长。在建筑设计、施工、操作和维护方面的改变可以减少漏水问题,降低室内湿度(室内湿度通常较高)。消除已知的过敏原污染,如容易吸纳尘螨过敏原的地毯。改善建筑内部和供暖/通风/空调系统的清洁,也可以限制室内过敏原的生长或积累。这些措施没有重大的技术障碍,但执行的成本和效益没有得到很好的量化。

减少过敏和哮喘症状的第二种常见方法是使用空气清洁系统或增加通风来降低室内相关污染物的浓度。许多相关的暴露都是空气中的颗粒,可以采用空气过滤技术降低室内颗粒物的浓度,也可以采用机械通风减少室外过敏原进入建筑物。过滤对较小的过敏颗粒可能是最有效的方法,如猫过敏原。如果过敏原是大颗粒,如尘螨,具有较高的重力沉降速度,空气过滤控制较差。在 11 项涉及过敏性疾病或哮喘患者的研究中,只有 4 项研究报道了使用空气净化器时症状有显著的统计学改善或减少了药物使用。

由于病毒性呼吸道感染往往会加剧哮喘症状,因此减少哮喘症状的第三种方法是改造建筑物,以减少居住者之间的病毒性呼吸道感染。

通过现有数据不能确定减少过敏和哮喘症状的幅度,但这些措施可以明显地减少一些症状。经济性的估计基于两个考虑:①室内过敏原浓度和浓度可以减小的程度,②建筑和室内环境与关联症状的强度。关于第一个考虑,除非有可能大幅降低室内过敏原和刺激物浓度,否则过敏和哮喘症状不会显著减少。如果安装合适的过滤系统,应该能够将空气中较小的过敏原的浓度降低约 75%。一些源头控制措施,如消除漏水、控制室内湿度、减少或消除室内吸烟和宠物,以及改善清洁和维护,可能大大减少导致过敏和哮喘的污染物。几项横断面研究发现,与建筑相关的风险因素,如潮湿问题、霉菌和环境烟草烟雾,与过敏和哮喘症状增加 20%~100% 有关,这意味着通过消除这些风险因素,可以减少 16%~50% 的症状。然而不可能完全消除这些风险因素,假设可以将风险降低 50%,则过敏和哮喘症状潜在减少的估计值为 8%~25%。根据这个估计,每年将节省 10 亿 ~40 亿美元。控制措施可针对易感人群的家庭或办公室,以降低社会成本。

3. 因病态建筑综合征导致的花费

员工会因为患有病态建筑综合征(SBS)而缺勤及就医。当 SBS 症状较严重时,可能需要进行调查和环境维护。进行调查需要花费财政费用,建筑管理人员、卫生和安全人员以及建筑工程师通常要花费相当大的精力。措施包括对建筑进行改变,如更换地毯、拆除墙壁覆盖物,以及改变建筑通风系统。一些 SBS 案件导致了旷日持久的诉讼,给公司及员工带来了额外的成本和干扰。显然,这带来了巨大的社会成本,但目前没有足够的信息来量化这一成本。

计算表明,SBS 症状导致的生产力小幅下降的成本可能是 SBS 总成本中的大部分。在美国环境保护署 1989 年提交给国会的报告中描述的一项新英格兰地区的调查,由室内空气质量差造成的自我报告的平均生产力损失为 3%。Woods 等人完成了对 600 名美国办公室职员的电话调查,其中 20% 的职员报告他们的工作表现受到室内空气质量的影响,但该研究没有提供生产力下降的幅度。在 Raw 等人对英国 4 373 名办公室职员的研究中,SBS 症状对职员的生产力有不利影响。根据这项研究的数据,所有职员,包括那些没有 SBS 症状的职员,平均自我报告的生产率下降约为 4%。在一项实验研究中,提供单独控制通风系统的工人报告的 SBS 症状较少,室内空气质量提高了 11% 的生产力,然而对照组工人的生产力却下降了 4%。

除了这些自我报告的生产力下降外,Nunes 等人还提供了关于 SBS 症状与工人绩效之间关系的测量数据。在计算机化的神经行为测试中,报告任何 SBS 症状的工人需要花 7% 的时间来做出反应,并且该测试的错误率没有显著下降。在另一项计算机化的神经行为测试中,有症状的工人的错误率提高 30%,但反应时间没有变化。将 4 个结果的变化百分比平均,SBS 患者的工作能力下降 14%。23% 的办公室职员有 2 种及以上常见症状,工作表现下降 3%。

在一项对 35 间挪威教室的研究中,SBS 症状的增加与较高的二氧化碳浓度(表明较低的通风量)有关,然而研究没有涉及工作表现的数据。在改善后的教室环境中,SBS 症状减少,工作表现提高了 5.3%。

另一项调查提供了 SBS 症状降低生产力的证据,这是一项基于封闭实验室的随机对照实验,除了一块参与者不可见的 20 年前的地毯,所有室内环境条件不变。30 名女性受试者(年龄 20~31 岁)模拟办公室工作,对空气质量和可接受性进行评估,同时报告目前 SBS 症状的程度,完成标准化的绩效评估并完成工作表现的自我评估。这些测试和评估在有地毯和没有地毯的情况下分别进行数次。研究发现去除地毯与以下结果相关:①目标污染物浓度少量降低;②可感知空气质量更好;③某些 SBS 症状的强度降低,尤其是头痛和头晕;④文本录入表现提高 6.5%;⑤加法算数表现提高 2.5%~3.8%;⑥逻辑推理表现提高 3.4%;⑦反应时间缩短。

综上客观数据表明,SBS 症状会导致人员平均工作表现的特定方面下降 3%~5%,然而尚不清楚如何将这些具体的工作表现下降(例如响应时间增加,错误率提高,打字能力下降)与 SBS 症状导致的整体生产力下降的幅度相结合。自我报告表明,由于室内空气质量差和工作中的物理条件差,工作人员的生产力平均下降了约 4%。虽然 SBS 症状是办公室职员最常见的与工作相关的健康问题,但其中一些自我报告的生产力下降可能是 SBS 症状以外的其他因素的结果。此外,不满意的受试者可能提供了对生产率下降的夸大的估计。考虑到这些因素,将上述 4% 的生产力下降减小一半,从而估计由 SBS 导致的生产力下降为 2%。

SBS 症状主要与办公楼和学校等非工业室内工作场所有关。Traynor 等人报道,办公室职员所创造的价值约占美国每年国民生产总值的 50%。关于文职劳动力职业的统计数据与这一估计值大致一致,即 50% 的工人从事的职业通常是办公室工作或教学工作。1996 年美国的国内生产总值为 7.6 万亿美元,与办公室工作相关的国内生产总值约为 3.8 万亿美元。将办公室职员和教师的数量(6 400 万人)乘以所有工人的年平均薪酬(3.92 万美元),得到类似的估计为 2.5 万亿美元。这两个估计值的平均收益为 3.2 万亿美元。根据 SBS 症状造成的 2% 的生产力下降,每年美国 SBS 症状导致的费用约为 600 亿美元。

我们可以采用改变建筑和环境条件的方法减轻 SBS 症状。个体环境因素和建筑特征与 20%~50% 的 SBS 患病率变化有关。Seppanen 等人的综述表明,建筑通风量每人增加 5 L/s 将使上呼吸道和眼部症状的发病率降低约 35%。总之,现有证据表明,通过改善环境可以大幅减少 SBS 症状(20%~50%)。

4. 对生产效率的直接影响

以往的研究表明室内环境(如热、光环境)改善会提高劳动生产率。现有的有限的信息使得我们很难估计从室内环境的改善中可以获得的直接工作绩效提升的幅度。从实验室研究的结果推断到实际的劳动力,是目前可用的估计生产力提高的潜在价值的唯一途径。我们有理由估计,在实践中潜在的生产力增长将小于在研究文献中报告的绩效变化的百分比。首先,研究人员使用的一些工作表现测量方法,如错误率和遗漏信号的数量,不能直接反映生产力的总体变化幅度(例如,将错误率降低 50% 通常不会使生产力提高 50%)。其次,研究往往集中于需要高度的专注力、快速的反应能力、优秀的视力的工作,然而大多数工作只需要花一小部分时间在这些类型的任务上。最后,在许多研究中,环境条件(例如温度和照度)的变化大于建筑内为提高生产力而产生的实际条件的平均变化。

为了估计潜在的生产力收益,只考虑直接报告的与总体生产力相关的性能变化,例如考虑阅读速度和完成作业的时间,但不考虑错误率。假设只有 50% 的工作涉及可能受到温度或照明变化显著影响的任务,那么改进的范围将为 1%~10%。由于研究中的温度和照明的变化比大多数建筑的变化大 2 倍,估计的表现改进减半。所以潜在生产力增长的估计范围为 0.5%~5%。仅考虑美国的办公室工作人员,其年国民生产总值约为 3.2 万亿美元,0.5%~5% 的估计绩效增长意味着每年的生产力增长 160 亿 ~1 600 亿美元。

通过改善室内环境提高生产力对建筑能源效率的影响尚不确定。量化和证明生产力提高可作为强有力的刺激,在采取节能措施的同时改善室内环境。

参考文献

[1]　彭希哲,田文华. 城市空气污染与健康损失的经济学分析 [M]. 上海:第二军医大学出版社,2010.

[2]　RIDKER R G. Economic costs of air pollution:studies in measurement[M]. New York:Praeger,1967.

[3]　CANNON J S. The health costs of air pollution[M]. New York:American Lung Association,1985.

[4]　W J FISK, D BLACK, G BRUNNER. Benefits and costs of improved IEQ in US offices[J]. Indoor air,2011,21:357-367.

第 9 章　室内环境与健康发展史

从 19 世纪开始,室内空气质量就成为一个重要的话题。Thomas Tredgold 首次在书中提到了建筑通风问题,评估得到每人所需新风量为 2 L/s。工业革命时期,随着欧洲大量人口涌入城市,第一批公共卫生学教授,如德国的 Max Joseph von Pettenkofer 和瑞典的 Elias Heyman 对住宅、学校和其他建筑物进行了大量的流行病学研究,他们以 CO_2 浓度作为通风量的指标值。科研人员将 1 000 ppm 的 CO_2 浓度限值用以表征室内空气质量的可接受性,以评估是否有充足的通风来稀释与人体新陈代谢有关的污染物。卧室中 CO_2 限值为 700 ppm。此时,科研人员对微生物与疾病关联性的知识几乎为空白,他们将空气中未知的污染物称为"瘴气"。1850 年,美国的外科医生 J. H. Griscom 写道:"建筑通风不足造成的死亡比其他任何事情造成的损失都大。"住宅建筑环境与健康领域的重要研究最早发表于 1887 年。这项苏格兰的研究表明,拥挤空间内二氧化碳、微生物和挥发性有机化合物(VOC)浓度较高,人们会因腹泻、麻疹、早产、支气管炎、肺炎等过早死亡。在这项研究中,科研人员还对室外空气质量进行了监测。

在 19 世纪,主要的环境问题包括:如何提供清洁的饮用水;如何处理垃圾;如何实现健康的室内环境。结核病是当时主要的健康问题,这种病在室内人与人之间传播,共享房间的拥挤人群导致了更多的感染。此时人们开始讨论疾病传播的最重要途径是直接接触、间接接触还是空气传播。到了 19 世纪中叶,大量研究表明,许多传染性疾病(如麻疹、结核病、水痘、炭疽、流行性感冒、天花等)都是通过空气传播的。为了应对这个问题,19 世纪 40 年代—70 年代,人们开始使用紫外线杀菌(UVGI)技术来"杀死"空气中的微生物。此阶段通风量的确定主要基于人体舒适度,设定最小通风量是为了稀释来自人体的气味,以确保室内空气品质可接受。

在 1950 年之前,室内空气比室外空气受到的关注更多,这种情况一直持续到 1952 年,由于室外空气污染造成伦敦烟雾弥漫,在数周之内数千人死亡。同一时期,Rachel Carson 的著作《寂静的春天》发表,使人们的关注点转向室外环境。到了 19 世纪 60 年代,许多国家成立了环保机构和职业安全与健康机构,但开始忽略室内环境,室内环境(尤其是家庭环境)被认为是私人关注的问题,政府不应干预。1973 年,中东的石油禁运导致能源短缺和价格上涨,节能成为一个重要的话题。为了节省能源,建筑物变得更密闭,通风更少。同时,新型建筑材料和消费产品投入使用,空调变得越来越普遍。对典型的室内空气污染物(如 VOC 和甲醛)的测量表明,室内的浓度远高于室外。而且人们更多的时间是在室内度过的,因此室内空气品质再次得到关注,人们开始思考室内环境对健康的影响。1978 年召开了第一次室内空气(Indoor Air)会议。在此之前关于室内空气品质(IAQ)有如下几个重要议题。

9.1　室内环境与健康历史议题

9.1.1　氡与肺癌

这个问题始于 20 世纪五六十年代的瑞典。当时,轻混凝土是一种非常常见的建筑材料,使用的是镭含量高的明矾页岩。1950 年, Rolf Siever 开始在瑞典的家庭中测量氡。随后,瑞典建筑研究所和瑞典辐射防护研究所于 1970 年对加夫勒数百个家庭进行了研究,发现氡的浓度与通风量有关,并与肺癌的发病率有关。他们发现,如果氡的来源是建筑材料,那么换气次数越低,氡浓度越高,患肺癌的风险也就越高。

9.1.2　室内尘螨和过敏

众所周知,过敏的人对室内灰尘有反应。一项荷兰的研究发现室内尘螨是过敏的主要原因,这一发现使得人们的关注点从灰尘转向灰尘中的过敏原,包括花粉、宠物以及最重要的过敏原室内尘螨。

9.1.3　甲醛、挥发性有机物和病态建筑综合征

VOC 和甲醛的测量方法最初是为评估工业暴露而开发的。20 世纪 70 年代早期,丹麦奥胡斯大学的 Ib Andersen、瑞典卡罗林斯卡学院的 Thomas Lindvall 领导的团队开始对非工业建筑进行测量。不久后,美国劳伦斯伯克利国家实验室的 Craig Hollowell 也开始了相关研究。这些研究发现,室内测量的浓度很高,但低于工业限值。与此同时,丹麦和瑞典的日托所和办公室工作人员开始出现一些症状,这些抱怨和症状后期被称为病态建筑综合征。

9.1.4　军团病

1976 年,在费城贝尔维尤 - 斯特拉特福德酒店举行的退伍军人大会上, 2 000 多名与会者中有 221 人感染了类似肺炎的疾病,其中 34 人死亡。造成死亡的是一种叫作嗜肺军团菌的细菌,该细菌主要在冷却塔内繁殖。后来的研究表明,这种细菌可以在通风系统的冷凝水中生长,或在低于 60 ℃ 的热水管道中生长。据估计,如今社区发生的肺炎病例中,有 2%~9% 的病例是军团病。

9.1.5　空气离子

现代空气处理系统改变了室内空气中离子的组成,这被认为是导致健康问题的一个原因。

9.2　室内环境领域早期国际科研机构

北欧建筑规划委员会(NKB)是较早关注室内环境的国际机构,其成立于 1970 年,成员包括 Povl Ole Fanger、Eystein Rodahl、Esko Kukkonen 等人。该委员会基于北欧的研究,发

布了关于室内空气质量、热气候、声音、光和通风的一系列相关文件。

从事室内空气科学工作的主要政府机构还有美国国家航空航天局（NASA）。最初，该机构的大部分数据是保密的。后来，NASA 公布了对产品和材料排放的测试结果，揭示了许多普通消费品都有很强的化学物质挥发。此外，在室内环境的发展史上，以下机构和科研人员在室内环境领域处于领先地位：奥胡斯大学（Ib Andersen、GR Lundqvist、Lars Molhave）、卡罗林斯卡学院（Thomas Lindvall），斯德哥尔摩大学（Birgitta Berglund、Ulf Berglund），瑞典皇家技术学院（Ingegerd Johanson），丹麦技术大学（Povl Ole Fanger），哈佛大学（Benjamin Ferris、Frank Speizer、Jack Spengler、Doug Dockery 等），伊莱大学（Jan Stolwijk、Bill Cain、Brian Leaderer、Larry Berglund 等），劳伦斯伯克利国家实验室（Craig Hollowell、David Grimsrud 等）。

9.3　室内空气质量与气候国际会议发展史

1978 年在丹麦哥本哈根召开了首届室内空气会议，自此，同一主题的会议每三年举行一次，持续到 2014 年，直到现今每两年举行一次。首届会议以邀请报告的形式举行，反映了组织者 Povl Ole Fanger、Ole Valbjorn 和 Ib Andersen 的主要研究方向，近半数的报告是关于热舒适的，其余是关于室内空气质量的，这很好地反映了当时室内空气科学领域的状况。第二届会议于 1981 年在美国马萨诸塞州的阿默斯特举行，由 Jack Spengler、Craig Hollowell 和 Demetrios Moschandreas 组织。第三届会议于 1984 年在瑞典斯德哥尔摩举行，由 Thomas Lindvall 担任主席，该次会议确定了会名和会标，其会议宗旨为：讨论与室内空气质量和气候相关的所有话题。历届会议的举办年份、地点、组织者如图 9-1 所示。

Year	Host city	Scientific leadership
1978	Copenhagen	PO Fanger, O Valbjorn, I Anderson
1981	Amherst, MA	JD Spengler, CD Hollowell, D Moschandreas
1984	Stockholm	T Lindvall, B Berglund, J Sundell
1987	Berlin	B Seifert, H Esdorn, M Fischer, H Ruden, J Wegner
1990	Toronto	D Walkinshaw
1993	Helsinki	O Seppänen
1996	Nagoya	S Yoshizawa, K-I Kimura, K Ikeda, S-I Tanabe, T Iwata
1999	Edinburgh	G Raw, C Aizlewood, P Warren
2002	Monterey, CA	H Levin, WJ Fisk, WW Nazaroff
2005	Beijing	L Wu, Y Jiang, R Zhao, Q Chen
2008	Copenhagen	BW Olesen
2011	Austin, TX	RL Corsi, GC Morrison, D Weekes
2014	Hong Kong	Y Li, C Chao, J Niu, ACK Lai

图 9-1　1978—2014 年室内空气会议概况

9.3.1　1978 年哥本哈根会议

会议内容围绕着热环境（24）、VOC（4）、空气离子（4）、气味（4）、氡（4）、HVAC 系统

（4）、尘螨（2）等研究题目。在这次会议上,哈佛大学的研究人员（Ferris、Speitzer、Spengler）报告了"六城市研究"（Six Cities Study）,指出"中央监测站的数据可能无法提供暴露细节……室内环境是如何影响暴露浓度的?……对健康有什么影响?……我们大部分时间是在室内度过的,室内环境的影响是格外重要的……关于颗粒物,我们需要了解室内颗粒物中有多少来自室外,有多少来自室内。室内、外颗粒物的化学成分可能并不相似。"

本次会议有几场报告具有重要的指导意义。Swedjemark、Jonassen 和 Lippman 研究发现,住宅中的氡与肺癌风险密切相关。Korsgaard 提供的数据显示,减少通风意味着增加室内尘螨感染的风险。Andersen 讨论了甲醛对健康的影响（当时测量的丹麦家庭室内甲醛的浓度高达 2 mg/m³）。Mølhave 展示了 14 栋建筑中室内污染物（VOC）的数据,以及人们对建筑环境的抱怨。Dravnieks、Lindvall、Berglund 和 Cain 介绍了室内环境中气味的测量。Lundqvist 讨论了吸烟对通风需求的影响。空气离子和电场研究在 4 篇文章中被报道,人们展开了激烈的讨论,然而自此之后,该话题在 Indoor Air 会议中就不再被提及。

9.3.2　1981 年阿默斯特会议

这次会议的议题涵盖 HVAC 系统（30）、氮氧化物（28）、颗粒物（21）、氡（20）、甲醛（20）。

此次会议的许多报告是关于测量方法的,尤其针对甲醛和颗粒物的测量。继瑞典关于氡的研究之后,氡暴露成为美国研究人员的一个重要课题,随着镭含量高的建筑材料的使用减少,来自地面的渗透变得更加重要,因此通风模式是否影响土壤中氡的渗入成为研究热点。甲醛的测试方法和健康效应成为另一个重要的主题,报告指出,来自纤维板、胶合板和脲醛泡沫绝缘材料的甲醛浓度非常高,美国的移动住宅内有非常高的甲醛含量。同时,来自烟草和燃气用具的一氧化碳和二氧化氮暴露在美国被广泛研究。对颗粒物的研究关注其元素组成的测量和分析。VOC 的概念在本次会议中首次被 Wallace 和 Pellizzari 提出,他们测量了饮用水、空气、呼出气和血液中的 VOC 含量。Yanigasawa 介绍了测量 NO 和 NO_2 的便携仪器。Dietz 介绍了布鲁克海文国家实验室用被动示踪气体测量通气量的方法。

9.3.3　1984 年斯德哥尔摩会议

这次会议的主题涵盖 NO_2（42）、暖通空调系统（38）、氡（32）、甲醛（32）、挥发性有机化合物（29）。

此时氡暴露已经成为一个全球热点。泡沫保温材料和压木制品挥发出的甲醛成为另一个主要研究方向,特别是在美国的移动住宅建筑内。同期工业界也在改变建材成分,以减少甲醛释放量。此时的甲醛测试更倾向于筛检。在该次会议的一份总结中,Mochandreas 乐观地指出:"我们现在生活在后甲醛时代。"

对 VOC 的测量研究,美国 EPA 小组采用了全暴露评估方法,并对研究结果进行了报道。除了测量呼出气、饮用水和室内空气中的 VOC 外,还使用了随身携带的 24 h 个人监测仪测量 VOC。Lebowitz 讨论了 ETS 对健康的影响,得出结论:ETS 是一种刺激物,可能对儿童的肺功能有负面影响。但直到 1986 年和 2006 年的科技报告都明确宣布二手烟是一种致癌物,人们才将 ETS 视为非吸烟者患肺癌的风险因素。在此次会议上,Smith 首次就发展中国家由生物质燃烧造成的家庭空气污染做了报告。也是在此次会议上，Weschler 和 Fong 首次提到了邻苯二甲酸盐等 SVOC。

9.3.4　1987 年柏林会议

该次会议包括 63 个暖通空调、63 个 NO_2、37 个挥发性有机化合物、34 个颗粒物、31 个 ETS 和 30 个氡的报告。

在美国，非通风燃烧煤油加热器产生的二氧化氮是一个热门研究方向。英国的科学家 Dennis 在一次报告中指出了微生物对健康的影响。挪威的 Rodahl 做了关于通风效率的主题报告，这是由 Sandberg 和 Skaaret 在 7 年前提出的主题。Fanger 在《病态建筑之谜的解决方案》的报告中介绍了 Olf 的概念。英国的 Harrison、Pickering、Finnegan 等人对 27 栋大楼的 2 587 名白领进行了研究，得出 SBS 的高流行率与密封的窗户和空调使用相关的结论。Skov 和 Valbjorn 介绍了丹麦市政厅研究（Danish Town Hall Study），该研究是首个真正多学科交叉的 SBS 研究，测量了相对湿度、温度、VOC、甲醛、微生物、霉菌、人造矿物纤维（MMMF）、噪声和灰尘等室内环境因素，共进行了 29 次报告，展示了室内环境因素与 SBS 之间的主要关联。

来自美国 TEAM 研究的结果显示，室内的 VOC 浓度往往比室外高得多。Holmberg 和 Wageningen 首次报道了室内潮湿和霉菌与人体健康之间的关系。在此次会议上举行了第一场关于 SVOC 的论坛，挪威的 Ohm 和意大利的 Knoppel 在论坛上提到了邻苯二甲酸酯。Smith 报道了在印度进行的一项关于改进炉灶的研究，改进炉灶后产生了较少的空气污染，但结果不显著。

9.3.5　1990 年多伦多会议

该次会议包括 129 个暖通空调、76 个 VOC、59 个颗粒物、57 个 SBS、54 个 NO_2、52 个潮湿/微生物、48 个氡的报告。

Wallace、Pellizzari 和 Wendel 进一步介绍了 TEAM 研究，基于 2 500 份个人、室内和室外空气样本，他们提出"有客观的证据表明，室内存在导致病态建筑综合征的客观条件"。由于室内空气中检测到的 VOC 数量接近 1 000 种，L. Mølhave 在一次主题报告中提出了 TVOC（总挥发性有机化合物）的概念，并提出了影响人体舒适和健康的限值。自此以后，TVOC 在世界各地被用作室内 VOC 暴露的测量指标，并用于建筑材料等的排放测试。然而在后续的多学科交叉文献综述中，科研人员指出 TVOC 不能用作健康风险的衡量标准。

在此次会议上举行了首场空气净化论坛，共涵盖了 20 个关于过滤器、静电除尘器和活性炭的报告。

氡成为来自 12 个国家的 48 个报告的主要议题。美国环境保护署辐射防护机关的一份报告指出，室内氡是导致肺癌的第二大原因。Dales 等人的报告指出，家庭潮湿/霉菌暴露是下呼吸道症状的一个风险因素。来自芬兰的 Nevalainen 等人的报告指出，土壤细菌是泥土气味的来源之一。Weschler 介绍了一项关于室内臭氧的研究。

在这次会议上成立了国际室内空气质量与气候协会（ISIAQ）、国际室内空气科学学会，推出了学会的旗舰刊 *Indoor Air* 国际期刊。

9.3.6　1993 年赫尔辛基会议

该次会议包括 140 个暖通空调、121 个 VOC、77 个 SBS、68 个潮湿和微生物、63 个热舒适、58 个 CFD 模拟、57 个无机气体、50 个颗粒物、45 个氡的报告。

有 15 个国家进行了关于 SBS 的研究,其中瑞典的 office illness study 是规模最大的一个,该研究涵盖了 210 栋建筑、5 986 名办公室员工,问卷回复率达到 96%,对 192 栋建筑进行了测量。研究发现,造成 SBS 抱怨的危险因素不是高浓度的 TVOC,而是低浓度的 TVOC。值得注意的是,室内空气中的 TVOC 浓度低于室外,即 "lost TVOC",是影响 SBS 和干燥感知的显著风险因素。因为物质不会简单地消失,所以可以推断在送风过程中一定发生了某些事情导致一些污染物不再作为 VOC 被检测到。从健康的角度来看,其中一些 "丢失的" 挥发性有机化合物的风险可能更大。Weschler 指出这一结果可以用室内空气中的臭氧和一些挥发性有机化合物的化学反应来解释,这些化学反应产生醛、细颗粒和自由基,这些物质对健康影响更大。其他大型 SBS 研究包括:Califonia healthy building study,该研究涉及 12 栋建筑、880 人,由 Fisk、Mendell、Daisey 等人完成;SBS in the general Swedish polpulation,该研究涉及 1 000 名成年人,应答率为 70%,由 Norback、Edling 和 Wieslander 完成;Jaakola、Miettinen、Tuomaala 和 Seppanen 的 Helsinki office environment study,该研究涉及随机选择的 41 栋建筑、2 678 名办公室员工,问卷回复率达到 81%。

有 15 个国家的报告是关于建筑潮湿的;有 13 个国家的报告涉及氡暴露。Swedjemark 和 Hubbard 报告了在 1955 年和 1990 年测量的 178 个家庭的氡浓度变化。尽管瑞典实施了积极的反氡计划,但氡浓度仍有所增加,这可能是节能措施的实施。在另一项对 1 300 个随机选择的家庭进行测量的研究中,Swedjemark、Mellander、Mjones 得出结论:"现有建筑中的氡水平似乎没有显著下降,这并不令人惊讶。在氡浓度超过限值的 13 万所住宅中,只有大约 15 000 所进行了环境改造。" 但是 1981 年以后建造的房屋中的氡水平大约是 1981 年之前建造的房屋的一半。

自 1993 年以后在室内空气会议上报道的大多数研究后来都发表在同行评议的期刊上,可以使用文献搜索引擎找到。随后的室内空气会议中常见的主题总结在图 9-2 中。

图 9-3 显示了室内空气会议上的报告数量。横轴上的索引代表会议:1—哥本哈根 1978;2—阿默斯特 1981;3—斯德哥尔摩 1984;4—柏林 1987;5—多伦多 1990;6—赫尔辛基 1993;7—名古屋 1996;8—爱丁堡 1999;9—蒙特利 2002;10—北京 2005;11—哥本哈根 2008;12—奥斯汀 2011;13—香港 2014。

9.4　室内空气科学(indoor air science)发展史

自 1978 年首次国际会议以来,室内空气科学的研究方向已经悄然发生了变化。最初研究重点是热舒适,氡及其与肺癌的关系,气味、PM、NO_2、SO_2 等室外污染物,以及室内外污染物浓度的比例。20 世纪 70 年代,首次报道了对甲醛和 VOC 等有机化合物的研究,这些化合物在室内的浓度远远超过在室外的浓度,同时这些化合物与病态建筑综合征(SBS)有关。经过媒体的宣传,人们对此的关注热度上升,相信是由高浓度的甲醛或挥发性有机化合物导致幼儿园疾病(day care illness)和办公室疾病(office illness)的。同时,世界卫生组织安排了专家会议,在 1983 年的报告中定义了 SBS。在美国,最初的观点认为 SBS 是一种群体性心因性疾病(mass psychogenic illness),但很快争论的焦点就转移到了 UFFI(脲醛泡沫绝缘材料)及其甲醛排放上。回顾过去,发现甲醛和 VOC 的浓度非常高,其中甲醛的浓度高达 4 000 μg/m³。然而由于工业界改变了产品的物质组成,从而减少了污染来源,情况迅速发生了变化。在短短几年内,甲醛和 VOC 的排放量大幅减少。但是非常遗憾的是,如今中国室内的甲醛和 VOC 浓度与 35 年前西方国家的一样高。

Topic	1996	1999	2002	2005	2008	2011	2014
HVAC	171	169	154	233	192	152	347
VOC	89	144	128	151	116	134	97
Dampness/microbes	60	102	126	75	94	101	81
Modeling/CFD	52	81		126	109	90	159
SBS	39	55	39	32			
Odor/psychophysics	37				35	33	
Particles		64	85	86	85	122	136
Formaldehyde		38		68	42	47	46
Air cleaning		38	44	61	60	64	82
Policy		38	50			38	31
Thermal		35	39	66	69		115
Other health			46	40		32	34
SVOC			34		37	46	64
Allergy			32			30	
Ozone chemistry						34	

aNumber of presentations listed for each of the major categories in a given conference year.

图 9-2　1996—2014 年室内空气会议中常见的主题

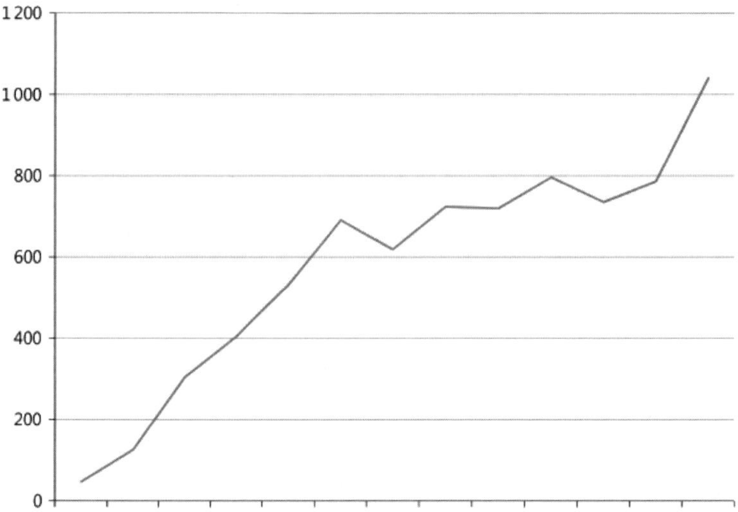

图 9-3　1978—2014 年室内空气会议上的报告数量

在室内空气科学发展的早期,对气味以及气味和刺激之间的相互作用的研究是重要课题。在 1987 年的柏林会议上,Fanger 发表了主旨报告,明确指出化学分析无法找到病态建筑综合征的原因。他认为,人类的嗅觉是一种更好的工具,并引入了 olf 作为气味源强度的单位,使用人类的鼻子作为测量工具。但随着 2006 年 Fanger 逝世,olf 也"死亡"了,几乎没有留给我们任何关于气味的新进展研究。

在 20 世纪 60 年代,公众已了解到吸烟者得肺癌的人数比不吸烟者多,但二手烟是否也会导致肺癌还未知。后来有报道称,与吸烟的丈夫生活在一起的女性比与不吸烟的丈夫生活在一起的女性患肺癌的概率高。这使得被动吸烟成为一个重要话题,被动吸烟被认为会导致诸如刺激、哮喘和肺癌等健康问题。三分之二的哮喘儿童受到二手烟的困扰。超过一半的非吸烟者和四分之一的吸烟者对别人吸烟感到不愉快。在上班族中,12% 的女性和7% 的男性表示他们发现别人吸烟不愉快。研究已经证明了儿童被动吸烟和健康问题之间极强的联系。这些问题包括呼吸道感染、肺炎、支气管炎、哮喘的发展、哮喘患者的急性症状。患肺癌与心血管疾病的风险也会增加。怀孕期和哺乳期的母亲吸烟对孩子的健康问题影响显著。有 20% 有呼吸道症状、气喘和哮喘的小孩与被动吸烟有关。现在年轻女性吸烟比以前更多,这使得婴儿接触到二手烟的风险增加。

这种新情况对通风标准的制定提出了挑战。若房间内有很多烟民,仅仅依靠通风无法显著减小被动吸烟的风险。即使配备了非常好的通风系统,吸烟区域仍然存在烟雾蔓延的风险。空气净化器对烟尘的影响有限,因为气体难以捕捉和清洁。如果允许在室内吸烟,就需要更高的换气次数。这场斗争集中在 ASHRAE 委员会制定通风标准的会议上。在ASHRAE 62 标准的会议上,一些律师和科学家代表为"烟草寡头"背书,其主要目的是阻止一项如果允许吸烟就需要更高的通风要求的标准。现在在大多数发达国家,工作场所、餐馆、商店和许多其他室内环境都禁止吸烟。

20 世纪 70 年代末,主要用于防火的石棉成为一个大问题,主要是因为工人们几十年来长期暴露在石棉中。研究表明,在工作场所长时间吸入石棉纤维会导致严重的疾病,包括肺癌、间皮瘤和石棉肺。石棉被广泛应用于建筑的原因主要是石棉是一种廉价的材料,具有优良的防火性能。在 20 世纪 70 年代末和 80 年代初,这个话题在媒体上掀起了热潮。当时有句名言是"Just one fiber can kill",因此石棉成了室内空气领域的重要话题。许多国家很快就开始禁止使用石棉材料,并启动了清除建筑物中的石棉的大型项目。1981 年,瑞典职业健康管理部门总工作量的一半左右是关于从建筑物中清除石棉。20 世纪 80 年代早期,人造矿物纤维(如 MMMF、玻璃棉)成为一个研究主题,因为这些纤维在某些方面具有类似石棉的特性。除了对皮肤有刺激作用外,MMMF 尚未被证明是一个主要的室内空气问题。如今,室内空气科学很少对纤维进行研究,可能纤维从来都不是一个非工业的室内空气问题。

1981 年,在纽约医学院公共卫生委员会举办的"Health aspects of indoor Air pollution"研讨会上,Hinkle 说道:"我们需要把室内空气污染视为人类疾病和死亡的真正主要原因,其重要性远高于室外空气。按重要性排序,居于首位的是病毒和细菌。这些'活体粒子'通过空气传播,每年在美国造成约 7 万人死亡,约 2.68 亿人残疾,造成约 600 万美元的生产损失。这些颗粒造成的死亡人数在全国排名第五。"

2003 年,全世界经历了非典疫情。虽然非典没有像世界卫生组织担心的那样大流行,但它导致在新加坡举行的健康建筑大会推迟了半年。此次疫情使人们更加认识到感染可以通过空气传播。普通感冒是一种简单的疾病，但是为什么它还没有被深入研究呢？因为引起普通感冒最常见的病毒是鼻病毒，人们一直在讨论鼻病毒是否可以通过空气传播。后期天津大学的孙越霞团队给出了感冒通过空气传播的新证据。

20世纪80年代末，科研人员开始研究过敏、哮喘和室内空气之间的关系。住宅建筑室内空气吸入占人体一生摄入物质的一半以上，对婴儿来说，这一比例更高。但是在室内空气中什么是过敏的危险因素呢？1987年前后，主要怀疑对象是VOC、甲醛和尘螨。随后进行的大量研究表明，潮湿和霉菌是危险因素。1990—2005年，霉菌和mVOC成为瑞典科学和商业层面的主要话题，并且霉菌和过敏诉讼在美国成为法律和商业层面的主要话题。在关于哮喘、过敏、SBS的研究中，潮湿被发现是危险因素。其背后的机理是什么？似乎不是霉菌孢子、mVOC或霉菌毒素。有观点认为，潮湿与健康的关联来自报告性偏见，即如果你有一个生病的孩子，你会更倾向于报告更多潮湿问题。这种现象在瑞典的研究中是有可能存在的，因为瑞典开展了大量宣传哮喘和过敏风险的活动。然而，在中国普通民众对室内湿气带来的风险几乎一无所知。瑞典DBH（damp building and health）研究的目的是找出微生物致病的根由，但是只发现发霉的气味和健康存在关联性。事实上，通过研究没有发现微生物的重要性，但是发现了新的化学物质（如DEHP、BBzP、乙二醇醚）和通风的重要性。关于潮湿建筑的谜团仍然存在：在潮湿的建筑中，究竟什么对健康很重要？

2004年，瑞典科学家Bornehag和Sundell研究发现，儿童卧室灰尘中的邻苯二甲酸酯与哮喘和过敏之间存在关联，而且非常显著。在文章发表之前，欧洲和美国的PVC和增塑剂行业批评该项研究非常糟糕，并引起许多科学家附和。然而如今这篇论文被广泛引用，也是SVOC成为热门话题的主要原因。

在过去的20年里，计算机变得越来越强大，这意味着包括CFD在内的建筑模拟已经成为分析室内空气质量、通风性能和能源使用的强大工具。然而除了开发更好的软件之外，并没有真正重要的新知识由此产生。随着更快的计算机的出现，这种情况可能会改变。

自2007年美国驻北京大使馆开始测量PM2.5以来，PM2.5在国际上和中国都引起了媒体的关注。如今，PM2.5是中国的主要环境问题。然而尽管中国的室外空气污染是一个大问题，但可能PM2.5不是最重要的问题，NO_2和O_3对健康造成的危害可能更大。Weschler和他的团队在美国贝尔实验室的研究发现，室内空气中的臭氧化学反应是电器使用所面临的问题。在瑞典北部的办公室疾病研究中，Sundell等人发现了类似的化学反应问题，比如臭氧和挥发性有机化合物会导致TVOC消失和更多的SBS抱怨。这一现象后来在美国的BASE研究中得到了证实。

在室内空气科学中，通风是一个重要的研究课题，但在过去的几十年里没有什么真正的新发现。关于我们为什么需要通风的科学研究很少。关于暖通空调技术，在过去的几十年里并没有什么真正的新发明。关于空气净化设备，结果也是一样的，没什么新鲜的内容。

自20世纪60年代以来，热舒适一直是一个研究课题，但其思考模式发生了转变，从Fanger的PMV-PPT舒适模型发展到适应性舒适模型。

室内空气科学在丹麦和瑞典起源，然后发展到美国，如今在东亚得到了传播和发展。对室内空气科学的关注总是始于流行病学，始于与室内空气有关的健康问题：如肺癌与氡的关系；VOC和甲醛对SBS的影响；霉菌和潮湿与过敏的关系。

1980年，Weschler发表了一篇论文，表明DEHP是一种常见的室内空气污染物，这是第一篇报道室内环境中 DEHP 的论文。与此同时,发表了一些关于动物身上的 DEHP 和健康影响的研究成果。综合来看,这些结果本应提醒研究人员注意室内 DEHP 对健康造成的威胁。但直到 23 年后,人们才发现 DEHP 与儿童哮喘有关。这种延迟的一个原因是科学家们只关注自己的"小"课题。因此,像 ISIAQ 这样的多学科协会对整合所有与室内空气有关的科学非常重要。对室内空气会议来说,这一点很重要。随着国际和国内对室内空气的关注度不断提高,室内空气被认为是一种"公共产品",对公共健康很重要。因此,现在有很多关于室内空气质量的规定、标准和指导方针。

尽管如此,目前关于健康的论文在 Indoor Air 会议中仅占报告的 10% 左右。那么人们对健康和室内空气的兴趣是否正在减退? 从科学的角度来说,健康仍然是室内空气研究的主要内容。但是现在关于健康的论文主要在特定的会议上发表,例如过敏和流行病学会议,讨论特定的健康相关主题(如内分泌干扰物、氡和阻燃剂)的会议。这些会议主要关注这些特定领域的健康问题,而不是室内空气的整体影响。而 Indoor Air 会议正变得更加关注工程。但事实上这一领域还有很多人们不太了解但需要研究的东西,因此未来的年轻科学家需要继续努力研究,让室内空气科学越发壮大。

参考文献

[1]　J SUNDELL. Reflections on the history of indoor air science, focusing on the last 50 years[J]. Indoor air, 2017, 27(4):708-724.